普通高等教育“十三五”规划教材

# 压力容器与压力管道技术基础

宋健斐　张春梅　李志安　魏耀东　**主编**

金志浩　**审定**

中国石化出版社
HTTP://WWW.SINOPEC-PRESS.COM

**内 容 提 要**

本书阐述了压力容器和压力管道设计的基本内容，主要包括压力容器和压力管道设计的力学基础知识、材料基础知识、设计准则；重点介绍了压力容器的规则设计方法及其设计内容、压力管道的机械设计方法及其设计内容。本书注重理论联系实际，结构清晰、层次分明、概念清楚；各章配有例题、习题或思考题，便于课堂教学和学生自学。

本书为高等院校石油、化工等工艺类专业的化工设备机械基础（或类似）课程的新编教材，也可作为相关领域技术人员和研究人员的参考书。

**图书在版编目（CIP）数据**

压力容器与压力管道技术基础/宋健斐等主编．—北京：中国石化出版社，2020.6（2025.8重印）

普通高等教育“十三五”规划教材

ISBN 978－7－5114－5852－0

Ⅰ.①压…　Ⅱ.①宋…　Ⅲ.①压力容器－高等学校－教材②压力管道－高等学校－教材　Ⅳ.①TH49②U173.9

中国版本图书馆CIP数据核字（2020）第093955号



**中国石化出版社出版发行**

地址：北京市东城区安定门外大街58号

邮编：100011　电话：(010)57512500

发行部电话：(010)57512575

http://www.sinopec-press.com

E-mail：press@sinopec.com

北京艾普海德印刷有限公司印刷

全国各地新华书店经销

*

787毫米×1092毫米16开本16印张402千字

2020年6月第1版　2025年8月第3次印刷

定价：48.00元

# 前　言

压力容器和压力管道是过程工业中过程装备的重要组成部分。由于压力容器和压力管道内部介质具有危险性（高温、高压、有毒、腐蚀、易燃、易爆），属于特种设备的范畴。为保障人民生命财产的安全，世界各国对压力容器和压力管道的设计、制造、检验、运行、安全管理等都制定了相应的法规、标准和规范。正确地进行压力容器和压力管道的设计，是保证其安全性最重要的环节。

从我国高等院校专业设置来看，与压力容器和压力管道设计直接相关的专业有两类：机械类（如“过程装备与控制工程”专业），工艺类（如“无机化工工艺”“有机化工工艺”“石油化工工艺”专业等）。其中“过程装备与控制工程”专业开设有压力容器设计的专门课程“过程设备设计”；工艺类专业开设有管道工艺（布置）设计的相关课程，如“化工工艺管道设计”等。从我国大型专业设计院、工程公司等部门的专业部室设置来看，与压力容器和压力管道设计直接相关的有两个部室：设备室（部）和管道室（部）。其中，设备室主要从事压力容器设计，其人员组成以“过程装备与控制工程”专业的毕业生为主；管道室主要从事压力管道的设计，其人员组成以工艺类专业的毕业生为主。

实践表明，从专业课程设置到工程实际应用，压力容器设计比较成熟，而压力管道设计尚存在欠缺。首先，在我国高等院校的课程设置和相关教材中，几乎没有包含压力管道（机械）设计的内容；其次，在相关各大设计院、工程公司等部门从事压力管道设计的人员，缺乏压力管道（机械）设计的专业知识。为填补专业课程空白，提高压力管道设计水平，我们编写了《压力容器与压力管道技术基础》一书，作为工艺类专业的教材，以替代目前采用的《化工设备机械基础》（或类似名称）的教材。现代工业发展越发需要具有交叉性和边缘性知识的人才，在过程工业生产中，越来越需要学习过程装备专业的人员懂得工艺方面的知识，学习工艺类专业的人员懂得装备方面的知识。本书不仅适用于工艺类专业，也可作为“油气储运”“采油”等专业的选修课教材，还可作为各大设计院、工程公司压力容器和压力管道设计人员的培训教材。

本书注重理论联系实际，侧重工程设计，结合国家现行相关标准和规范进行编写。全书共分10章，第1章～第3章内容为压力容器与压力管道的力学基础知识；第4章内容为压力容器与压力管道的材料基础；第5章为压力容器与压力管道的设计准则；第6章和第7章为压力容器设计篇；第8章～第10章为压力管道设计篇。

本书由中国石油大学（北京）宋健斐副教授、沈阳化工大学张春梅副教授、沈阳化工大学李志安教授、中国石油大学（北京）魏耀东教授主编，由沈阳化工大学副校长金志浩教授审定。本书绪论由李志安编写；第1章～第3章由宋健斐、魏耀东编写；第4章由魏耀东、李志安编写；第5章和第6章由宋健斐、张春梅编写；第7章由宋健斐、魏耀东编写；第8章～第10章由张春梅、李志安编写。全书由李志安统稿。

本书的编写参阅了压力容器和压力管道相关专著以及相关标准，主要参考文献列于书后，在此对有关作者一并表示感谢！

由于编者水平有限，书中难免有错误和不足之处，恳请相关专业的教师和读者批评指正。

# 目　录

# 0 绪 论

## 0.1 过程工业与过程装备的概念

### 0.1.1 过程工业

按照国际标准化组织 ISO/DIS 9000：2000 的认定，社会经济过程中的全部产品通常分为四类，即硬件产品、软件产品、服务型产品和流程性材料产品。其中，以流体(气、液、粉粒体等)形态为主要原料生产加工出来的产品为“流程性材料产品”。流程性材料产品的生产，从原材料到产品，要经过一系列物理的或化学的加工处理步骤，这一系列加工处理步骤称为过程。因此，生产流程性材料产品的工业则为过程工业，它包括化工、石油化工、生物化工、化学、炼油、制药、食品、冶金、环保、能源、动力等诸多行业与部门。

### 0.1.2 过程装备

在过程工业中，包含一系列的物理、化学过程，主要有传质工艺过程、传热工艺过程、流动过程、反应工艺过程等。要实现这一系列的工艺生产过程，达到工业生产的目的，必须有相应的过程装备。过程装备是指由一系列的过程机器和过程设备，按一定的流程方式用管道、阀门等连接起来的，再配以必要的控制仪表和设备的独立密闭系统，如图 0.1 所示。

图 0.1 过程工业工厂一角

从设备的角度分，过程装备有两大类：过程设备(静设备)和过程机器(动设备)。过程设备根据在生产工艺过程中的作用原理可分为以下四类：

反应设备：主要用于完成介质的物理、化学反应的设备，包括各种反应器、反应釜、聚合釜、转化炉、合成塔、转化器、煤气发生炉等。

储存设备：主要用于储存或者盛装气体、液体、液化气体等介质的设备，包括各种金属储罐、非金属储罐、球形储罐、气柜、各种储存容器等。

换热设备：主要用于完成介质热量交换的设备，包括各种换热器、冷凝器、冷却器、蒸发器、废热锅炉等。

分离设备：主要用于完成介质的流体压力平衡缓冲和气体净化分离的设备，包括各种分离器、过滤器、吸收塔、洗涤塔、汽提塔、干燥塔、分气缸、除氧器等。

过程机器主要是指流体输送和液、固分离的机械设备，主要有以下几类：

泵：主要用于液体介质的输送和加压的设备，包括离心泵、往复泵、真空泵、齿轮泵等。

压缩机：主要用于气体介质的输送和加压的设备，包括往复式压缩机、离心式压缩机、回转式压缩机、螺杆式压缩机等。

鼓风机：主要用于气体介质的输送的设备，包括离心式鼓风机、罗茨鼓风机等。

液体和固体分离机械：包括各种离心机、真空过滤机、叶片过滤机等。

## 0.2 压力容器与压力管道特征

过程设备有共同的特点，都具有一个封闭的外壳，其内部的工作介质大都具有一定的压力，因此称这种承受压力载荷的封闭壳体为压力容器。同样组成过程装备的管道也属于承受压力载荷的壳体，故称过程装备中的管道为压力管道。

压力容器与压力管道除承受介质压力外，其内部的介质一般具有可燃、易爆、有毒、腐蚀等特性，一旦泄漏就可能发生火灾爆炸、人身伤亡事故或污染环境。因此，世界各国对压力容器和压力管道的设计、制造、安装、检验、运行和修理改造等方面都进行严格管理，为了保证压力容器和压力管道的安全运行，防止各种事故发生，保护人民生命和财产的安全，都制定了相应的法规和标准。

压力容器与压力管道及其受压元件的几何形状，既有杆件、平板，又有旋转壳体；承受载荷除压力载荷，还要考虑重力载荷、温差引起的约束载荷，有时还需考虑风载荷、地震载荷等；所用材料种类繁多，有金属材料、非金属材料和复合材料。这些特征构成了压力容器与压力管道设计技术的复杂性，压力容器与压力管道技术包含力学、材料学、工程设计等多方面的基础知识。

## 0.3 压力容器与压力管道介质特性

压力容器与压力管道的介质一般具有可燃、易爆、有毒、有腐蚀性的特性。有时一种介质可能具有全部的危险特性，有时可能具有其中的一种或两种、三种危险特性。这些危险特性直接影响着压力容器和压力管道的运行安全，也是压力容器和压力管道安全管理法规、标准分级制定的依据。因此，要了解压力容器与压力管道介质的一些特殊性质，以便在压力容器与压力管道设计中予以充分考虑，并运用于选材、结构设计、机械设计计算等环节中。

## 0.3.1 介质的可燃特性

可燃性物质：指物质本身是可燃性的，能够产生可燃性气体、蒸气或薄雾。

(1)闪点。可燃液体挥发出来的蒸气与空气形成的混合物，遇火源能够发生闪燃的最低温度称为闪点。

(2)闪燃。可燃液体表面的蒸气与空气形成的混合气体与火源接近时会发生瞬间燃烧，出现瞬间火苗或闪光，这种现象称为闪燃。

(3)点燃。可燃物质在空气充足的条件下，达到一定温度与火源接触即行着火，移去火源后仍能持续燃烧达5min以上，这种现象称为点燃。

(4)燃点。点燃的最低温度称为燃点，也称着火点。物质的燃点越低，越容易燃烧。

(5)火灾危险性分类。火灾危险性一般分为一次危险和次生(二次)危险。一次危险，是指设备或系统内潜在着发生火灾或爆炸的危险，但在正常操作工况下，不会危害人身安全或设备完好。二次危险，是指由于一次危险而引起的危险，它会直接危害到人身安全、设备毁坏和建筑物的倒塌等。

国家标准GB 50016—2014(2018年版)《建筑设计防火规范》和GB 50160—2008(2018年版)《石油化工企业设计防火标准》，根据不同介质引发火灾危险性的不同，对生产的火灾危险性进行了分类。

## 0.3.2 介质的易爆特性

(1)爆炸。物质发生急剧的物理、化学变化，在瞬间释放出大量能量并伴有巨大声响的过程称为爆炸。在爆炸过程中，爆炸物质所含能量的快速释放，变为对爆炸物质本身、爆炸产物及周围介质的压缩能或运动能。

(2)爆炸极限。易燃气体、易燃液体的蒸气或可燃粉尘和空气混合达到一定浓度时，遇到火源就会发生爆炸。达到爆炸的空气混合物的浓度，称之为爆炸极限。一般用可燃气体或蒸气在混合气体中的体积分数表示；有时也用单位体积可燃气体的质量表示，其单位为$kg/m^3$。

(3)爆炸下限。可燃气体或蒸气与空气的混合物，并不是在任何组成下都可以燃烧或爆炸，而且燃烧或爆炸的速度也随组成而变化。可燃气体或蒸气在空气中形成爆炸性气体混合物的最低浓度，称为该气体或蒸气的爆炸下限。空气中的可燃性气体或蒸气的浓度低于该浓度，则气体环境就不能形成爆炸。

(4)爆炸上限。可燃气体或蒸气在空气中形成爆炸性气体混合物的最高浓度，称为爆炸上限。空气中的可燃性气体或蒸气的浓度高于该浓度，则气体环境也不能形成爆炸。

### 0.3.3 介质的毒性

(1)职业性接触毒物。职业性接触毒物是指劳动者在职业活动中接触的以原料、成品、半成品、中间体、反应副产物和杂质等形式存在，并可经呼吸道、经皮肤或经口进入人体而对劳动者健康产生危害的物质。

(2)危害。危害是指职业性接触毒物可能导致的劳动者的健康损害和不良健康影响。

(3)毒物危害指数。毒性危害指数(毒性)是指综合反映职业性接触毒物对劳动者健康危害程度的量值。职业接触毒物危害指数按下式计算：

$$THI = \sum_{i=1}^{n} (k_i \cdot F_i) \tag{0-1}$$

式中 $THI$——毒物危害指数；

$k_i$——分项指标权重系数；

$F_i$——分项指标积分值。

我国现行标准 GBZ 230—2010(原 GB 5044)《职业性接触毒物危害程度分级》规定了职业性接触毒性物质危险程度分级的依据，对职业性接触毒物危害程度进行了分级。

职业性接触毒物危害程度分为四级：极度危害(Ⅰ级)、高度危害(Ⅱ级)、中度危害(Ⅲ级)和轻度危害(Ⅳ级)。

轻度危害(Ⅳ级)：$THI<35$；

中度危害(Ⅲ级)：$35 \leqslant THI<50$；

高度危害(Ⅱ级)：$50 \leqslant THI<65$；

极度危害(Ⅰ级)：$THI \geqslant 65$。

### 0.3.4 介质的腐蚀特性

(1)腐蚀性介质。腐蚀性介质是指在设备中的流体与皮肤接触时，4h 内出现坏死情况的介质；或 55℃时，对 20 钢的腐蚀速率大于 6.25mm/a 的流体介质。

(2)腐蚀类别

①按腐蚀介质分为：大气腐蚀、水腐蚀、土壤腐蚀、高温气体腐蚀以及各种酸、碱、盐的腐蚀等。

②按遭受腐蚀的材料分为：碳钢的腐蚀、不锈钢的腐蚀、各种有色金属的腐蚀、高分子材料的腐蚀等。

③按腐蚀反应机理分为：化学腐蚀、电化学腐蚀两大类。

④按腐蚀的形式分为：均匀腐蚀(全面腐蚀)和局部腐蚀两大类。

## 0.4 本课程的任务、主要内容和特点

### 0.4.1 本课程的主要任务

《压力容器与压力管道技术基础》作为高等院校工艺类专业（如“无机化工工艺”“有机化工工艺”“石油化工工艺”等）的一门专业基础课程，阐述压力容器和压力管道设计的力学基础知识、材料基础知识和设计准则；重点介绍压力容器的规则设计方法及其设计内容、压力管道的机械设计方法及其设计内容。流程性材料产品生产是通过一系列设备和管道等装备来完成；工艺设计是产品生产过程的构思、想法和实施路线；压力容器和压力管道的设计是实现产品生产的方法和手段。对于整个工艺系统的设计，需要多门学科知识的支持，作为工艺类专业人员，必须掌握压力容器与压力管道技术知识。

本课程主要任务如下：

(1)了解物体静力平衡原理，掌握机械构件的受力分析方法；

(2)了解内力与外力平衡原理，了解应力分析的基本方法和基本理论，掌握强度条件的建立过程，学会利用强度条件进行构件的强度设计计算；

(3)了解压力容器设计的相关技术，学会压力容器结构和强度设计方法；

(4)了解压力管道设计相关技术，学会压力管道材料设计、强度设计和应力分析方法。

### 0.4.2 课程的主要内容

《压力容器与压力管道技术基础》课程主要包括五部分内容。

**第一部分 力学基础**

介绍物体静力平衡原理、杆件应力分析和强度设计计算、回转壳体应力分析等。

**第二部分 材料基础**

介绍压力容器与压力管道常用材料类别，常用金属材料的牌号及特点，金属的力学性能、物理性能、化学性能、加工工艺性能，选材原则等。

**第三部分 压力容器与压力管道设计准则**

介绍压力容器与压力管道的失效形式、强度理论、失效判据和设计准则。

**第四部分 压力容器设计技术**

介绍压力容器法规与标准、压力容器分类、压力容器设计方法与基本要求、压力容器规则设计技术，介绍各个受压元件的强度设计计算方法等。

**第五部分 压力管道设计技术**

介绍压力管道相应法规、压力管道设计条件和设计准则、压力管道材料设计、压力管道强度设计、压力管道应力分析、压力管道支吊架设计等。

### 0.4.3 课程的特点

(1)《压力容器与压力管道技术基础》旨在建立工艺工程师和机械工程师之间的桥梁和纽带，着重阐述压力容器与压力管道机械设计的基本理论和实际应用技术，而对于较为复杂的强度设计和应力分析设计计算公式的推导未做更多赘述。

(2)压力容器与压力管道设计技术涉及诸多标准和规范，本书力求体现最新的科研成果，尽可能地采用当前最新研究成果以及根据这些成果颁布的最新标准。

(3)课程具有较强的整体性。本课程涉及的相关课程和基础知识较多，如物体静力平衡原理属于理论力学内容；杆件应力分析属于材料力学内容；回转壳体应力分析属于壳体理论的内容等。本课程各章节的内容就其专业性来看，都具有相对的独立性，但作为压力容器与压力管道设计技术基础，各个章节又具有密切的联系，力学知识、材料知识是基础，设计准则是依据，压力容器设计、压力管道设计是基础知识和设计准则的运用与综合。因此，学习时要有一个整体、立体的概念，才能更好地掌握和理解全部内容。

(4)课程具有较强的实践性。本课程注重理论联系实际，从工程设计的角度讲解例题，每章(或节)后面都附配有具有启发性和工程性的习题和思考题。通过本课程的学习，学生可具备压力容器、压力管道初步设计的能力。

正确地进行压力容器与压力管道的设计并保证其安全运行，是过程工业生产工艺过程得以实现的保障。因此，对于从事过程工业的工艺过程研究和设计的专业人员，学习和掌握压力容器与压力管道的相关技术非常必要，且对生产工艺过程优化设计和创新研究具有重要意义。

# 1　物体静力平衡原理

平衡是物体机械运动的一种特殊形式。在工程上，物体相对于地球处于静止或做匀速运动的状态称为平衡。静力学就是研究物体在力的作用下处于平衡的规律，建立各种力系的平衡条件。

## 1.1　静力学基本概念

### 1.1.1　力的概念

力是物体之间相互的机械作用，可使物体的机械运动状态发生变化，或者使物体产生变形。前者称为力的外效应，后者称为力的内效应，一般而言，两种效应同时发生。但在工程上，大多数构件用钢、铸铁等材料制作，受力时变形很小。因此对构件进行受力分析时，通常将其视为刚体，即在外力作用下，形状和大小都保持不变的物体。本章研究的对象均视为刚体，只讨论力的运动效应。如果在研究的问题中，物体的变形成为主要因素(虽然变形仍很微小)时，就不能再把物体视为刚体了。

力对物体的作用效应取决于三个要素：力的大小、力的方向、力的作用点。改变任一要素也就改变了力对物体的作用效应。

力是矢量，既有大小又有方向，满足矢量的运算法则。常用带箭头的有向线段来表示，线段长度按一定比例代表力的大小，箭头表示力的方向，其起点或终点表示力的作用点。此线段的延伸称为力的作用线。通常以粗斜体字 $\boldsymbol{F}$ 或 $\overline{F}$ 表示矢量，并以同一字母的细斜体字代表力的大小。

力分为集中力和分布力。当力的作用面积很小，可看作作用在一点上，这种力称为集中力，国际制单位为牛顿(N)，如图 1.1(a)所示。当力的作用范围比较大时称为分布力，如图 1.1(b)所示，用单位长度力的大小即集度 $q(x)$ 来表示，单位为 N/m。当 $q(x)$ 为常数时又称为均布力或均布载荷，如图 1.1(c)所示。

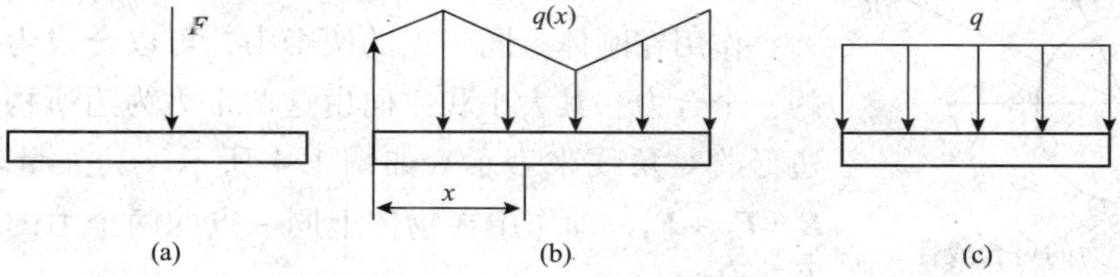


图 1.1　集中力与分布力

## 1.1.2 力的基本性质

力具有一些简单而明显的基本性质——静力学公理，它们是静力学的基础。

(1)公理1——二力平衡公理

刚体受两力作用而处于平衡状态的充要条件是：两力大小相等，方向相反，作用在同一直线上。该定理揭示了作用于物体上的最简单的力系在平衡时所必须满足的条件，它是静力学中最基本的平衡条件，是推证各种力系平衡条件的基础。

只受两个力作用而平衡的物体称为二力构件或二力杆，如图1.2(a)中的$AB$构件为二力构件。此二力构件所受的两个力必然沿两个作用点的连线，且等值、反向[图1.2(b)]。

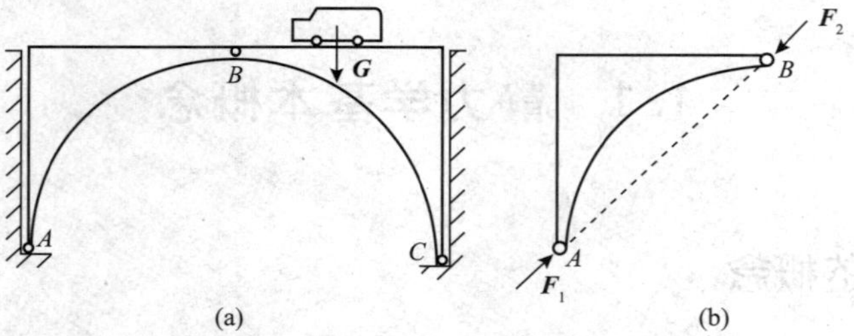


图1.2 二力构件

(2)公理2——加减平衡力系公理

在刚体的原有力系中，加上或减去任一平衡力系，不会改变原力系对刚体的作用效应。依据这一公理，可以得出一个重要推论，即力的可传性。

**推论** 力的可传性原理：作用于刚体上的力可以沿其作用线移至刚体内任一点，而不改变原力对刚体的作用效应。如图1.3所示，刚体上有一力$\boldsymbol{F}$作用于$A$点，在力的作用线上任取一点$B$，并在$B$点加一平衡力系($\boldsymbol{F}_1$，$\boldsymbol{F}_2$)，使$\boldsymbol{F}_1 = -\boldsymbol{F}_2 = -\boldsymbol{F}$，由加减平衡力系公理可知，这并不影响原力$\boldsymbol{F}$对刚体的作用效应，再从该力系中去掉平衡力系($\boldsymbol{F}$，$\boldsymbol{F}_1$)，则剩下的$\boldsymbol{F}_2$与原力$\boldsymbol{F}$等效。这样就把原来作用在$A$点的力$\boldsymbol{F}$沿其作用线移到了$B$点。

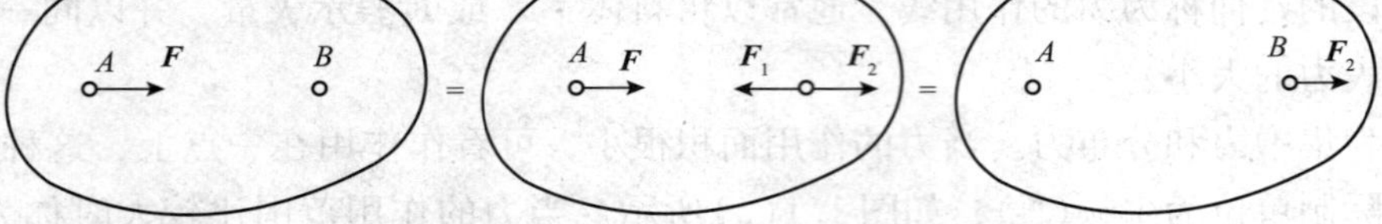


图1.3 力的可传性

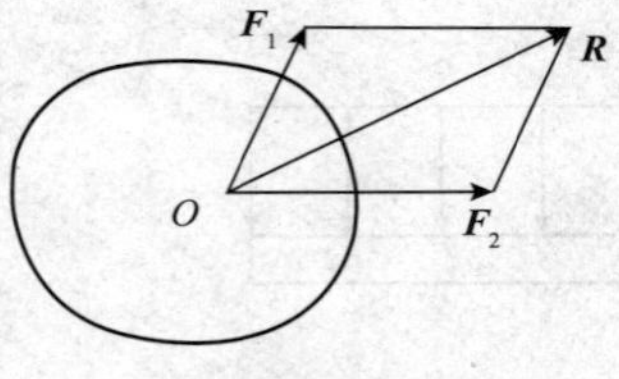


图1.4 力的可合成性

(3)公理3——力的平行四边形公理

作用在刚体上同一点的两个力，可以合成为作用于该点的一个合力，其大小和方向由这两个力为边所构成的平行四边形的对角线来表示，如图1.4所示。其矢量表达形式为$\boldsymbol{R} = \boldsymbol{F}_1 + \boldsymbol{F}_2$，即作用在物体上同一点的两个力的合力等于两分力的矢量和。

**推论** 三力平衡汇交定理：刚体在三个力作用下平衡，若其中任意两个力的作用线相交于一点，则第三个力的作用线也必然交于同一点。

证明：设在刚体上的 $A$、$B$、$C$ 三点分别作用有力 $\boldsymbol{F}_1$、$\boldsymbol{F}_2$、$\boldsymbol{F}_3$，$\boldsymbol{F}_2$和$\boldsymbol{F}_3$的作用线交于 $O$ 点，如图 1.5 所示。根据力的可传性原理，将 $\boldsymbol{F}_2$和$\boldsymbol{F}_3$分别移动到 $O$ 点，然后用平行四边形公理求合力 $\boldsymbol{R}$。用 $\boldsymbol{R}$ 代替 $\boldsymbol{F}_2$和$\boldsymbol{F}_3$的作用，显然，刚体在 $\boldsymbol{R}$ 和 $\boldsymbol{F}_1$作用下平衡。由二力平衡定理知，$\boldsymbol{R}$ 和 $\boldsymbol{F}_1$必然大小相等，方向相反，且作用在同一直线上。可见，$\boldsymbol{F}_1$的作用线必与 $\boldsymbol{R}$ 的作用线重合，而且通过 $O$ 点。

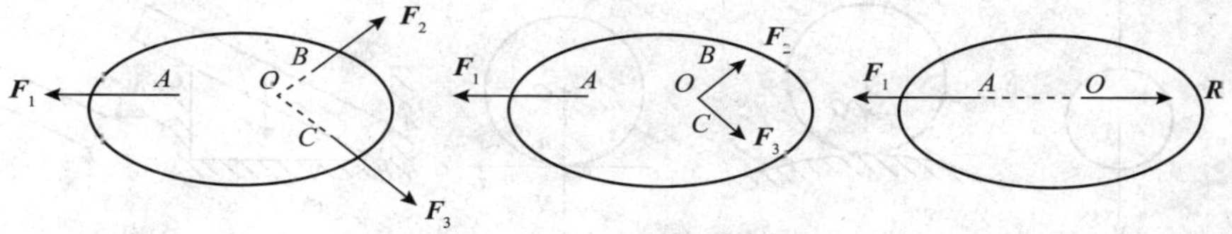


图 1.5　三力平衡汇交定理证明

(4) 公理 4——作用与反作用公理

两物体间的作用力和反作用力，总是大小相等，方向相反，沿同一直线分别作用在这两个物体上。需要强调的是，作用力和反作用力虽成对出现但分别作用于两个不同物体。因此，决不能认为这两个力相互平衡，这与二力平衡定理中的两个力有着本质区别。

## 1.2　刚体的受力分析

机械和结构中的每个零件、构件，总是与其他零件、构件相联系接触。在相互联系接触的零件、构件之间，相互作用着力。为了研究工程中的力学问题，合理地设计零件、构件，必须分析零件、构件的受力情况，即受力分析。

### 1.2.1　约束与约束反力

可在空间任意运动的物体称为自由体，如空中飞行的飞机、炮弹等。受周围物体的限制，不能在某些方向上运动的物体，称为非自由体。对非自由体某些方向的位移起限制作用的周围物体称为约束。如轴只能在轴承孔内转动，轴承是约束，轴是非自由体。

非自由体的运动受到约束时，实际上受到了约束物体的约束反力。约束反力的方向总是与被限制的非自由体的位移方向相反，而约束反力的大小可由平衡条件求出。

下面介绍工程上常见的几种约束及各自约束反力的特点。

(1) 柔性约束

由绳索、胶带和链条等柔性物体形成的约束称为柔性约束。这类物体的特点是柔软易变形，不能抵抗压力，只能承受拉力。因此，这类约束只能限制物体沿柔性物体伸长方向的运动，约束反力的作用点在柔性物体与被约束物体的连接点上，力的作用线沿柔性物体，指向背离物体。约束反力通常用字母 $\boldsymbol{T}$ 来表示，如图 1.6 所示。

(2)理想光滑面约束

当两物体直接接触，并可忽略接触处的摩擦时，该约束称为理想光滑面约束。这种约束只能限制物体在接触点沿接触面的公法线方向的运动，不能限制物体沿接触面切线方向的运动，故约束反力必过接触点，沿接触面法向并指向被约束体。约束反力通常用字母 $\boldsymbol{N}$ 表示，如图 1.7(a)所示。直杆与方槽在 $A$，$B$，$C$ 三点接触，三处的约束反力沿两者接触点的公法线方向，如图 1.7(b)所示。

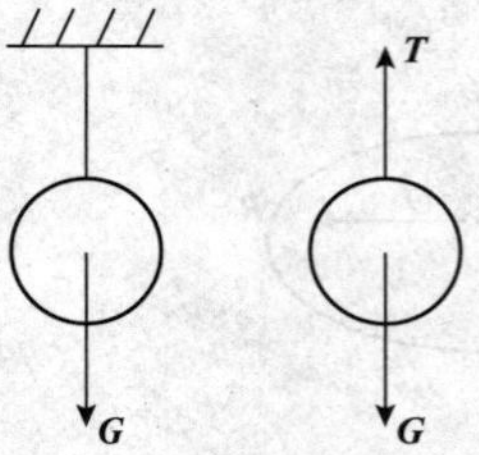


图 1.6　柔性约束

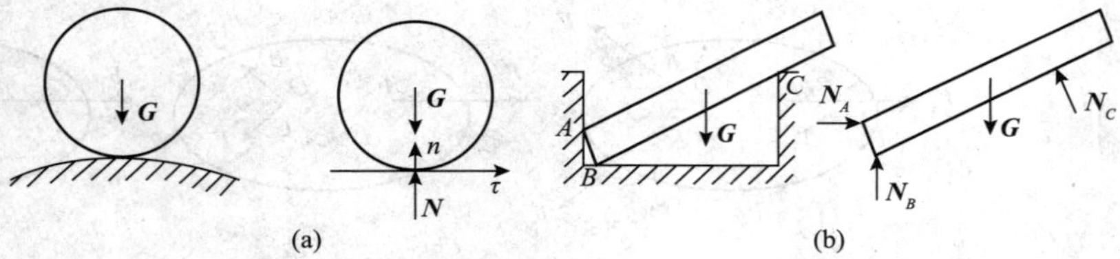


图 1.7　理想光滑面约束

(3)铰链约束

铰链是工程上常见的一种约束，是在两个钻有圆孔的构件之间采用圆柱定位销所形成的连接，如图 1.8 所示。门窗所用的活页、起重机动臂与机座的连接等都是常见的铰链连接。按照光滑接触面反力的特点，销钉给构件的约束反力应沿圆柱面通过接触点 $K$ 沿公法线方向。但因接触点 $K$ 有时不能预先确定，以至反力 $\boldsymbol{R}_K$ 的方向也不能确定，如图 1.9(a)所示。这时约束反力通常用两个通过铰链中心的正交分力 $\boldsymbol{X}_K$ 及 $\boldsymbol{Y}_K$ 来表示，两分力的指向可任意设定，如图 1.9(b)所示。

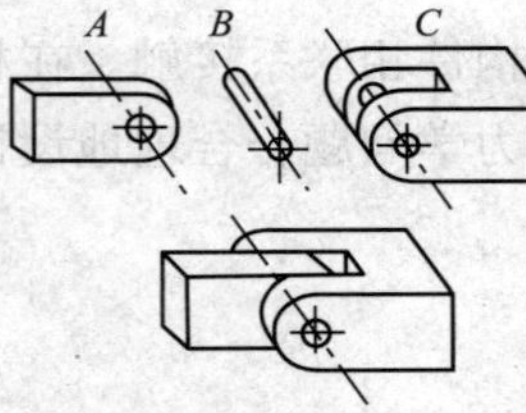


图 1.8　铰链连接图

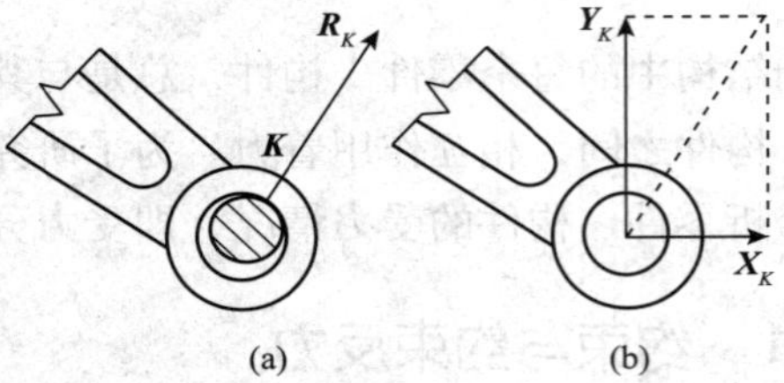


图 1.9　铰链约束反力

用圆柱铰链将构件与底座连接起来，即构成铰支座。通常可分为固定铰支座和可动铰支座两种类型。

①固定铰链支座。底座固定在支承面上的铰支座称为固定铰支座，如图 1.10(a)所示。图 1.10(b)为固定铰支座对构件 $A$ 的约束。

②可动铰链支座(也称活动铰支座)。在压力容器和压力管道工程中，除使用固定铰支座外，还常使用一种放在几个圆柱滚子上的铰链支座，这种支座称为可动铰支座，如图 1.11(a)所示。可动铰链支座只能限制构件沿支承面垂直方向的移动，因此其约束反力方向垂直于支承面，且通过铰链中心，可动支座对构件 $B$ 的约束反力如图 1.11(b)所示。

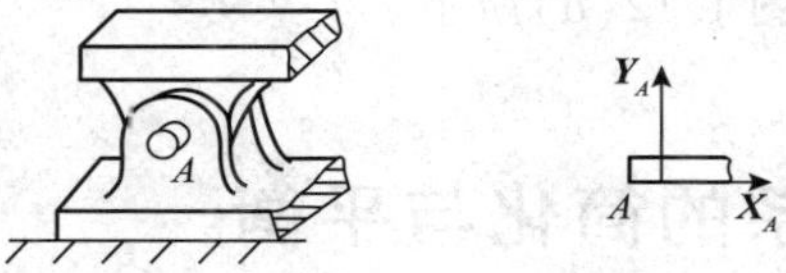

(a) (b)

图 1.10 固定铰链支座约束

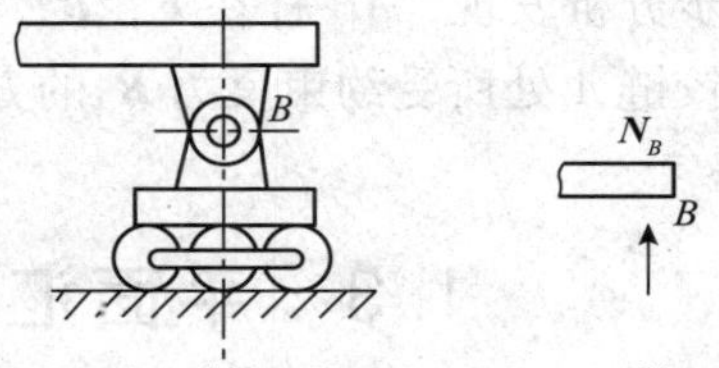

(a) (b)

图 1.11 可动铰链支座约束

### 1.2.2 受力分析与受力图

静力学是研究物体平衡的科学。所谓平衡，是指物体相对于地球保持静止状态或做匀速直线运动状态。处于平衡状态下的物体所受若干力的作用效果相互抵消，因此物体的运动状态保持不变。研究构件的平衡问题时，首先要明确研究对象，然后分析研究对象受哪些力的作用，这就是构件的受力分析。

对研究对象进行受力分析时，必须将所确定的研究对象从周围物体中分离出来，单独画出简图，然后将其他物体对它作用的主动力和约束反力全部表示出来，这样的图称为分离体的受力图，简称受力图。画构件受力图的步骤如下：

(1)选定研究对象，将研究对象作为分离体单独画出；

(2)在分离图上标出主动力(一般已知)；

(3)将分离体原来的约束用相应的约束反力代替。

**例题 1.1** 如图 1.12(a)所示为三角形支架 $ABC$，$AB$ 上作用铅垂力 $\boldsymbol{F}$，杆的自重不计，试分别画出杆 $BC$ 和 $AB$ 的受力图。

**解**：(1)$BC$ 杆受力图。

选 $BC$ 杆为研究对象，$B$、$C$ 两端均为铰链连接，由于不计 $BC$ 杆自重，杆仅在其两端的两个约束反力作用下处于平衡，因此 $BC$ 杆为二力杆。根据二力平衡定理，$\boldsymbol{R}_B$，$\boldsymbol{R}_C$ 大小相等、方向相反，作用线在 $B$、$C$ 连线方向上，$BC$ 杆受力图如图 1.12(b)所示。

(2)$AB$ 杆受力图。

选 $AB$ 杆为研究对象，它受主动力 $\boldsymbol{F}$ 的作用，在 $B$ 处有约束反力 $\boldsymbol{R}'_B$，$\boldsymbol{R}'_B$ 与 $\boldsymbol{R}_B$ 为作用力与反作用力；$A$ 点为固定铰链支座，约束反力的大小和方向未知，用两个正交的分力 $\boldsymbol{X}_A$ 和 $\boldsymbol{Y}_A$ 表示，$AB$ 杆受力图如图 1.12(c)所示。

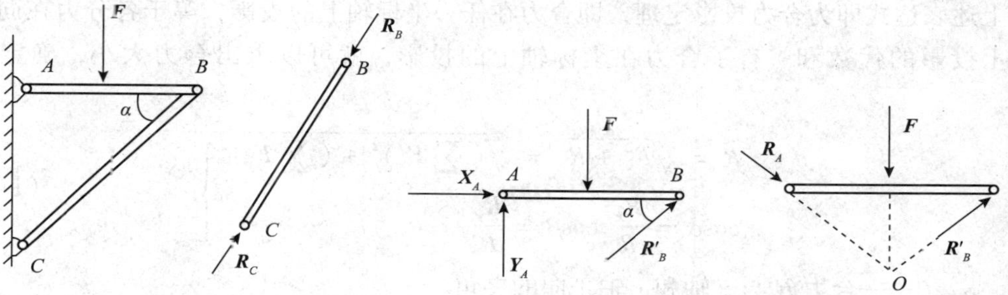

(a) (b) (c) (d)

图 1.12 三角形支架受力图

进一步分析发现，$AB$ 杆在 $\boldsymbol{F}$，$\boldsymbol{R}_A$，$\boldsymbol{R'}_B$ 三个力的作用下处于平衡状态，由三力汇交定理可确定铰链 $A$ 处所受约束反力 $\boldsymbol{R}_A$ 的方向，如图 1.12(d)所示。

# 1.3 平面汇交力系的简化与平衡

## 1.3.1 平面汇交力系的简化

力系的分类方法很多，按作用线是否位于同一平面来分，可分为平面力系和空间力系。作用线在同一平面内的力系，称为平面力系。若将力系按作用线是否汇交或者平行来分，又可分为汇交力系、力偶系、平行力系和一般力系。

平面汇交力系，是指作用于物体上的各力的作用线都位于同一平面内，且汇交于一点的力系。这是工程上常见的一种力系，它是研究平面一般力系的基础。

平面汇交力系的合成方法有几何法和解析法。几何法简便直观、易于操作，但依赖于作图精度，所求合力的精度难以控制。在力的实际分析计算中，多用解析法，其实质是把力矢量分解成在直角坐标轴上的投影量，用代数方法运算。

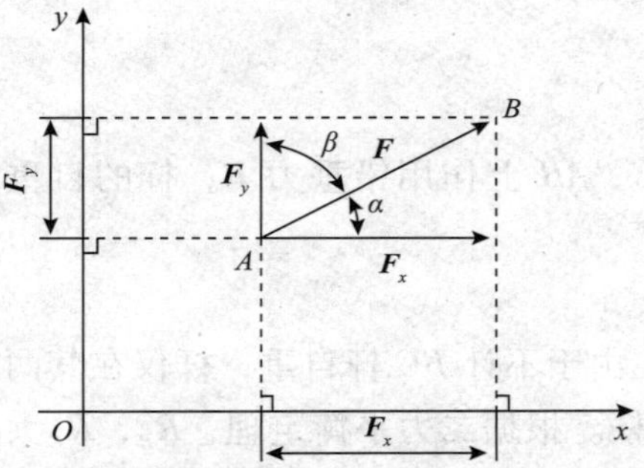

图 1.13 力在坐标轴上的投影

如图 1.13 所示，物体 $A$ 点的力 $\boldsymbol{F}$ 在 $x$ 轴、$y$ 轴的投影分别为：

$$\begin{rcases} F_x = F\cos\alpha \\ F_y = F\cos\beta = F\sin\alpha \end{rcases} \quad (1-1)$$

力的投影是代数量，若投影方向与坐标轴正向一致，则投影为正；反之为负。

若某一物体 $A$ 点受 $\boldsymbol{F}_1$，$\boldsymbol{F}_2$，$\boldsymbol{F}_3$，$\cdots\boldsymbol{F}_n$ 多个力作用，为求其合力，可先分别求出它们在某一坐标轴上的投影，然后代数相加，得到的即是合力在坐标轴上的投影。

$$\begin{rcases} R_x = F_{1x} + F_{2x} + \cdots + F_{nx} = \sum F_x \\ R_y = F_{1y} + F_{2y} + \cdots + F_{ny} = \sum F_y \end{rcases} \quad (1-2)$$

上述表达式即为合力投影定理，即合力在任一坐标轴上的投影，等于各分力在同一坐标轴上投影的代数和。有了合力在坐标轴上的投影，就可以求出合力大小，确定合力方向。

$$\begin{rcases} R = \sqrt{R_x^2 + R_y^2} = \sqrt{(\sum F_x)^2 + (\sum F_y)^2} \\ \cos\alpha = \dfrac{R_x}{R}, \cos\beta = \dfrac{R_y}{R} \end{rcases} \quad (1-3)$$

式中 $\alpha$，$\beta$——合力 $\boldsymbol{R}$ 与 $x$ 轴和 $y$ 轴正向的夹角。

## 1.3.2 平面汇交力系的平衡条件

平面汇交力系平衡的必要和充分条件是该力系的合力 **R** 等于零，则由式(1-3)得：

$$R = \sqrt{(\sum F_x)^2 + (\sum F_y)^2} = 0 \tag{1-4}$$

即：

$$\left.\begin{array}{l}\sum F_x = 0 \\ \sum F_y = 0\end{array}\right\} \tag{1-5}$$

由式(1-5)可得平面汇交力系平衡的解析条件：力系中所有各力在作用面内两个坐标轴上投影的代数和分别等于零。式(1-5)又称为平面汇交力系的平衡方程。

**例题 1.2** 一简易起重装置，如图 1.14 所示。支架的 $AB$ 和 $BC$ 两杆在 $A$，$B$，$C$ 三处均为铰链连接。在 $B$ 处的销钉上装有一光滑滑轮。绕滑轮的绳索一端悬挂 $G=10\text{kN}$ 的重物，另一端绕在卷扬机绞盘 $D$ 上。不计 $AB$ 和 $BC$ 两杆和滑轮自重，并忽略滑轮尺寸，当重物匀速上升时，求 $AB$ 和 $BC$ 两杆所受的力。

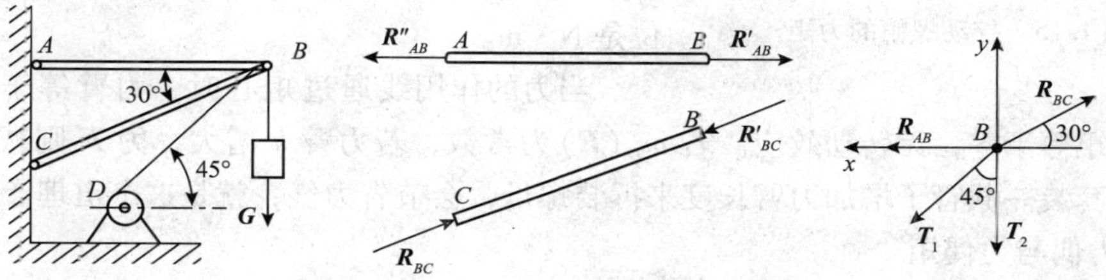


图 1.14 例题 1.2 的受力分析

**解**：由于重物匀速上升，所以整个装置处于平衡状态。

(1) $AB$ 杆和 $BC$ 杆受力分析。

对于 $AB$ 杆和 $BC$ 杆，它们只在两端受到力的作用，且自重不计，故 $AB$ 杆和 $BC$ 杆均为二力杆，受力图如图 1.14(b)所示。

(2)滑轮受力分析。

不计滑轮尺寸，可将其看作质点 $B$。滑轮除受到 $AB$ 杆和 $BC$ 杆对其的反作用力 $\boldsymbol{R}_{AB}$ 和 $\boldsymbol{R}_{BC}$ 之外，还受到绳索 $BD$ 拉力 $\boldsymbol{T}_1$ 和重物向下的拉力 $\boldsymbol{T}_2$。这 4 个力均通过 $B$ 点，且在同一平面内，是平面汇交力系，受力图如图 1.14(c)所示。以 $B$ 点为坐标原点建立坐标系，列平衡方程。由 $\sum F_x=0$，$\sum F_y=0$ 得：

$$\sum F_x = 0 \qquad R_{AB} + T_1\sin45° - R_{BC}\cos30° = 0$$

$$\sum F_y = 0 \qquad R_{BC}\sin30° - T_1\cos45° - T_2 = 0$$

将 $T_1=T_2=G=10\text{kN}$ 代入，得：

$$R_{BC} = \frac{G + G\cos45°}{\sin30°} = 34.14\text{kN}$$

$$R_{AB} = R_{BC}\cos30° - G\sin45° = 22.5\text{kN}$$

# 1.4　平面一般力系

## 1.4.1　力矩与力偶

(1)力矩

力对刚体除产生移动效应外，还可以产生转动效应。如用扳手拧动螺帽，齿轮的转动及工程实际中各种省力的杠杆、滑轮等，都利用了力矩。力矩使物体转动的效果不仅取决于力 $\boldsymbol{F}$ 的大小，而且与力的作用线到转动中心 $O$ 点的距离 $h$ 有关，如图 1.15 所示。

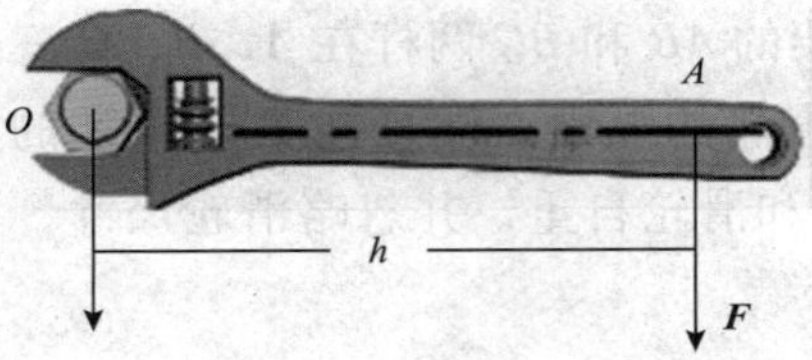

图 1.15　拧动螺帽的力矩

平面上的力矩为代数量，表达式为：

$$m_O(\boldsymbol{F}) = \pm Fh \tag{1-6}$$

式中，点 $O$ 称为矩心，点 $O$ 到力的作用线的垂直距离 $h$ 称为力臂，正负号由转动方向决定，一般规定逆时针转动的力矩为正，反之为负。力矩的常用单位是 N · m。

当力的作用线通过矩心时，力臂等于零，它对矩心的力矩等于零，无转动效应。若 $m_O(\boldsymbol{F})$ 为常数，若力臂 $h$ 增大，力 $\boldsymbol{F}$ 则减小。在扳手的一端套装一截管子增加力臂长度来拆装螺母，会节省力气，就是这个道理。

(2)力偶与力偶矩

一对大小相等、方向相反、作用线平行但不重合的两个力组成的力系称为力偶。例如，司机用双手驾驶方向盘，如图 1.16(a)所示；钳工用丝锥攻丝，如图 1.16(b)所示。若组成力偶的两个力分别为 $\boldsymbol{F}$ 和 $\boldsymbol{F}'$，则用$(\boldsymbol{F}, \boldsymbol{F}')$表示该二力所组成的力偶。

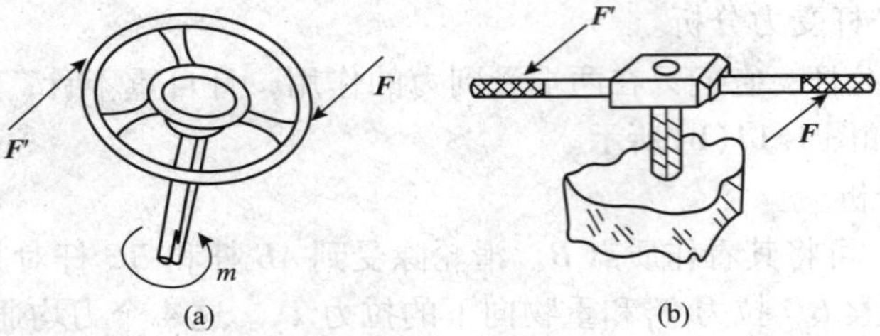

图 1.16　力偶的实例

力偶对物体只产生转动效应，而无移动效应。力偶对物体的转动效应用力偶矩 $m$ 来度量。

$$m = m(\boldsymbol{F}, \boldsymbol{F}') = \pm Fd \tag{1-7}$$

式中　$d$——力偶臂，是力偶中二力的垂直距离。

同一个平面中的多个力偶只可能产生正转或反转，是代数量。一般规定逆时针转动为正，反之为负。

力偶具有以下性质：

①力偶是基本物理量。力偶不能合成为一个力，也不能用一个力来平衡，力偶只能用力偶平衡，所以力偶是基本物理量。

②力偶的等效性。如果两个力偶的力偶矩大小相等且方向相同，则这两个力偶对物体的转动效应相同，即两力偶等效。

③力偶矩是定值。当力偶确定时，力偶矩是定值，与所取点无关。

④力偶的可移性。在保持力偶矩不变的情况下，可以将其移到作用平面内任意一点，而不改变它对刚体的作用，即力偶对物体的作用与其在作用面内的位置无关。

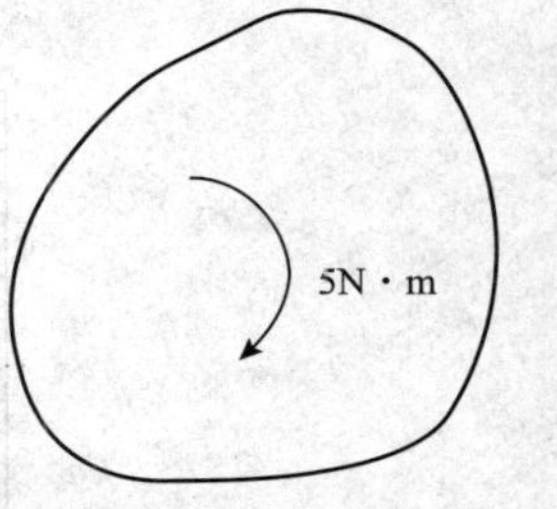

图 1.17　力偶的效应

⑤力大小和力偶臂的可变性。只要力偶矩的大小和转向不变，可以同时改变力偶中力的大小和力偶臂的长度，而不会改变力偶对刚体的作用。所以力偶常用带箭头的旋转符号表示，箭头表示力偶的转向，符号旁边注明力偶矩的大小，如图 1.17 所示。

⑥力偶的可合性。作用在物体同一平面内的两个或两个以上的力偶，称为平面力偶系。该力偶系可用一合力偶代替，其力偶矩为原力偶系中各力偶矩的代数和，即：

$$m = m_1 + m_2 + \cdots + m_n = \sum_{i=1}^{n} m_i \quad (1-8)$$

## 1.4.2　力的平移定理

力的平移定理：作用在刚体上的力可以平移到刚体内任一点，为保持运动效应不变，只要在平移后附加一个力偶，此附加力偶的力偶矩等于原力对平移点的力矩。

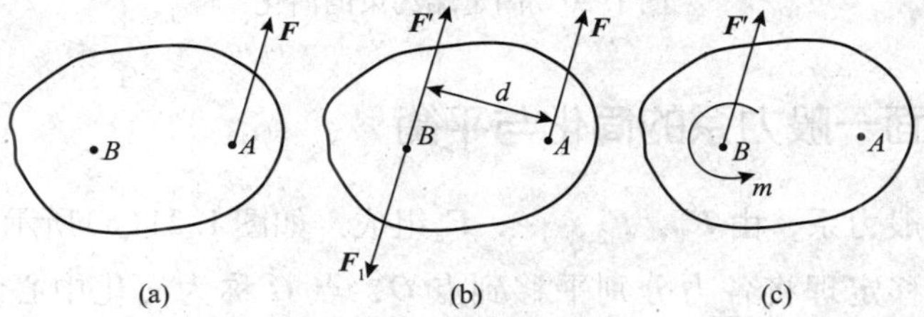

图 1.18　力的平移

证明：设力 $\boldsymbol{F}$ 作用于刚体的任一点 $A$，在其上同一平面内有一点 $B$，如图 1.18(a)所示。为将力 $\boldsymbol{F}$ 平移到点 $B$，在点 $B$ 加上一对平衡力 $\boldsymbol{F}_1$ 和 $\boldsymbol{F}'$，$\boldsymbol{F}$ 和 $\boldsymbol{F}_1$ 之间距离为 $d$[图 1.18(b)]。根据加减平衡力系原理可知，三个力 $\boldsymbol{F}$，$\boldsymbol{F}'$，$\boldsymbol{F}_1$ 对刚体的作用与原力 $\boldsymbol{F}$ 单独对刚体的作用等效，而 $\boldsymbol{F}$ 和 $\boldsymbol{F}_1$ 组成一个力偶，力偶矩正好等于原力 $\boldsymbol{F}$ 对点 $B$ 之矩，即：

$$m = m(\boldsymbol{F},\ \boldsymbol{F}_1) = m_B(\boldsymbol{F}) = Fd \quad (1-9)$$

作用在点 $B$ 的力 $\boldsymbol{F}'$ 和力偶矩 $m$ 对刚体的共同作用与在点 $A$ 的力 $\boldsymbol{F}$ 对刚体的作用等效。

## 1.4.3　固定端约束

固定端约束的特点是被约束的物体端部完全固定，既不能移动，又不能转动。如图

1.19(a)所示的被塔器基础固定的塔底座，图1.19(b)所示的固定在车床卡盘上的被加工件等所受的约束均属于固定端约束。计算时，固定端约束可简化为如图1.20(a)所示的简图。在外力 $\boldsymbol{F}$ 的作用下，物体在固嵌部分所受的力比较复杂[图1.20(b)]，可将这些力向点 $A$ 简化，得到一个在 $A$ 点的约束反力和一个力偶矩为 $m_A$ 的约束反力偶。为便于计算，约束反力可用其水平分力 $\boldsymbol{X}_A$ 和垂直分力 $\boldsymbol{Y}_A$ 来代替。则固定端约束的反力有三个：限制移动的反力 $\boldsymbol{X}_A$、$\boldsymbol{Y}_A$ 和限制绕嵌入点转动的反力偶 $m_A$，如图1.20(c)所示。

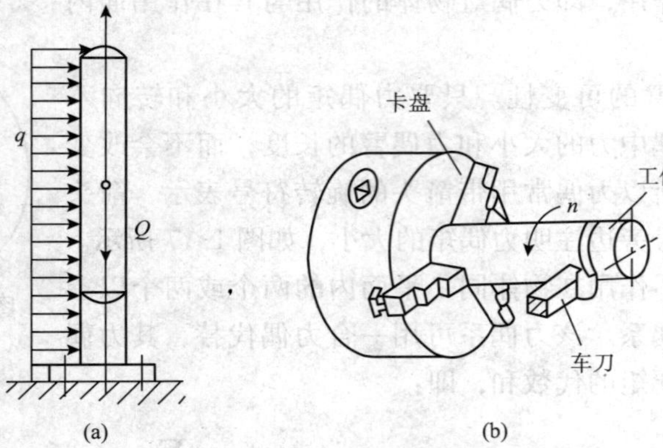


图1.19　固定端约束实例

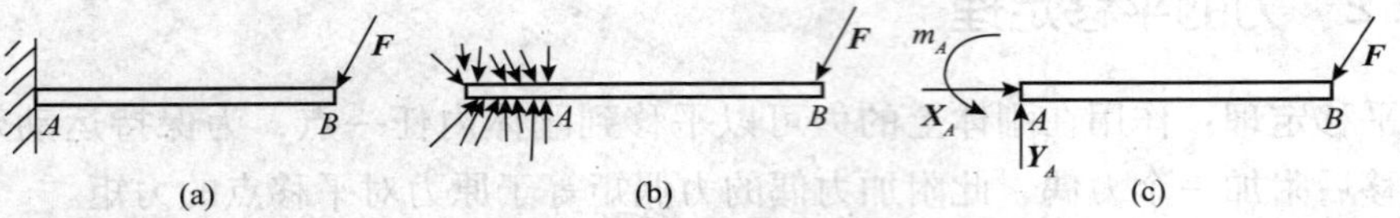


图1.20　固定端约束的简化

### 1.4.4　平面一般力系的简化与平衡

设有一平面一般力系，由 $\boldsymbol{F}_1$，$\boldsymbol{F}_2$，…，$\boldsymbol{F}_n$ 组成，如图1.21(a)所示。在平面内任取一点 $O$，应用力的平移定理将各力分别平移到点 $O$，点 $O$ 称为简化中心。如图1.21(b)所示，平移后得到作用在点 $O$ 的一个平面汇交力系 $\boldsymbol{F}_1'$，$\boldsymbol{F}_2'$，…，$\boldsymbol{F}_n'$ 和一个平面力偶系 $(\boldsymbol{F}_1,\ \boldsymbol{F}_1')$，$(\boldsymbol{F}_2,\ \boldsymbol{F}_2')$，…，$(\boldsymbol{F}_n,\ \boldsymbol{F}_n')$，各附加力偶的力偶矩分别为 $m_1 = m_O(\boldsymbol{F}_1)$，$m_2 = m_O(\boldsymbol{F}_2)$，$\cdots m_n = m_O(\boldsymbol{F}_n)$。如图1.21(c)所示，平移后的平面汇交力系可合成一个作用线过点 $O$ 的力 $\boldsymbol{R}'$，称为原力系的主矢，即：

$$\boldsymbol{R}' = \boldsymbol{F}_1' + \boldsymbol{F}_2' + \cdots + \boldsymbol{F}_n' = \boldsymbol{F}_1 + \boldsymbol{F}_2 + \cdots + \boldsymbol{F}_n = \sum \boldsymbol{F} \qquad (1-10)$$

平面力偶系可合成一个合力偶，其合力偶矩 $m_O$ 等于原力系中各力对简化中心 $O$ 取矩的代数和，称为原力系对简化中心的主矩，即：

$$m_O = m_1 + m_2 + \cdots + m_n = m_O(\boldsymbol{F}_1) + m_O(\boldsymbol{F}_2) + \cdots + m_O(\boldsymbol{F}_n) = \sum m \qquad (1-11)$$

综上所述，平面一般力系向其平面内任意一点简化，可以得到一个主矢和一个主矩，主矢等于原力系中各力的矢量和，主矩等于原力系中各力对简化中心取矩的代数和。

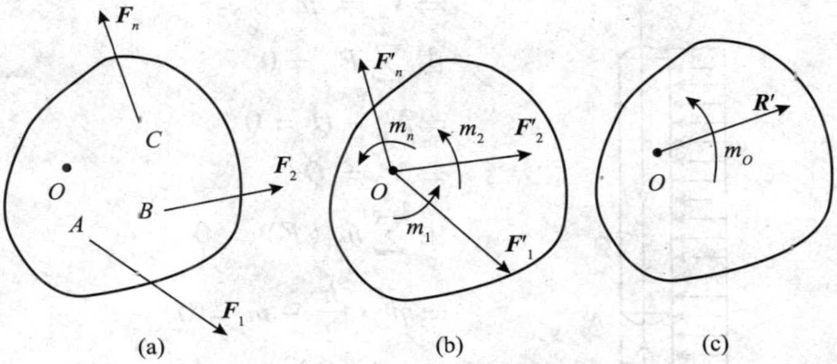


图 1.21　平面一般力系的简化

平面一般力系简化后得到一个主矢 $\boldsymbol{R}'$ 和一个主矩 $m_O$。若使物体保持平衡，则必有 $\boldsymbol{R}'=0$，$m_O=0$。因此，平面一般力系的平衡条件是：力系的主矢和力系中各力对任一点的主矩都为零，即：

$$R' = \sqrt{\left(\sum F_x\right)^2 + \left(\sum F_y\right)^2} = 0 \qquad (1-12)$$

$$m_O = 0$$

相当于：

$$\left.\begin{aligned} \sum F_x &= 0 \\ \sum F_y &= 0 \\ \sum m_O(\boldsymbol{F}) &= 0 \end{aligned}\right\} \qquad (1-13)$$

式(1－13)称为平面一般力系的平衡方程，说明平面一般力系平衡的解析条件为：力系中各力在任选的两个坐标轴上投影的代数和为零；各力对平面上任一点之矩的代数和为零。

$$\left.\begin{aligned} \sum F_x &= 0 \\ \sum m_A(\boldsymbol{F}) &= 0 \\ \sum m_B(\boldsymbol{F}) &= 0 \end{aligned}\right\} \qquad (1-14)$$

$$\left.\begin{aligned} \sum m_A(\boldsymbol{F}) &= 0 \\ \sum m_B(\boldsymbol{F}) &= 0 \\ \sum m_C(\boldsymbol{F}) &= 0 \end{aligned}\right\} \qquad (1-15)$$

式(1－13)～式(1－15)这三种不同形式的方程均由三个相互独立的方程组成，各自最多能够求解三个未知数。在求解实际问题时，究竟应该列哪种形式的方程，可根据具体问题确定。

**例题 1.3**　如图 1.22(a)所示，自重为 $\boldsymbol{Q}$(N)的塔假设受到平均集度为 $\boldsymbol{q}$(N/m)的水平风载荷作用，塔整体高度为 $h$，试求塔的基础对塔底座的约束反力。

**解**：由于塔底座与基础固定，可视为固定端约束，取整个塔为研究对象，受力如图 1.22 所示。这是一个平面一般力系，由静力学平衡方程得：

$\sum F_x = 0 \Rightarrow qh - N_x = 0$

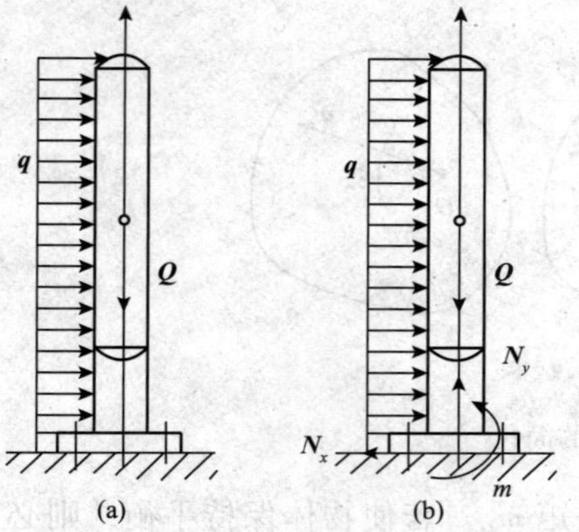


图 1.22　例题 1.3 受力分析

$\Rightarrow N_x = qh$

由 $\sum F_y = 0$

$\Rightarrow N_y - Q = 0$

$\Rightarrow N_y = Q$

由 $\sum m_A(F) = 0$

$\Rightarrow qh \cdot \frac{h}{2} - m = 0$

$\Rightarrow m = \frac{1}{2}qh^2$

**例题 1.4**　管道支架 $ABC$，$A$、$B$、$C$ 均为铰接，已知支架承受两管道的重量均为 $G=4.5$kN，图中尺寸均为 mm。试求 $AB$、$BC$ 杆受力。

**解**：由 $BC$ 杆为二力杆可得 $BC$ 杆给 $AB$ 杆的力 $\boldsymbol{N}_B$ 的方向。

以 $AB$ 杆为研究对象，受力分析如图 1.23(b)所示。

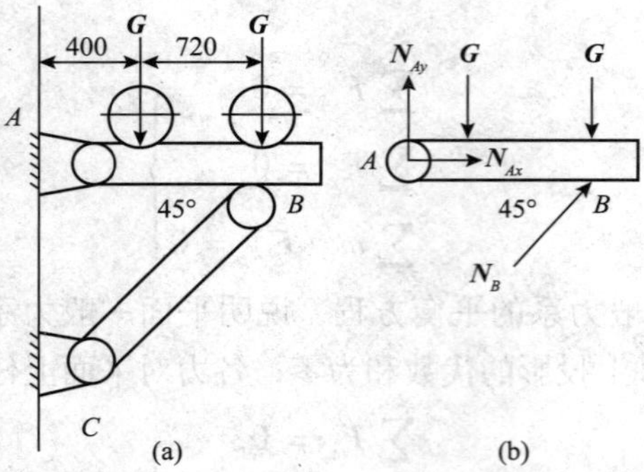


图 1.23　例题 1.4 受力图

由 $\sum m_A(\boldsymbol{F}) = 0$ 得：

$$N_B \cdot (400 + 720)\sin 45° - 400G - 1120G = 0$$

$$\Rightarrow N_B = 19G/7\sqrt{2} = 8.64\text{kN}$$

由 $\sum F_x = 0$ 得：

$$N_B\cos 45° + N_{Ax} = 0$$

$$\Rightarrow N_{Ax} = -\sqrt{2}N_B/2$$

$$= -6.11\text{kN}$$

由 $\sum F_y = 0$ 得：

$$N_B\sin 45° - 2G + N_{Ay} = 0$$

$$\Rightarrow N_{Ay} = 2G - \sqrt{2}N_B/2$$

$$= 2.89\text{kN}$$

## 习题

1. 如图 1.24 所示，画出下列各指定物体的受力图，设所有接触表面光滑，未标重力的物体不计重力。

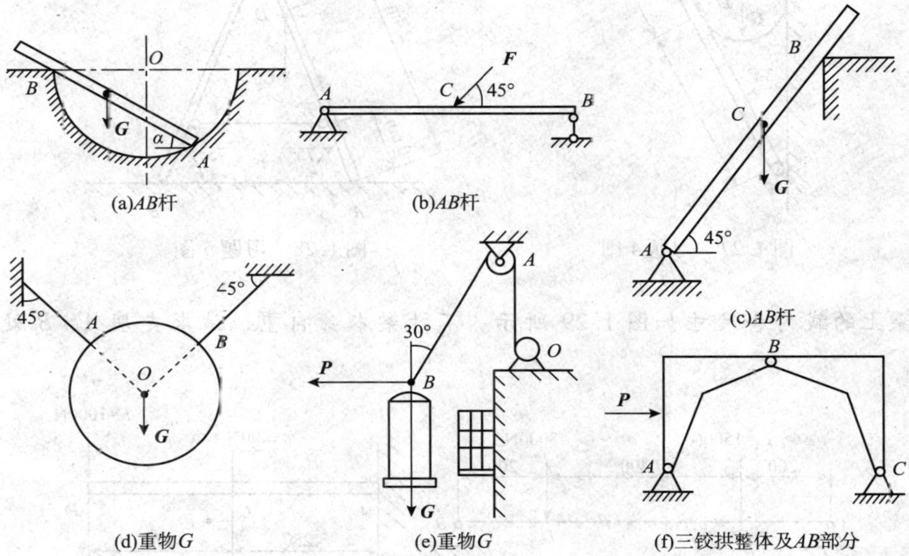


图 1.24　习题 1 图

2. 一圆筒形容器自重为 **G**，放置于托轮 $A$ 和 $B$ 上，如图 1.25 所示。求托轮对容器的约束反力。

3. 某梁 $AB$ 承受力 $F=20\text{kN}$，如图 1.26 所示。试求 $A$ 和 $B$ 处的约束反力。

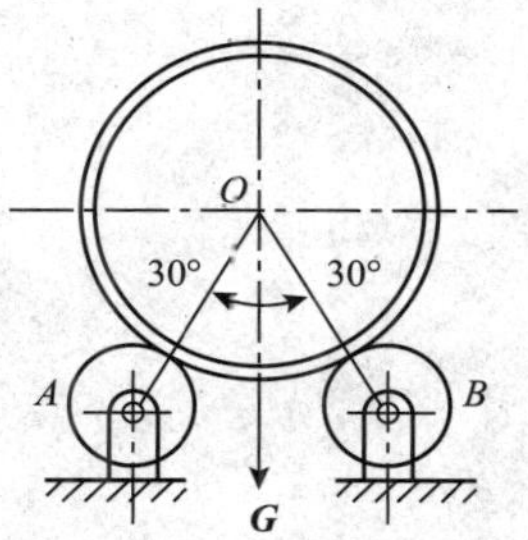


图 1.25　习题 2 图

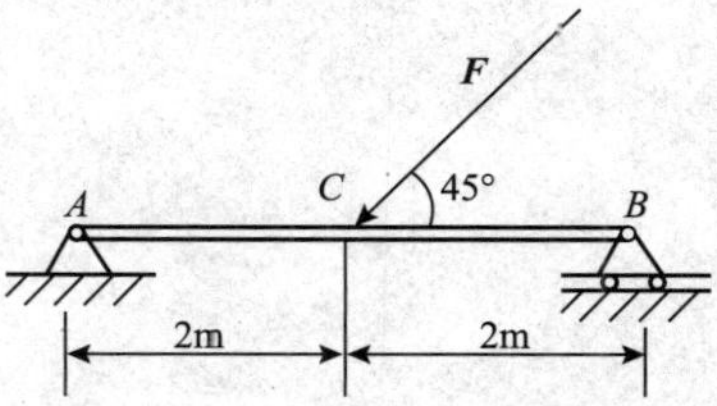


图 1.26　习题 3 图

4. 自重为 **G** 的均质圆球放在平板 $AB$ 与墙壁 $AC$ 之间，在 $D$ 和 $E$ 两处光滑接触，如图 1.27 所示。不计平板 $AB$ 的自重。求 $A$、$D$ 和 $E$ 处的约束反力以及绳索 $BC$ 的拉力。

5. 活动梯子置于光滑水平地面上，如图 1.28 所示。梯子由 $BC$ 和 $AC$ 两部分组成，每部分各重 $G_1=150\text{N}$，彼此用铰链 $C$ 及绳子 $EF$ 连接。今有一体重 $G_2=600\text{N}$ 的人站在 $D$ 处，尺寸如图示。试求绳子 $EF$ 的拉力及 $A$、$B$ 两处的约束反力。

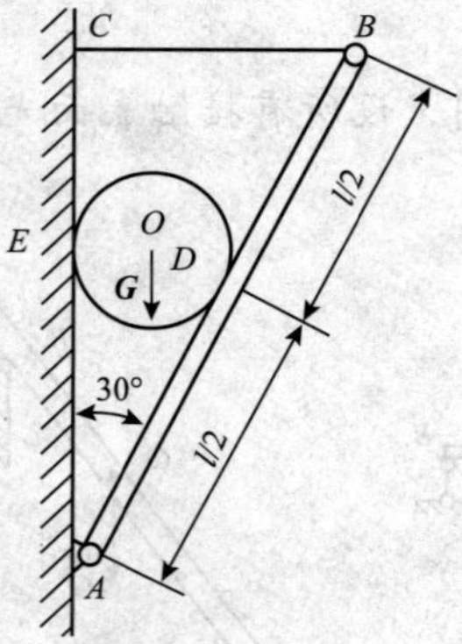


图 1.27　习题 4 图

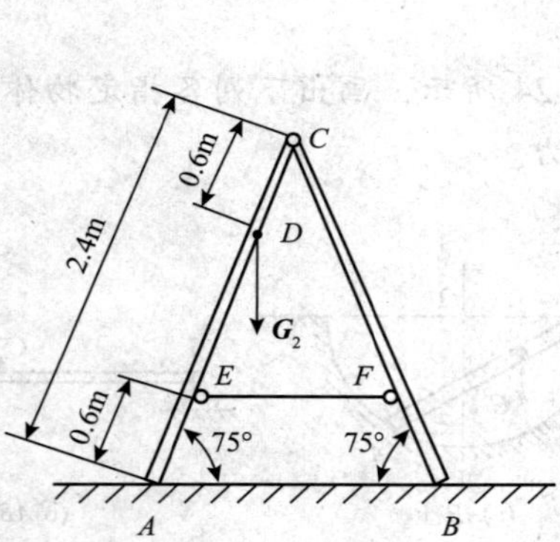


图 1.28　习题 5 图

6. 梁上的载荷和尺寸如图 1.29 所示。不计梁本身自重，试求支座 $A$、$B$ 处的约束反力。

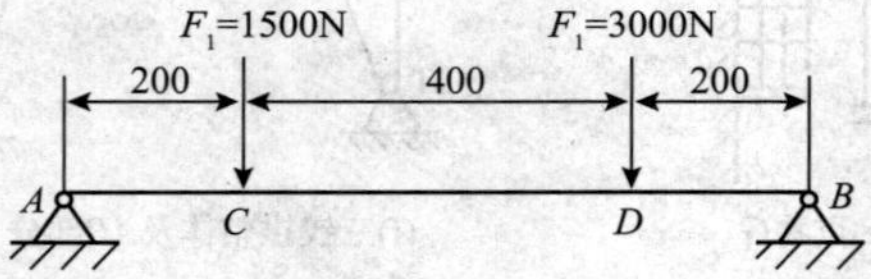


(a)

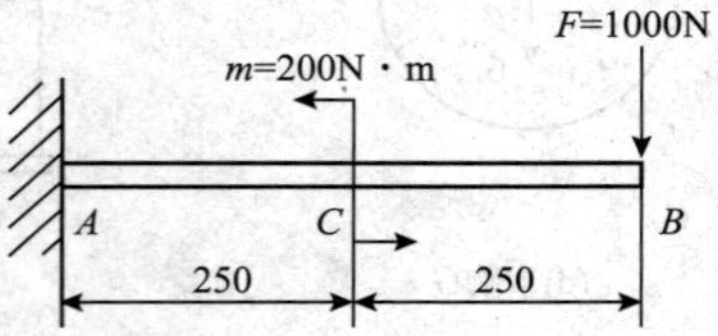


(b)

图 1.29　习题 6 图

# 2 杆件应力分析与强度设计计算

在第 1 章研究构件的受力分析和平衡条件时，把构件视为刚体，即假定受力后物体的几何形状和尺寸是不变的。实际上，刚体是不存在的，任何物体在外力作用下都将发生变形。在静力学中，构件的微小变形对静力平衡分析是一个次要因素，故可不加考虑；但在材料力学中，研究的是构件的强度、刚度及稳定性问题，变形成为一个主要因素，必须加以考虑。本章将讨论构件受力后的变形效应，即内效应，把构件视为变形体，研究构件在外力作用下发生变形和破坏的规律，以解决如何才能设计既满足强度、刚度等方面的要求，不仅尺寸小、重量轻，且结构形状合理，并可最经济地使用材料这样一个基本问题。

在工程实际中，构件的形状多种多样，按几何形状主要分为杆件、壳体和块。长度远比横截面尺寸大的构件称为杆件，如螺栓、轴、梁、管道、容器等；横截面大小、形状不变的直杆称为等截面直杆；轴线为曲线的杆称为曲杆；若构件厚度尺寸远比长和宽的尺寸小，这样的构件称为薄板或壳体(如圆筒体、法兰、球罐等)；若构件三维尺寸都较接近，则该构件称为块。一般而言，板和壳体的变形比较复杂，杆件的变形及分析方法虽较简单，但它是分析板和壳体问题的基础。本章主要讨论杆件的变形。

杆件在不同外力作用下的变形可以用某种基本变形形式或几种基本变形形式的组合来表示。杆件变形的基本形式有拉伸或压缩、剪切、弯曲和扭转四种，如表 2. 1 所示。

表 2. 1　杆件的基本变形形式

| 基本变形形式 | 变形简图 | 工程实例 |
| --- | --- | --- |
| 拉伸、压缩 | 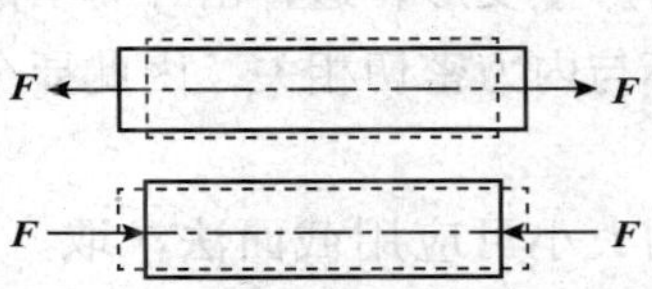 | 连接容器法兰用的螺栓、容器的立式支腿 |
| 剪切 | 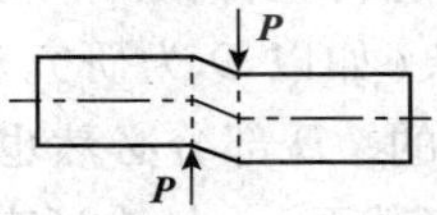 | 剪床上受剪切的钢板 |
| 弯曲 | 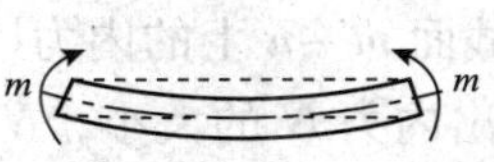 | 各种横向载荷或弯矩作用的梁、受水平风载荷的塔体 |
| 扭转 | 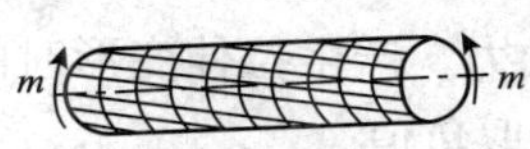 | 各种机器的转动轴，如搅拌器的轴 |

# 2.1　杆件拉伸、压缩的应力分析与强度设计计算

工程上，杆件产生拉伸和压缩变形的实例很多，图2.1起重装置的$AB$杆和图2.2(b)中化工设备的连接螺栓，就是受拉伸的杆件；而图2.1起重装置的$AC$杆和图2.2(c)中化工设备的支腿则是受压缩的杆件。从上述实例可知，当杆件受到作用线与杆轴线重合的轴向拉力或压力作用时，杆件将产生沿轴线方向的伸长或缩短，这种变形称为拉伸或压缩变形。

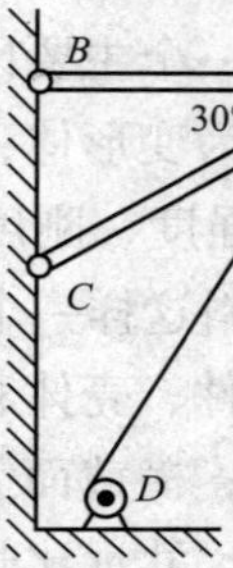


图2.1　简易起重装置

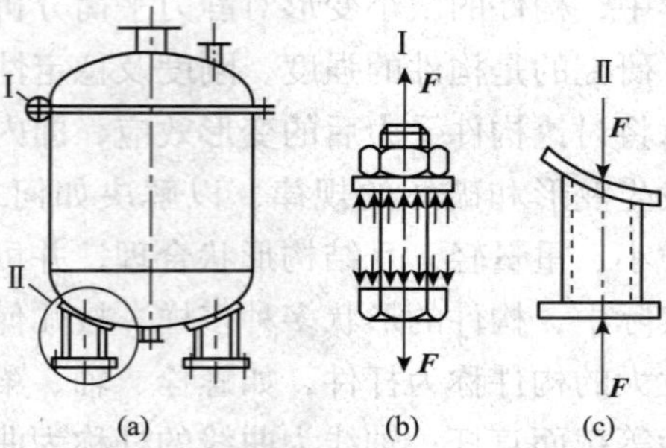


图2.2　受拉伸的螺栓和受压缩的支腿

## 2.1.1　直杆拉伸与压缩时的受力与变形

### 2.1.1.1　直杆拉伸与压缩时横截面上的内力

物体未受到外力作用时，组成物体的分子之间存在相互作用力。当受到外力作用后，物体内部的相互作用力要发生变化，同时产生变形，这种由外力引起的物体内部相互作用力的变化量称为内力。物体的变形与破坏与内力密切相关，因此要分析构件的强度和刚度问题时，先从分析内力入手。

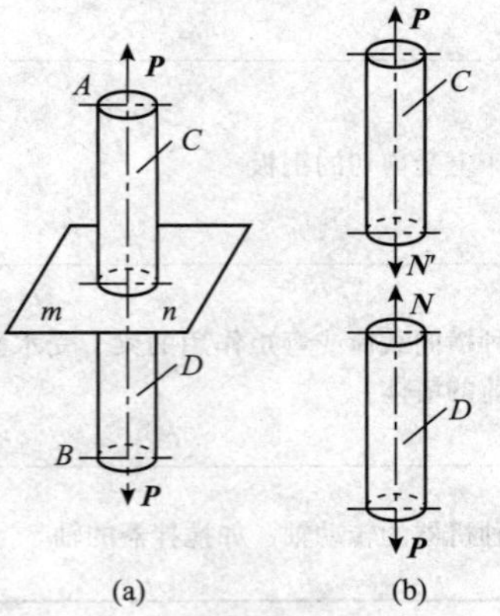


图2.3　截面法求内力

内力的大小可应用截面法求取。如图2.3(a)所示，沿横截面$m-n$假想将直杆截开，分成两部分，任取其中一部分作为研究对象(如以$D$为研究对象)，进行受力分析。由于$AB$杆是平衡的，$D$部分必然也是平衡的。在$D$部分除了外力$\boldsymbol{P}$以外，横截面$m-n$上还有$C$部分对$D$部分的作用力$\boldsymbol{N}$，这就是横截面$m-n$上的内力[图2.3(b)]。根据静力平衡条件，可求出内力$\boldsymbol{N}$的大小，$N=N'=P$。

因为外力$\boldsymbol{P}$和内力$\boldsymbol{N}$的作用线与杆轴线重合，所以将内力$\boldsymbol{N}$称为轴力。产生拉伸变形时的轴力取正值；产生压缩变形时的轴力取负值。

当杆件受两个以上轴向外力时，为了清晰地表示杆件各

截面上的轴力，把轴力随截面位置变化的情况用图线表示出来。一般以杆的轴线方向为横坐标，表示横截面的位置，而以垂直于杆轴线的方向为纵坐标，表示横截面上的轴力，这样绘出来的图形称为轴力图。作轴力图时图中应标注受力的特征值及正负号。

**例题 2.1**　如图 2.4(a)所示，一等截面直杆，受轴向外力 $\boldsymbol{F}_1$、$\boldsymbol{F}_2$及 $\boldsymbol{F}_3$作用，已知 $F_1=8\text{kN}$，$F_2=10\text{kN}$，$F_3=6\text{kN}$，试求出 $AB$、$BC$、$CD$ 各段横截面上的轴力，并画出轴力图。

**解**：为计算方便，在 $AB$、$BC$、$CD$ 各段任取一截面 1－1、2－2、3－3，它们的轴力则代表了各段的轴力。分析杆上所受外力情况，求各截面的轴力时，取其左半段较为方便。

(1)求各段的内力。

$AB$ 段：$N_1=F_1=8\text{kN}$

$BC$ 段：$N_2=F_1-F_2=8-10=-2\text{kN}$

$CD$ 段：$N_3=F_1-F_2+F_3=8-10+6=4\text{kN}$

(2)画轴力图。

建立 $N-x$ 坐标系，将三个轴力 $\boldsymbol{N}_1$，$\boldsymbol{N}_2$，$\boldsymbol{N}_3$按照适当的比例，并考虑各段轴力的正负号，在各段杆长的范围内画出三条水平线，即可得到直杆的轴力图，如图 2.4(b)所示。

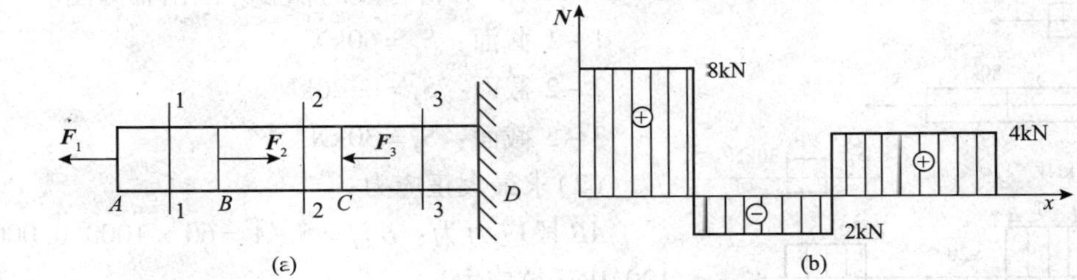


图 2.4　例题 2.1 图

### 2.1.1.2　直杆拉伸与压缩时横截面上的应力

用截面法只能求出杆件截面上内力的总和，而单根据内力的大小还不能直接判断杆件是否会发生破坏。例如，同样材料制成的粗细不同的杆件，在相同拉力作用下，内力相同，但细杆显然比粗杆易断。因此，直杆在轴向拉伸及压缩工作时安全与否，还需知道承受内力的杆件的横截面积及内力在截面上的分布情况。

为确定杆件受拉伸时截面上内力的分布情况，取等截面直杆 $AB$，在杆的外表面画出两条垂直于杆轴线的横向圆周线 $m-m$ 和 $n-n$，在两圆周线之间画出两条与轴线平行的纵向线 1－1 和 2－2，如图 2.5(a)所示。然后在杆两端施加一对轴向拉力 $\boldsymbol{F}$，可以看到，圆周线 $m-m$ 和 $n-n$ 变形后仍垂直于轴线，纵向线变形后仍相互平行，它们的伸长量相等，

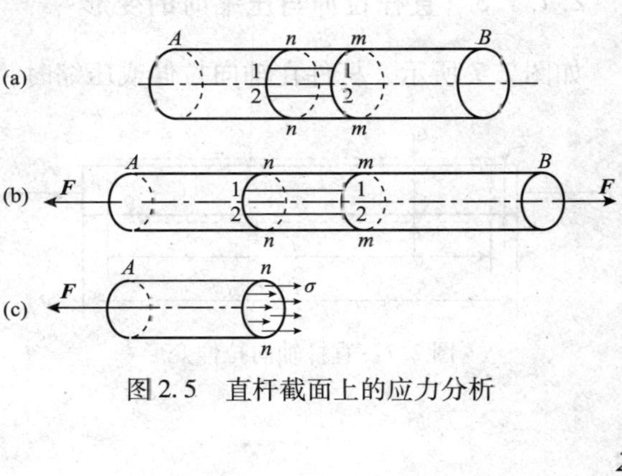


图 2.5　直杆截面上的应力分析

如图 2.5(b)所示。根据以上现象，作出如下假设：杆在受轴向力作用时，横截面在变形后仍为垂直于轴线的平面。这个假设称为平面假设。根据平面假设可以推断：杆件受拉伸时，内力在横截面上均匀分布，其方向与横截面垂直，如图 2.5(c)所示。

杆件截面上各点承受的内力称为应力，应力决定杆件的强度与变形。受拉伸与压缩杆件的横截面上与轴力对应的应力是正应力。如果杆件内力为 $N$，横截面积为 $A$，截面上的正应力为：

$$\sigma = \frac{N}{A} \tag{2-1}$$

轴向拉伸时，横截面的正应力为拉应力；压缩时，则为压应力。规定正应力与轴力具有同样的符号，即受拉为正，受压为负。

应力的单位为 $N/m^2$，即 Pa(帕斯卡，简称帕)，因为 Pa 的单位太小，工程上常用 $N/mm^2$，即 MPa(兆帕)为单位，$1MPa = 10^6Pa$。

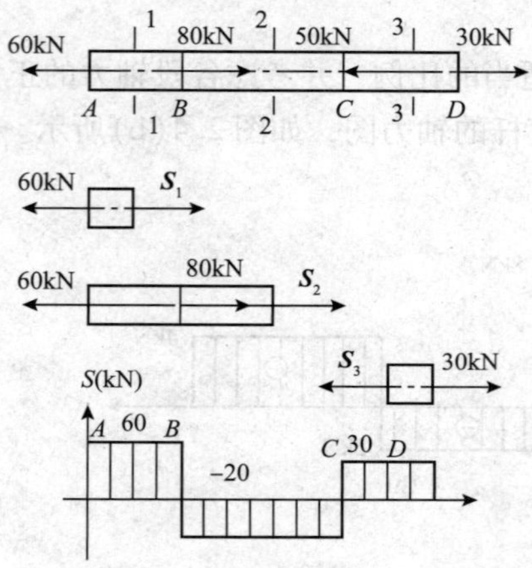


图 2.6　例题 2.2 图

**例题 2.2**　杆 $AD$ 受力情况如图 2.6 所示，截面积 $A = 5cm^2$。求杆 $AD$ 所受最大正应力 $\sigma_{max}$。

**解**：(1)在 $AB$、$BC$、$CD$ 各段任取一截面 1－1、2－2、3－3，分析各段的轴力并画出轴力图。

1－1 截面：$S_1 = 60kN$

2－2 截面：$S_2 = -20kN$

3－3 截面：$S_3 = 30kN$

(2)求最大正应力。

$AB$ 段应力为：$\sigma_{AB} = S_1/A = 60 \times 1000/0.0005 = 120MPa$(拉应力)

$BC$ 段应力为：$\sigma_{BC} = S_2/A = 20 \times 1000/0.0005 = 40MPa$(压应力)

$CD$ 段应力为：$\sigma_{CD} = S_3/A = 30 \times 1000/0.0005 = 60MPa$(拉应力)

由此可见，$AB$ 段承受最大的正应力。通过这个例题也可以看出，对于等截面直杆，最大正应力发生在最大轴力处，即为最易破坏处。

### 2.1.1.3　直杆拉伸与压缩时的变形

如图 2.7 所示，杆件在轴向拉伸或压缩时，其纵向长度和横向尺寸都将发生变化。杆件受轴向拉伸后，由原长 $l$ 增长到 $l'$，而横向尺寸由原来的 $b$ 减小到 $b'$。杆件的纵向尺寸和横向尺寸的绝对变化量分别为：

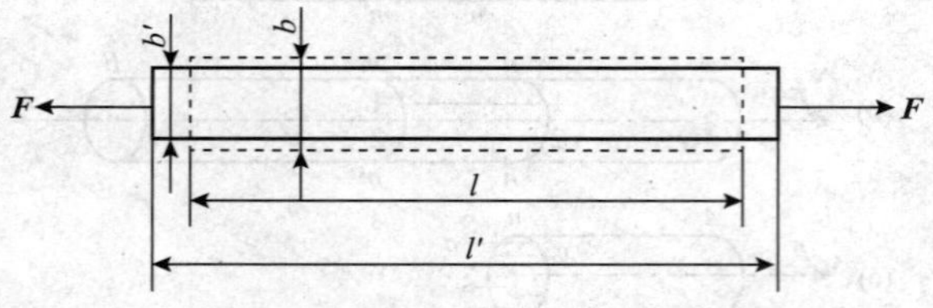


图 2.7　直杆轴向拉伸变形

$$\Delta l = l' - l \text{(纵向)}$$

$$\Delta b = b' - b \text{(横向)}$$

由于 $\Delta l$ 和 $\Delta b$ 的值与杆的原始尺寸有关，还不能反映它的变形大小。因此引入绝对变形与原始尺寸的比值，即线应变，以此来衡量杆的变形程度。

应变是指构件单位长度的伸长量或缩短量。杆件拉伸或压缩时的纵向应变为：

$$\varepsilon = \frac{l' - l}{l} = \frac{\Delta l}{l} \tag{2-2}$$

横向应变为：

$$\varepsilon' = \frac{b' - b}{b} = \frac{\Delta b}{b} \tag{2-3}$$

材料试验表明，当杆的拉伸或压缩变形在弹性范围时，横向应变 $\varepsilon'$ 与纵向应变 $\varepsilon$ 之比的绝对值为常数 $\mu$，即：

$$\mu = \left|\frac{\varepsilon'}{\varepsilon}\right| \tag{2-4}$$

$\mu$ 称为材料的横向应变系数或泊松比，其值随材料不同而异，由试验测定。表 2.2 给出了常用材料的弹性模量与泊松比。

**表 2.2 常用材料的弹性模量与泊松比**

| 材　料 | 弹性模量 $E/(10^5\text{MPa})$ | 泊松比 $\mu$ |
|---|---|---|
| 碳素钢 | 1.96 ~ 2.06 | 0.25 ~ 0.30 |
| 合金钢 | 1.86 ~ 2.16 | 0.24 ~ 0.30 |
| 灰口铸铁 | 1.13 ~ 1.57 | 0.23 ~ 0.27 |
| 铜及其合金 | 0.73 ~ 1.28 | 0.31 ~ 0.42 |
| 铝及其合金 | 0.7 ~ 0.73 | 0.25 ~ 0.33 |
| 混凝土 | 0.14 ~ 0.35 | 0.16 ~ 0.1 |
| 橡胶 | 0.00078 | 0.47 |

材料发生弹性变形时，应力与应变成正比，这一规律是由英国科学家胡克发现的，被称为胡克定律，即：

$$\sigma = E\varepsilon \tag{2-5}$$

式中　$E$——比例常数，称为材料的弹性模量，表示材料抵抗弹性变形的能力。因为 $\varepsilon$ 没有量纲，故 $E$ 的量纲与 $\sigma$ 相同，常用单位为 MPa 或 GPa，$1\text{GPa} = 10^9\text{Pa}$。

将式(2-1)和式(2-2)代入式(2-5)，则有：

$$\Delta l = \frac{Nl}{EA} \tag{2-6}$$

该式为胡克定律的另一种形式。式中，$EA$ 称为杆的抗拉(压)刚度。对于长度相同、受力相同的杆，其 $EA$ 越大，杆的变形就越小。

工程上，可以通过测定杆件的变形，获知受力构件的实际应力，该方法常用于压力容器、工程桥梁等构件的应力测试。

**例题 2.3**　列车通过桥梁时，用精密仪器测出桥梁桁架某钢杆上两点间的距离增加了 0.002cm，如图 2.8 所示。该两点原来的距离为 10cm，钢杆材料为 16Mn，试求列车通过时钢杆的应力（16Mn 的弹性模量为 200GPa）。

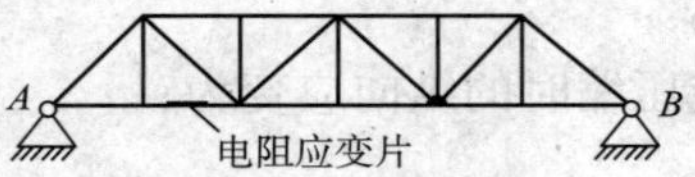


图 2.8　例题 2.3 图

**解**：由题意可知，$\Delta l = 0.002\text{cm}$，$l = 10\text{cm}$，则该杆的纵向线应变为：

$$\varepsilon = \Delta l / l = 0.002/10 = 0.02\%$$

杆内的应力为：

$$\sigma = E\varepsilon = 200 \times 10^9 \times 0.02\% = 42\text{MPa}$$

## 2.1.2　拉伸与压缩时材料的力学性能

材料在外力作用下表现出来的抵抗变形与破坏等方面的性能，称为材料的力学性能。它是正确设计及安全使用设备的重要依据。材料的力学性能主要通过各种力学试验测定。各种力学试验中，由拉伸与压缩所获得的性能指标应用最广，试验亦相对简单。下面介绍室温、静载（缓慢加载）下材料的拉伸、压缩试验。

### 2.1.2.1　低碳钢拉伸时的力学性能

含碳量不超过 0.25% 的碳素钢称为低碳钢。低碳钢为塑性材料，在工程中广泛应用。压力容器常采用低碳钢或含碳量较低的合金钢制造。取低碳钢材料，将其加工成拉伸试验所用的标准圆截面试件，如图 2.9 所示。标距 $l = 10d$（长试件）或 $l = 5d$（短试件），$d = 10\text{mm}$。

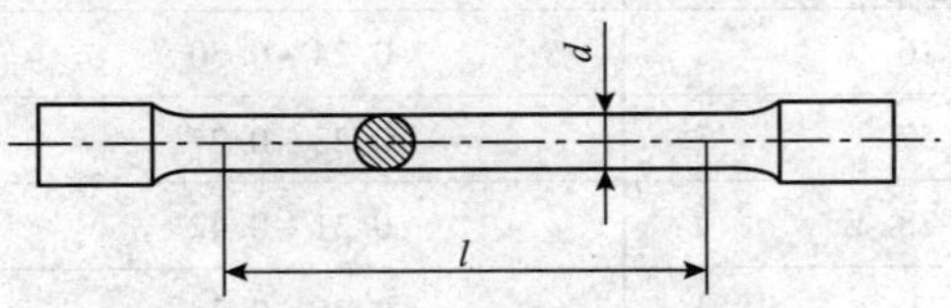


图 2.9　标准圆截面拉伸试件

试验时，将试件装夹在材料试验机上，缓慢增加拉力，对应每一个拉力 $F$，试件的标矩 $l$ 有一个伸长量 $\Delta l$，记录 $F$ 与 $\Delta l$ 的关系曲线称为拉伸曲线（图 2.10）。

试件的拉伸曲线不仅与试件材料有关，而且与试件几何尺寸有关。用同一种材料做成直径不同的试件，试验所得的拉伸曲线差别很大。为了消除试件尺寸的影响，将拉力 $F$ 除以试件横截面面积 $A$，得到试件横截面上的应力 $\sigma$，即纵坐标改为横截面的正应力；将伸长量 $\Delta l$ 除以试件的标距 $l$，得到试件的应变 $\varepsilon$，即横坐标改为线应变，从而得到 $\sigma - \varepsilon$ 曲线，即应力－应变曲线。

图 2.11 为低碳钢的 $\sigma - \varepsilon$ 曲线，可以分成 4 个阶段。

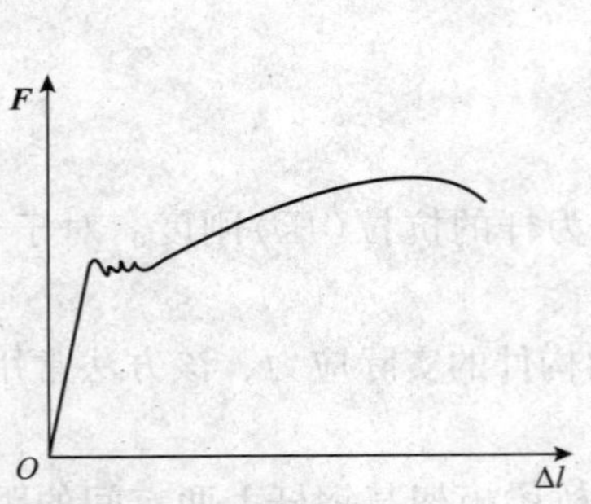


图 2.10　拉伸曲线

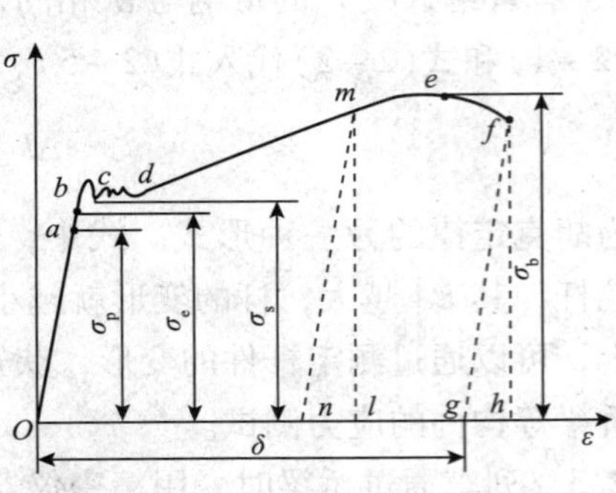


图 2.11　应力－应变曲线

(1)弹性阶段($Ob$ 段)

在 $Oa$ 直线段部分，应变 $\varepsilon$ 与应力 $\sigma$ 成正比例关系，即 $\sigma=E\varepsilon$，符合胡克定律。直线 $Oa$ 的最高点 $a$ 所对应的应力值称为材料的比例极限，用 $\sigma_p$ 表示。$ab$ 微弯曲段表示应力与应变不再保持正比关系，但在此阶段内所产生的变形仍为弹性变形。弹性阶段的最高点 $b$ 所对应的应力值称为弹性极限，用 $\sigma_e$ 表示。对于 Q235A 钢，$\sigma_e\approx200$MPa。材料的比例极限 $\sigma_p$ 和弹性极限 $\sigma_e$ 意义不同，但两者的数值非常接近，工程上常不予区别。故 $Ob$ 段称为弹性阶段，在该段内，当外力消除后，由外力引起的变形 $\Delta l$ 可以完全恢复，这种变形叫作弹性变形。

在弹性变形阶段，若直线 $Oa$ 的倾角为 $\alpha$，则其斜率为：

$$\tan\alpha=\frac{\sigma}{\varepsilon}=E \tag{2-7}$$

即直线段 $Oa$ 的斜率代表材料的弹性模量 $E$，表示材料抵抗弹性变形的能力，它是衡量材料刚度的指标。

(2)屈服阶段($cd$ 段)

超过弹性极限后，图线的弯曲明显，直至 $c$ 点，然后出现一段接近水平的锯齿形线段 $cd$。在此阶段内，应力仅在很小的范围内波动，而应变急剧增加，这说明材料暂时丧失了抵抗变形的能力，这种现象称为材料的屈服现象，并把出现屈服现象的最低应力值称为材料的屈服极限，或屈服强度，用 $\sigma_s$ 表示。Q235A 钢的屈服极限 $\sigma_s\approx235$MPa。发生屈服时产生较大的变形，此时即使卸掉外力，试件也不会完全恢复原来的形状，通常把不能恢复原状的变形称为塑性变形，或称永久变形。

材料出现屈服现象时，会产生较大的塑性变形，这对一般零件是不允许的。因此一般零件的实际工作应力都必须低于屈服极限 $\sigma_s$。

(3)强化阶段($de$ 段)

$de$ 段为一上升的曲线，直至曲线顶点 $e$。表明经过屈服后，材料又恢复了抵抗变形的能力，要使其继续变形，必须增加应力，这种现象称为材料的强化，$de$ 段则称为强化阶段。强化阶段的最高点 $e$ 所对应的应力值称为材料的强度极限，或抗拉强度，用 $\sigma_b$ 表示。对于 Q235A 钢，$\sigma_b=275\sim500$MPa。

强度极限代表材料所能承受的最大应力值，当试件中的应力达到强度极限 $\sigma_b$ 时，就意味着试件即将破坏。

(4)颈缩阶段($ef$ 段)

当应力达到强度极限 $\sigma_b$ 时，试件某个部位的直径会突然变细，出现所谓的“颈缩”现象，如图 2.12 所示。由于颈缩处横截面面积显著减小，抵抗外力的能力明显降低，导致试件继续变形所需的拉力反而减小，所以应力应变曲线($ef$ 段)下降，达到 $f$ 点时，试件被拉断。

试件断裂后，弹性变形消失，但塑性变形仍然保留。将试样在断裂处紧密对接在一起，标距由 $l$ 变为 $l_1$，断口处横截面积由原来的 $A$ 缩减为 $A_1$，则：

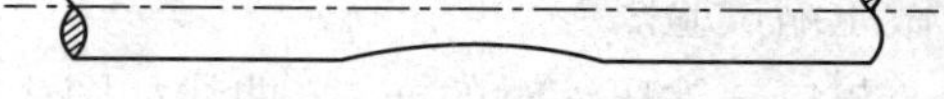

图 2.12 颈缩现象

$$\delta = \frac{l_1 - l}{l} \times 100\% \quad (2-8)$$

$$\psi = \frac{A - A_1}{A} \times 100\% \quad (2-9)$$

通常把$\delta$称为材料的延伸率或伸长率；$\psi$称为材料的断面收缩率。延伸率$\delta$和断面收缩率$\psi$是衡量材料塑性的基本参数。工程中把延伸率$\delta$大于5%的材料称为塑性材料，延伸率$\delta$小于5%的材料称为脆性材料。低碳钢是典型的塑性材料，其延伸率$\delta=20\%\sim30\%$。

有些塑性材料如16Mn，18－8铬镍奥氏体不锈钢、青铜等，其拉伸的应力－应变曲线如图2.13所示，与低碳钢相比，这类材料的共同特点是具有良好的塑性；不同点是这些材料无明显的屈服阶段，为此工程上规定，对这类塑性材料，可将试件卸载后产生0.2%的塑性应变时的应力值，作为材料的名义屈服极限，记为$\sigma_{0.2}$，其意义相当于$\sigma_s$。

### 2.1.2.2 铸铁拉伸时的力学性能

铸铁是典型的脆性材料，其拉伸试验得到的$\sigma-\varepsilon$曲线如图2.14所示。其特点为：试件断口平直，$\sigma-\varepsilon$曲线无明显的直线部分，在较小的应力下即被拉断，并且无屈服现象和颈缩现象，延伸率很小，$\delta=0.5\%\sim0.6\%$。对于脆性材料，强度极限是唯一的强度指标。由于铸铁抗拉强度极低，一般不作为受拉构件。

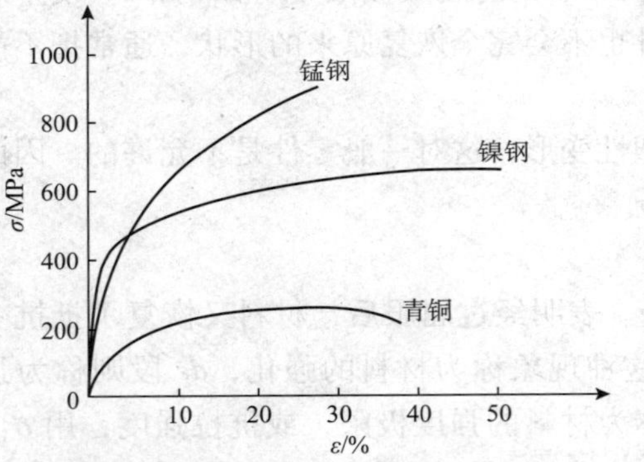


图2.13 无明显屈服阶段的塑性材料的$\sigma-\varepsilon$曲线

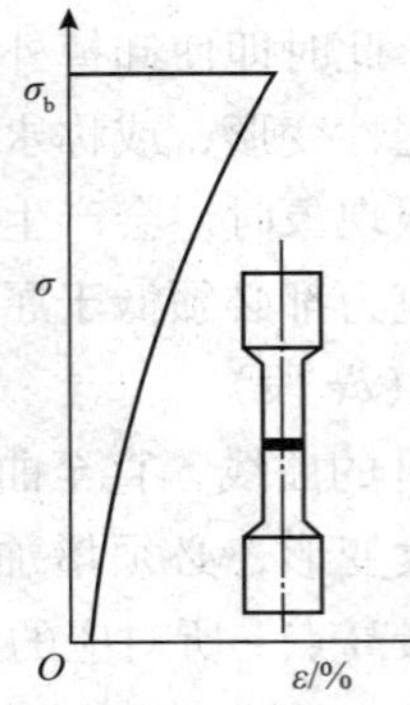


图2.14 铸铁拉伸时的$\sigma-\varepsilon$曲线

### 2.1.2.3 低碳钢和铸铁压缩时的力学性能

低碳钢压缩试验时的$\sigma-\varepsilon$曲线如图2.15所示，图中虚线为拉伸时的$\sigma-\varepsilon$曲线。在屈服阶段之前，性质与拉伸时相似，曲线重合，即弹性模量$E$、比例极限$\sigma_p$、屈服强度$\sigma_s$等大致相同。过了屈服阶段后，试件因压缩变形呈鼓形，横截面积增大，承载力上升，直至压成饼形，即低碳钢压缩时无法得到强度极限。因此，通常低碳钢只做拉伸试验，而不做压缩试验。

灰口铸铁压缩时的$\sigma-\varepsilon$曲线如图2.16所示，图中虚线为拉伸时的$\sigma-\varepsilon$曲线。由图可知，试件受压缩时，无明显的直线部分，也无屈服阶段，在较小的变形下突然发生破坏，抗压强度比拉伸时高约3～6倍，断裂发生在与轴线大约成45°～55°夹角的斜截面。

由于抗压能力强，铸铁多用于制造机床床身、机座等承压构件。

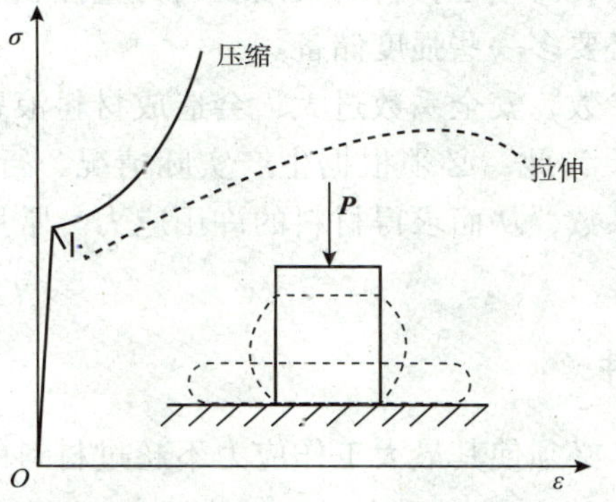


图 2.15 低碳钢压缩时的 $\sigma-\varepsilon$ 曲线

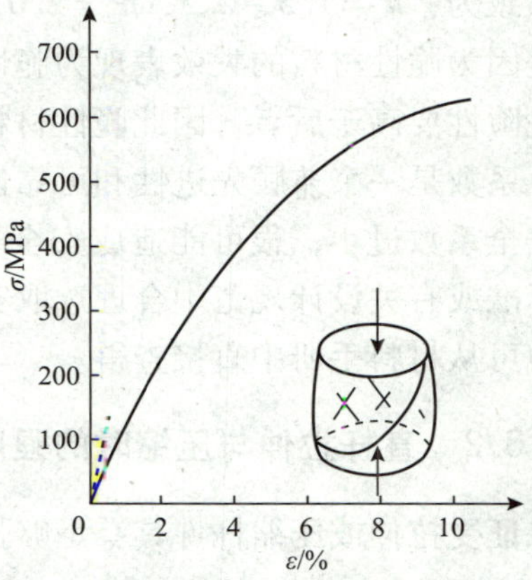


图 2.16 铸铁压缩时的 $\sigma-\varepsilon$ 曲线

## 2.1.3 直杆拉伸与压缩时的强度条件

### 2.1.3.1 许用应力与安全系数

由前述可知，简单拉伸或压缩时直杆横截面上的最大正应力若达到材料的屈服极限 $\sigma_s$（或 $\sigma_{0.2}$）或强度极限 $\sigma_b$，材料就会产生较大的塑性变形或发生断裂破坏，这两种情况在工程上均不允许。通常把构件产生过大的塑性变形或断裂不能正常工作时的应力称为极限应力，用 $\sigma_{lim}$ 表示。

对于塑性材料，在屈服时就产生过大的塑性变形，因此以屈服极限 $\sigma_s$（或 $\sigma_{0.2}$）作为极限应力；对于脆性材料，截面上的正应力达到材料的强度极限时，构件将迅速断裂，不能正常工作，因此以强度极限 $\sigma_b$ 作为极限应力。

为保证杆件能正常工作，必须把杆件的最大应力限制在低于极限应力的某个数值 $[\sigma]$，即：

$$\sigma_{max} < [\sigma] < \sigma_{lim}$$

式中，$[\sigma]$ 称为材料的许用应力。许用应力与极限应力之间的关系为：

$$[\sigma] = \frac{\sigma_{lim}}{n} \tag{2-10}$$

对于塑性材料：$[\sigma] = \dfrac{\sigma_s}{n_s}$ 或 $[\sigma] = \dfrac{\sigma_{0.2}}{n_s}$

对于脆性材料：$[\sigma] = \dfrac{\sigma_b}{n_b}$

式中，$n_s$ 和 $n_b$ 分别为 $\sigma_s$ 和 $\sigma_b$ 对应的安全系数，其值大于等于 1。

安全系数的选取要考虑影响构件强度各方面的因素，如材料的性能和质量、计算载荷的精确性、构件的加工质量和重要程度、计算公式的可靠性及构件工作条件等。换言之，安全系数是在设计时给材料足够的强度储备。一般的机械设计，在静载荷情况下，$n$ 的选取范围大致为：$n_s = 1.5 \sim 2.5$，$n_b = 2.0 \sim 4.5$。脆性材料的安全系数一般比塑性材料取得大，这是因为脆性材料的失效表现为脆性断裂，而塑性材料的失效表现为塑性屈服，显然前者的危险性要高于后者。因此脆性材料有必要多一些强度储备。

安全系数是一个兼顾先进性和可靠性的参数，安全系数过大，会造成材料浪费，成本增加；安全系数过小，很可能造成安全事故。为此，必须根据生产实际情况、行业特点，从国家标准或有关设计规范中合理选取安全系数，从而求得材料的许用应力。常用材料的许用应力可从材料手册中直接查得。

### 2.1.3.2　直杆拉伸与压缩时的强度条件

为保证受拉伸或压缩杆件具有足够强度，必须使其最大工作应力不超过材料的许用应力，即：

$$\sigma_{\max} = \frac{N}{A} \leqslant [\sigma] \tag{2-11}$$

式(2－11)称为轴向拉伸及压缩杆件的强度条件。利用强度条件可解决强度校核、设计截面尺寸、确定许可载荷三类工程实际问题。

**例题 2.4**　如图 2.17，一气动夹具，已知：气缸内径 $D = 140\text{mm}$，缸内气压 $p = 0.6\text{MPa}$，活塞杆材料$[\sigma] = 80\text{MPa}$，试设计活塞杆直径 $d$。

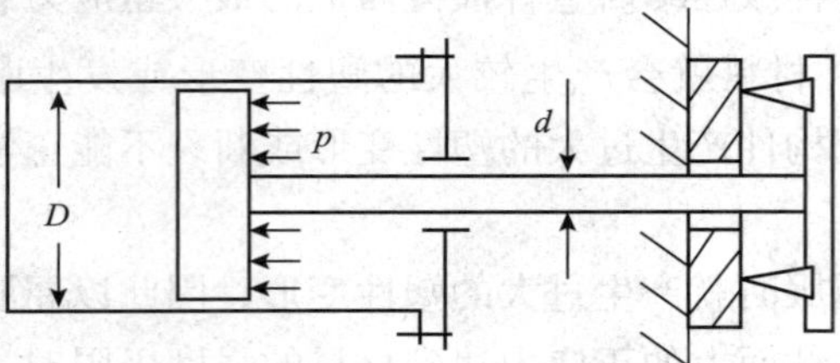

图 2.17　例题 2.4 机构示意图

**解**：活塞杆受缸内气体压力的作用为受拉杆，所受拉力为 $F$(一般 $d \ll D$，计算时可忽略)：

$$F = \frac{\pi}{4}D^2 p = \frac{\pi}{4} \times 0.14^2 \times 0.6 \times 10^6 = 9230\text{N}$$

则活塞杆的轴力 $P = 9230\text{N}$，由 $\sigma = P/A \leqslant [\sigma]$ 得：

$$A = \frac{\pi}{4}d^2 \geqslant \frac{P}{[\sigma]}$$

$$d \geqslant \sqrt{\frac{4P}{\pi[\sigma]}} = \sqrt{\frac{4 \times 9230}{\pi \times 80 \times 10^6}} = 0.012\text{m} = 12\text{mm}$$

因此，活塞杆的直径不低于 12mm。

**例题 2.5** 如图 2.18，一托架，已知：$d = 30mm$，每根角钢 $A = 8.16cm^2$，$[\sigma] = 120MPa$。

求：(1)设 $F = 20kN$，试校核强度；

(2)计算许可载荷$[F]$；

(3)按强度重选截面尺寸。

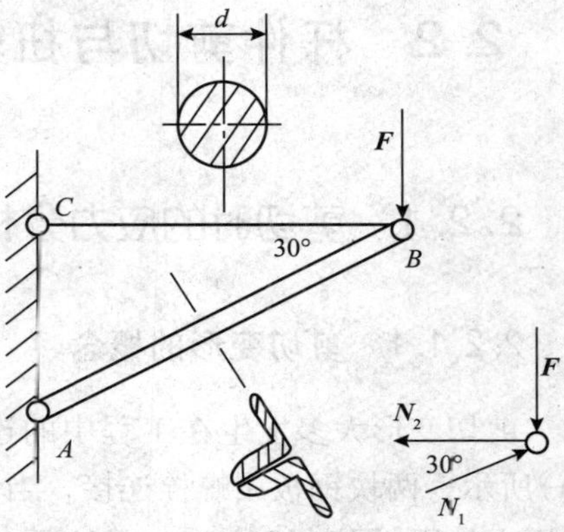

图 2.18 例题 2.5 受力分析

**解：**$AB$ 杆、$BC$ 杆均为二力杆。以铰链 $B$ 为研究对象。铰链 $B$ 受 $BC$ 杆的力 $N_2$，受 $AB$ 杆的力 $N_1$，以及外载荷 $F$，受力分析如图 2.18 所示。

(1)$AB$ 杆、$BC$ 杆的强度校核。

根据平衡条件，$AB$ 杆的轴力 $N_1$ 和 $BC$ 杆的轴力 $N_2$ 分别为：

$$\sum F_x = 0 \quad N_1\cos30° - N_2 = 0$$

$$\sum F_y = 0 \quad N_1\sin30° - F = 0$$

联立得：$N_1 = 2F, N_2 = \sqrt{3}F$

根据题意，$AB$ 杆由两根角钢组成，即 $A_1 = 2A$，$A = 8.16cm^2$，则 $AB$ 杆的强度为：

$$\begin{aligned}\sigma_{AB} &= N_1/A_1 \\ &= 2F/2A \\ &= 20\times1000/8.16\times10^{-4} \\ &= 24.5MPa < [\sigma] = 120MPa\end{aligned}$$

$BC$ 杆为直径 $d$ 的圆钢，则 $BC$ 杆的强度为：

$$\begin{aligned}\sigma_{BC} &= N_2/A_2 \\ &= \sqrt{3}F/\frac{\pi}{4}d^2 \\ &= 4\sqrt{3}\times20\times10^3/\pi\times0.03^2 \\ &= 49MPa < [\sigma] = 120MPa\end{aligned}$$

所以 $AB$ 杆和 $BC$ 杆的强度足够。

(2)计算许可载荷$[F]$。

由 $\sigma = N/A \leqslant [\sigma]$ 可得许可载荷 $N \leqslant A[\sigma]$

对 $AB$ 杆，有 $N_1 \leqslant A_1[\sigma]$，即 $2F \leqslant 2A[\sigma]$，于是有：

$$F \leqslant A[\sigma] = 8.16\times10^{-4}\times120\times10^6 = 97.92kN$$

对 $BC$ 杆，有 $N_2 \leqslant A_2[\sigma]$，即 $\sqrt{3}F \leqslant A_2[\sigma]$，于是有：

$$F \leqslant \frac{1}{\sqrt{3}}A_2[\sigma] = \frac{\pi}{4}\times0.03^2\times120\times\frac{10^6}{\sqrt{3}} = 48.97kN$$

所以许可载荷$[F] = 48.97kN$。

（3）重选合理截面。

由于 $\sigma \ll [\sigma]$，承载能力没有充分利用。由 $\sigma = N/A \leqslant [\sigma]$ 得 $A_1 \geqslant N_1/[\sigma]$，于是有：

$A \geqslant F/[\sigma] = 48.97 \times 10^3/(120 \times 10^6) = 4.08 \times 10^{-4}\text{m}^2 = 4.08\text{cm}^2$

即每根角钢截面积不小于 $4.08\text{cm}^2$ 时可满足强度条件，据此可以选择角钢型号。

# 2.2　杆件剪切与扭转时的应力分析与强度设计计算

## 2.2.1　剪切时的应力分析与强度设计计算

### 2.2.1.1　剪切变形的概念

剪切变形大多发生在工程中的连接构件中，如螺栓、销钉、铆钉和键等。如图 2.19(a)所示，两块钢板用螺栓连接，当钢板上受力 **F** 作用后，螺栓两侧分别受合力为 **F** 的分布压力作用[图 2.19(b)]，且这两个合力大小相等、方向相反、垂直于轴线且作用线相距很近，从而引起两力作用线之间的 $m-m$ 截面发生相对错动[图 2.19(c)]，若力 **F** 足够大，则螺栓可能沿 $m-m$ 截面被剪断，这种变形称为剪切变形，$m-m$ 截面称剪切面。

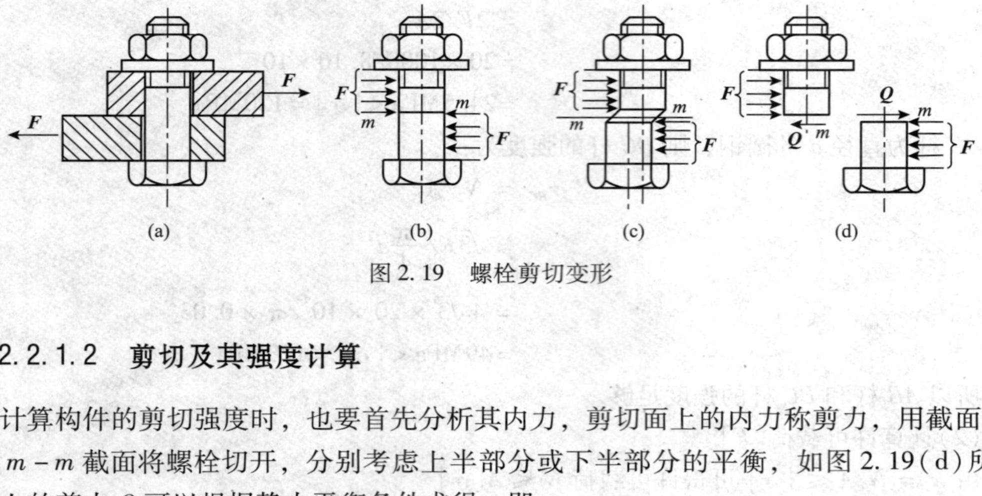


图 2.19　螺栓剪切变形

### 2.2.1.2　剪切及其强度计算

计算构件的剪切强度时，也要首先分析其内力，剪切面上的内力称剪力，用截面法假想从 $m-m$ 截面将螺栓切开，分别考虑上半部分或下半部分的平衡，如图 2.19(d)所示，截面上的剪力 $Q$ 可以根据静力平衡条件求得，即：

$$\sum F_x = 0 \Rightarrow F - Q = 0 \Rightarrow F = Q$$

剪切面上的应力一般都不是均匀分布的，为简化计算，通常假设剪力 $Q$ 在剪切面上均匀分布，则剪切面上的剪应力 $\tau$ 为：

$$\tau = \frac{Q}{A} \tag{2-12}$$

式中　$Q$——剪切面上的剪力，N；

$A$——剪切面面积，$\text{m}^2$。

为了保证连接件在工作时不发生剪切破坏，剪切面上的最大剪应力不得超过连接件材料的许用剪应力$[\tau]$，则剪切强度条件为：

$$\tau = \frac{Q}{A} \leqslant [\tau] \tag{2-13}$$

式中 $[\tau]$——材料的许用剪应力，MPa，可从有关设计规范中查取，其与许用正应力$[\sigma]$之间有下列关系：

塑性材料：$[\tau]=(0.6\sim0.8)[\sigma]$

脆性材料：$[\tau]=(0.8\sim1.0)[\sigma]$

利用剪切强度条件，同样可以解决剪切变形的强度校核、截面选择和许可载荷确定等三类问题。

试验表明，当剪应力不超过材料的剪切比例极限时，剪应力$\tau$与剪应变$\gamma$成正比，这就是剪切胡克定律，即：

$$\tau = G\gamma \tag{2-14}$$

式中 $G$——剪切弹性模量，MPa。

对于各向同性材料，剪切弹性模量$G$、拉压弹性模量$E$及泊松比$\mu$之间存在如下关系：

$$G = \frac{E}{2(1+\mu)} \tag{2-15}$$

### 2.2.1.3 挤压及其强度计算

对工程中连接构件进行分析发现，剪切构件除受剪切破坏外，还能产生局部表面挤压而发生的破坏。如图 2.20 所示，力 $\boldsymbol{F}$ 是通过钢板孔壁和铆钉半圆柱面之间的挤压传到铆钉上的，铆钉和钢板孔间发生的局部受压现象称为挤压。若挤压应力过大，就会使接触局部表面发生塑性变形，钣板上的圆孔被挤压成长圆孔，或销钉侧表面被压溃，或两者同时发生。

这种被连接的两物体接触面互相压紧，使构件表面局部受力的现象称为挤压变形。发生挤压变形构件的接触面，称作挤压面。挤压面通常垂直于外力方向。

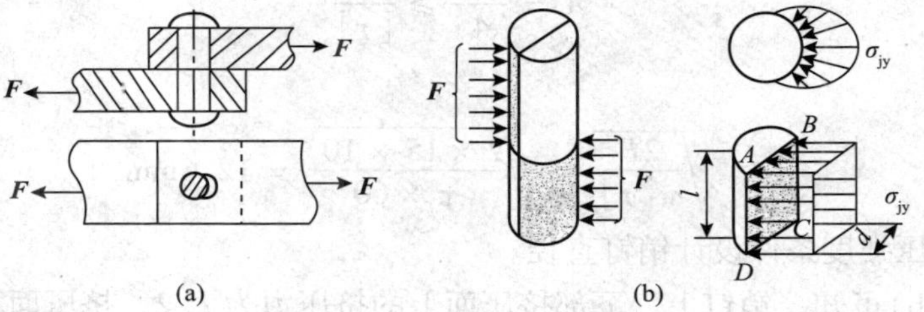


图 2.20 铆钉连接

如果作用在挤压面上的挤压力为 $\boldsymbol{F}$，则作用在挤压面上的挤压应力 $\sigma_{jy}$ 为：

$$\sigma_{jy} = \frac{F}{A_{jy}} \tag{2-16}$$

式中　$A_{jy}$——挤压面的计算面积，$m^2$。当挤压面为平面时，$A_{jy}$为接触面的实际面积；当挤压面为圆柱面时，$A_{jy}$为圆柱面在挤压力方向的投影面积，如图2.20(b)所示。

挤压强度条件为：

$$\sigma_{jy} = \frac{F}{A_{jy}} \leqslant [\sigma_{jy}] \quad (2-17)$$

式中　$[\sigma_{jy}]$——材料的许用挤压应力，MPa。一般情况下，对于塑性材料，$[\sigma_{jy}] = (1.7 \sim 2.0)[\sigma]$，对于脆性材料，$[\sigma_{jy}] = (2.0 \sim 2.5)[\sigma]$。

**例题2.6**　电动机车挂钩的销钉连接如图2.21所示，已知挂钩厚度 $t = 8$mm，销钉材料的许用剪应力 $[\tau] = 60$MPa，许用挤压应力 $[\sigma_{jy}] = 200$MPa，电动机车的牵引力 $F = 15$kN，试选择销钉的直径。

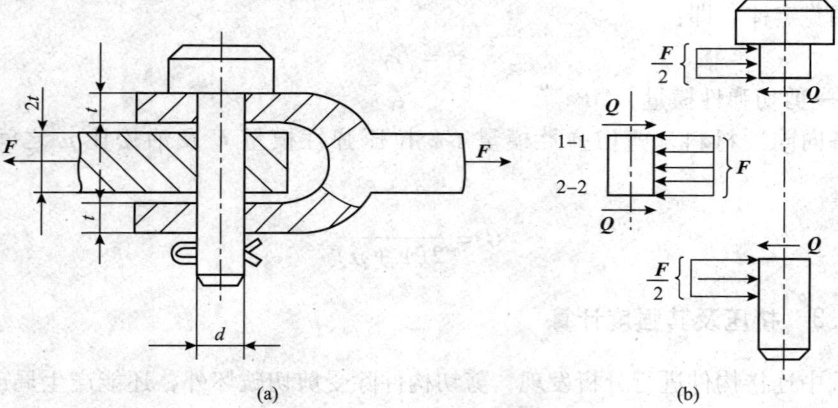


图2.21　例题2.6受力分析

**解**：销钉受力情况如图2.21(b)所示，因销钉有两个面承受剪切，故每个剪切面上的剪力 $Q = F/2$，剪切面积 $A = \pi d^2/4$。

(1)根据剪切强度条件设计销钉直径。

由式(2-13)可得：

$$A = \frac{\pi d^2}{4} \geqslant \frac{F/2}{[\tau]}$$

于是有：

$$d \geqslant \sqrt{\frac{2F}{\pi[\tau]}} = \sqrt{\frac{2 \times 15 \times 10^3}{\pi \times 60}} = 12.6\text{mm}$$

(2)根据挤压强度条件设计销钉直径。

由图2.21(b)可知，销钉上、下部挤压面上的挤压力为 $F/2$，挤压面积 $A_{jy} = dt$。

由式(2-17)得：

$$A_{jy} = dt \geqslant \frac{F/2}{[\sigma_{jy}]}$$

于是有：

$$d \geqslant \frac{F}{2t[\sigma_{jy}]} = \frac{15 \times 10^3}{2 \times 8 \times 200} \approx 5\text{mm}$$

故选 $d \geqslant 12.6$mm，可同时满足挤压和剪切强度的要求。

## 2.2.2 扭转时的应力分析与强度设计计算

### 2.2.2.1 杆件扭转的实例和概念

轴类零件往往承受扭转作用，如图2.22(a)中汽车的方向盘操纵杆，司机加在方向盘上两个大小相等、方向相反的切向力，它们在垂直于操纵杆轴线的平面内组成一力偶，操纵杆下端则受到一转向相反的反力偶的作用，在这两个力偶作用下，操纵杆产生扭转变形。又如图2.22(b)中反应器的搅拌轴，所受的电机的驱动力偶 $m_C$ 和物料的阻力偶 $m_A$，使得搅拌轴产生扭转变形。除此之外，电机的转轴、钻杆等也受到扭转作用。从上述实例可以看出，轴的两端受到一对大小相等、方向相反、作用面与轴线垂直的力偶作用，轴的各横截面都绕其轴线发生相对转动，这种变形称为扭转变形。

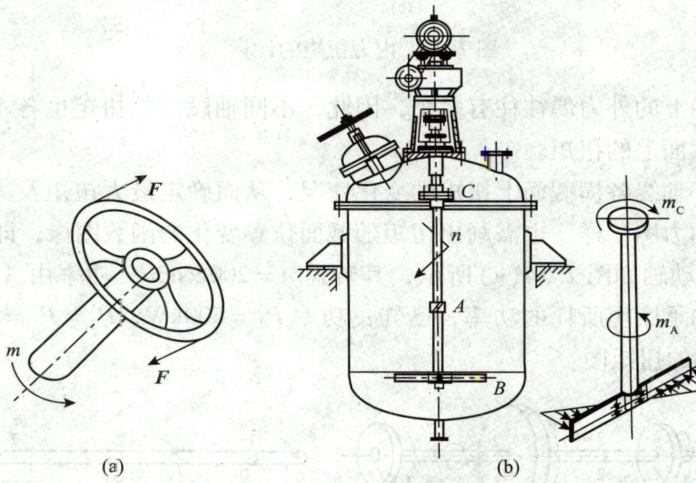


图2.22 扭转变形的实例

### 2.2.2.2 外力偶矩

工程上许多传动轴一般给出的是功率 $N$ 和转速 $n$，而不是直接给出外力偶矩 $m$。为了进行轴的强度和刚度计算，必须将功率换算成外力偶矩。换算关系如下：

$$m = 9550\frac{N}{n} \tag{2-18}$$

式中 $m$——外力偶矩，N·m；

$N$——功率，kW；

$n$——轴的转速，r/min。

### 2.2.2.3 杆件受扭转时的内力扭矩和扭矩图

要研究受扭杆件的应力和变形，首先要计算内力。内力矩是由外力矩引起的，所以内力矩可根据轴所受的外力矩用截面法求得。如图 2.23(a)所示，一圆轴受外力偶矩 $m$ 作用。由截面法可知，圆轴任一横截面 $k-k$ 上必然形成一力偶，如图 2.23(b)所示，该内力偶矩称为扭矩，用 $M_n$表示。为使从两段杆所求得的同一截面上的扭矩在正负号上一致，将扭矩按右手螺旋法则表示，右手四指沿扭矩的转动方向，若大拇指所指的方向与截面的外法线 $n$ 一致，则扭矩为正，反之为负。

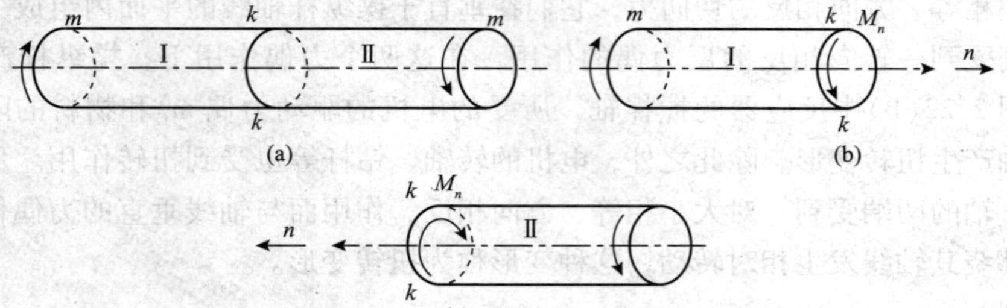


图 2.23　内力扭矩的计算

作用在传动轴上的外力偶往往有多个，因此，不同轴段上的扭矩也各不相同，可用截面法来计算轴横截面上的扭矩。

为了表明沿杆轴线各横截面上扭矩的变化情况，从而确定最大扭矩及其所在截面的位置，同绘制杆件轴力图一样，也需画出扭矩随截面位置变化的函数图像，即扭矩图。

**例题 2.7**　传动轴如图 2.24(a)所示，其转速 $n=200\text{r/min}$，功率由 $A$ 轮输入，$B$、$C$ 两轮输出。不计轴承摩擦所耗的功率，已知：功率 $P_1=500\text{kW}$，$P_2=P_3=150\text{kW}$ 及 $P_4=200\text{kW}$，试画出轴的扭矩图。

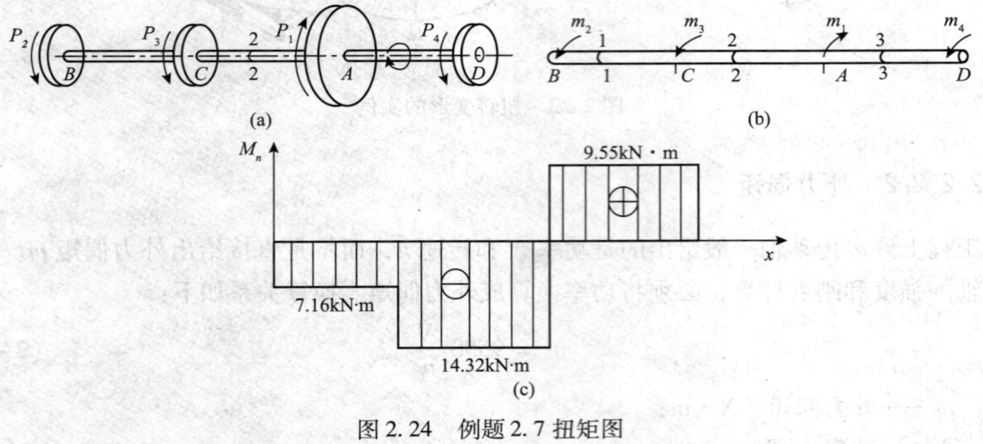


图 2.24　例题 2.7 扭矩图

**解**：(1)计算外力偶矩。各轮作用于轴上的外力偶矩分别为：

$$m_1 = 9550\frac{P_1}{n} = 9550 \times \frac{500}{200} = 23.88\text{kN} \cdot \text{m}$$

$$m_2 = m_3 = 9550\frac{P_2}{n} = 9550 \times \frac{150}{200} = 7.16\text{kN} \cdot \text{m}$$

$$m_4 = 9550\frac{P_4}{n} = 9550 \times \frac{200}{200} = 9.55\text{kN} \cdot \text{m}$$

(2)计算各段轴的扭矩。

先计算 $BC$ 段内任一横截面 1－1 上的扭矩。沿截面 1－1 将轴截开，以左段为研究对象，则：

$$M_{n1} = -m_2 = -7.16\text{kN} \cdot \text{m}$$

同理，$CA$ 段：$M_{n2} = -m_2 - m_3 = -14.32\text{kN} \cdot \text{m}$

$AD$ 段：$M_{n3} = m_4 = 9.55\text{kN} \cdot \text{m}$

(3)画扭矩图。

扭矩图如图 2.24(c)所示。由此可见，最大扭矩位于 $CA$ 段，数值为 14.32kN·m。

### 2.2.2.4　杆件扭转时的应力

在一等截面圆轴的两端施加一对大小相等、方向相反的外力偶，如图 2.25(a)所示，并在轴上画一些平行于轴线的纵向线和与轴线垂直的圆周线。通过实验可观察到，轴表面的纵向线近似为直线，只是倾斜了一个角度 $\gamma$，所有圆周线只绕轴线转过了不同的角度，各圆周线的形状、大小及圆周线间的距离均未改变。

根据观察到的现象，圆轴的横截面扭转变形前后都保持平面，形状和大小不变，半径保持为直线；且相邻截面间的距离不变，满足平面假设，如图 2.25(a)所示。由此可得如下推论：横截面上只有剪应力而无正应力；横截面上任一点处的剪应力均沿其相对错动的方向，即与半径垂直。

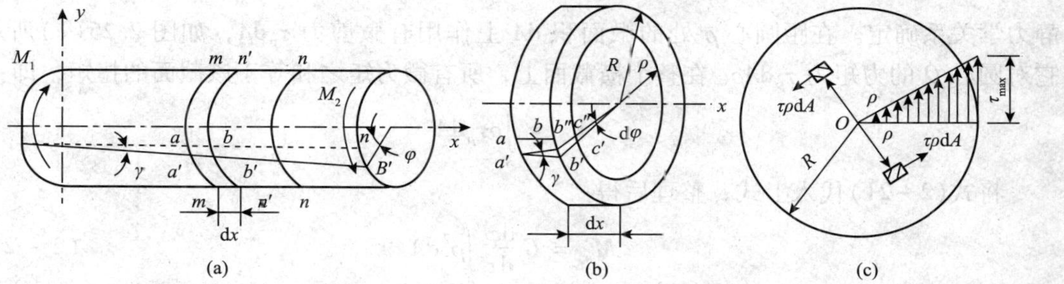


图 2.25　圆轴扭转变形的应力分析

下面将从几何、物理与静力学三个方面来研究剪应力的大小、分布规律及计算。

(1)变形几何关系

为了确定横截面上各点处的应力，从圆轴上取长为 d$x$ 的微段进行分析，如图 2.25(b)所示。根据变形现象，右截面相对于左截面转动一个角度 d$\varphi$，纵向线 $ab$ 变形到 $a'b'$ 且相对于原位置倾斜了 $\gamma$ 角，即为横截面边缘上的点在垂直于半径平面内的剪应变。在小变形时，可得：

$$\gamma \approx \tan\gamma = \frac{\overparen{b''b'}}{ab} = \frac{\overparen{b''b'}}{\mathrm{d}x}$$

又 $\overparen{b''b'} = R\mathrm{d}\varphi$，所以：

$$\gamma = R\frac{\mathrm{d}\varphi}{\mathrm{d}x}$$

在横截面上半径为 $\rho$ 的点处的剪应变为：

$$\gamma_\rho = \frac{\overparen{c''c'}}{\mathrm{d}x} = \rho\frac{\mathrm{d}\varphi}{\mathrm{d}x} \tag{2-19}$$

式(2－19)表达了圆轴扭转时横截面上各点剪应变的变化规律。式中 $\frac{\mathrm{d}\varphi}{\mathrm{d}x}$ 表示扭转角沿杆长的变化率，对于给定横截面，该值是个常量，剪应变 $\gamma_\rho$ 与 $\rho$ 成正比，即沿半径按直线规律变化。

(2)物理关系

由剪切胡克定律可知，在剪切比例极限范围内，剪应力与剪应变成正比，所以，横截面上距圆心距离为 $\rho$ 处的剪应力为：

$$\tau_\rho = G\gamma_\rho \tag{2-20}$$

将式(2－19)代入式(2－20)得：

$$\tau_\rho = G\rho\frac{\mathrm{d}\varphi}{\mathrm{d}x} \tag{2-21}$$

式(2－21)表明，在同一半径 $\rho$ 的圆周上各点处的剪应力 $\tau_\rho$ 值均相等，其值与 $\rho$ 成正比，圆心处 $\tau$ 为0，轴外表面 $\tau$ 最大。剪应力沿半径的变化规律如图2.25(c)所示。

(3)静力学关系

下面从剪应力和扭矩的关系来推导剪应力的实用计算公式。式(2－21)中的 $\frac{\mathrm{d}\varphi}{\mathrm{d}x}$ 可通过静力学关系确定。在距圆心 $\rho$ 处的微面积 $\mathrm{d}A$ 上作用有微剪力 $\tau_\rho \mathrm{d}A$，如图2.25(c)所示，它对圆心 $O$ 的力矩为 $\tau_\rho \mathrm{d}A\rho$。在整个横截面上，所有微力矩之和等于该截面的扭矩，即：

$$M_n = \int_A \rho\tau_\rho \mathrm{d}A$$

将式(2－21)代入上式，整理后得：

$$M_n = G\frac{\mathrm{d}\varphi}{\mathrm{d}x}\int_A \rho^2 \mathrm{d}A \tag{2-22}$$

令

$$I_\rho = \int_A \rho^2 \mathrm{d}A \tag{2-23}$$

式中　$I_\rho$——横截面的极惯性矩，只与截面形状及尺寸有关。

将式(2－23)代入式(2－22)得：

$$\frac{\mathrm{d}\varphi}{\mathrm{d}x} = \frac{M_n}{GI_\rho} \tag{2-24}$$

式(2－24)为圆轴扭转变形的基本公式，将其代入式(2－21)，即得：

$$\tau_\rho = \frac{M_n}{I_\rho}\rho \qquad (2-25)$$

式(2－25)为圆轴扭转时横截面上任一点处剪应力的计算公式，当$\rho$等于最大值$D/2$时，即在横截面周边上的各点处，剪应力达到最大。

令$W_\rho = \frac{I_\rho}{\rho}$，则最大剪应力为：

$$\tau_{max} = \frac{M_{nmax}}{W_\rho} \qquad (2-26)$$

式中　$W_\rho$——抗扭截面模量，$m^3$；

$M_{nmax}$——等截面轴上的最大扭矩，N·m。

### 2.2.2.5　杆件扭转的强度条件

为了保证杆件在扭转时能正常工作，必须将杆件的最大剪应力$\tau_{max}$控制在材料的允许范围内，则杆件的扭转剪切强度条件为：

$$\tau_{max} = \frac{M_{nmax}}{W_\rho} \leqslant [\tau] \qquad (2-27)$$

式(2－27)为杆件的扭转剪切强度条件，$[\tau]$为材料的许用剪应力，MPa。

工程上，扭转轴的截面形状常为圆形或圆环形，这两种截面的极惯性矩$I_\rho$和抗扭截面模量$W_\rho$可按下述方法计算。

对于实心圆轴，设直径为$D$，如图2.26所示，则极惯性矩$I_\rho$为：

$$I_\rho = \int_A \rho^2 dA = \int_0^{\frac{D}{2}} 2\pi\rho^3 d\rho = \frac{\pi D^4}{32} \qquad (2-28)$$

抗扭截面模量为：

$$W_\rho = \frac{I_\rho}{D/2} = \frac{\pi D^3}{16} \qquad (2-29)$$

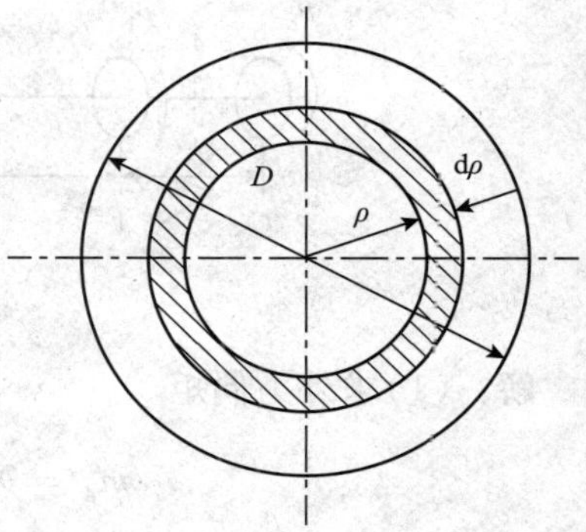


图2.26　实心轴截面

对于空心圆轴，设轴的内外径分别为的$d$、$D$，则极惯性矩为：

$$I_\rho = \int_A \rho^2 dA = \int_{\frac{d}{2}}^{\frac{D}{2}} 2\pi\rho^3 d\rho = \frac{\pi(D^4 - d^4)}{32} \qquad (2-30)$$

抗扭截面模量为：

$$W_\rho = \frac{I_\rho}{D/2} = \frac{\pi(D^4 - d^4)}{16D} \qquad (2-31)$$

### 2.2.2.6　杆件的扭转变形与刚度条件

杆件的扭转变形可用扭转角$\varphi$表示，工程上通常用单位长度扭转角$\theta$表示扭转变形的程度。

由式(2-24)可知，微段 d$x$ 的扭转角变形为：

$$d\varphi = \frac{M_n}{GI_\rho}dx$$

则相距 $l$ 的两横截面间的扭转角为：

$$\varphi = \int d\varphi = \int_0^l \frac{M_n}{GI_\rho}dx = \frac{M_n l}{GI_\rho} \tag{2-32}$$

式中　$\varphi$——扭转角，rad；

$GI_\rho$——圆轴的扭转刚度，表征抵抗扭转变形的能力。

单位长度的扭转角为：

$$\theta = \frac{\varphi}{l} = \frac{M_n}{GI_\rho} \tag{2-33}$$

圆轴的扭转刚度条件为：

$$\theta = \frac{M_n}{GI_\rho} \leqslant [\theta] \tag{2-34}$$

式中　$[\theta]$——许用扭转角，(°)/m。

**例题 2.8**　如图 2.27 所示，已知主动轮 $A$ 输入功率 $P_A=44$kW，从动轮 $B$ 输出功率 $P_B=25$kW，从动轮 $C$ 输出功率 $P_C=19$kW，$n=150$r/min。许用扭转剪应力 $[\tau]=40$MPa，剪切弹性模量 $G=80$GPa。$l_{AC}=1$m，$l_{AB}=2$m。求：(1)1-1、2-2 截面的扭矩；(2)按扭转强度确定轴径；(3)计算各轮间转角。

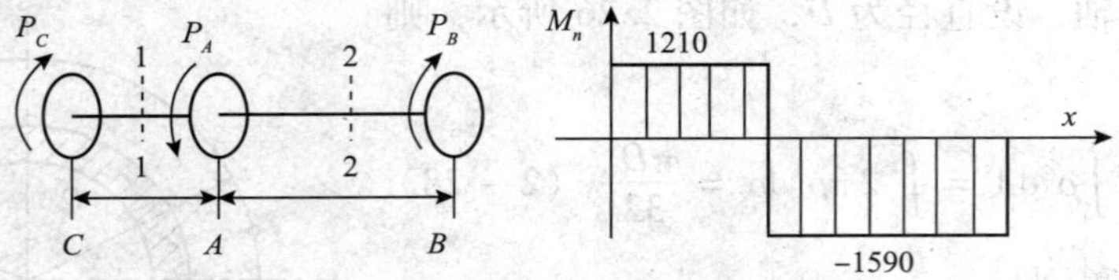


图 2.27　例题 2.8 扭矩图

**解**：(1)求外力偶矩。

$$m_A = 9550\frac{P_A}{n} = 9550 \times \frac{44}{150} \approx 2800\text{N}\cdot\text{m}$$

$$m_B = 9550\frac{P_B}{n} = 9550 \times \frac{25}{150} \approx 1590\text{N}\cdot\text{m}$$

$$m_C = 9550\frac{P_C}{n} = 9550 \times \frac{19}{150} \approx 1210\text{N}\cdot\text{m}$$

(2)求扭矩。

1-1 截面($CA$ 段)：$M_{n1} = m_C = 1210\text{N}\cdot\text{m}$

2-2 截面($AB$ 段)：$M_{n2} = -m_B = -1590\text{N}\cdot\text{m}$

(3)设计轴径。

$$\tau_{\max} = M_n/W_\rho = 1590/(\pi d^3/16) \leqslant [\tau] \Rightarrow$$

$$d \geqslant \sqrt[3]{16M_n/(\pi[\tau])} = \sqrt[3]{16 \times 1590/(\pi \times 40 \times 10^6)} = 59\text{mm}$$

可取 $d = 60\text{mm}$

(4)求相对转角。

A、C 轮间：$\varphi_{AC} = \dfrac{M_{n1} l_{AC}}{GI_{\rho}} = \dfrac{1210 \times 1}{80 \times 10^9 \times \dfrac{\pi}{32} \times 0.06^4} = 0.012\text{rad} = 0.68°$(逆时针)

B、A 轮间：$\varphi_{BA} = \dfrac{M_{n2} l_{AB}}{GI_{\rho}} = \dfrac{-1590 \times 2}{80 \times 10^9 \times \dfrac{\pi}{32} \times 0.06^4} = -0.031\text{rad} = -1.78°$(顺时针)

B、C 轮间：$\varphi_{BC} = \varphi_{AC} + \varphi_{BA} = 0.68° - 1.78° = -1.1°$(顺时针)

# 2.3 杆件弯曲时的应力分析与强度设计计算

## 2.3.1 弯曲概念与梁的分类

### 2.3.1.1 弯曲概念

弯曲变形是工程上最常见的基本变形形式之一。例如，工厂的单梁吊车受自重和物体重力的作用发生弯曲变形[图 2.28(a)]；支撑在两个鞍座上的卧式容器，受自重和内部物料重量的作用发生弯曲变形[图 2.29(a)]；塔器在水平方向风载荷的作用下发生弯曲变形[图 2.30(a)]。这些受弯杆件的共同特点是：作用在杆件上的外力垂直于杆的轴线，杆件的轴线由原来的直线弯成曲线，故称弯曲变形。以弯曲变形为主的杆件习惯上称为梁。

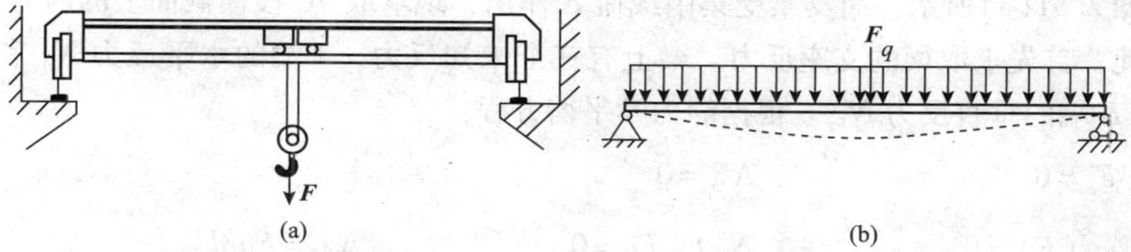


图 2.28 桥式吊车

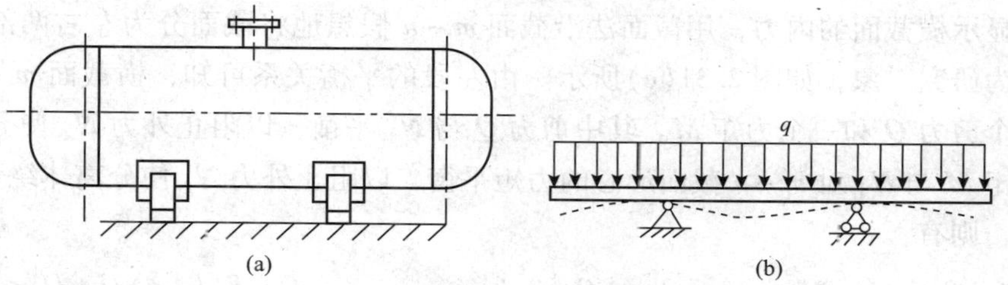


图 2.29 卧式容器

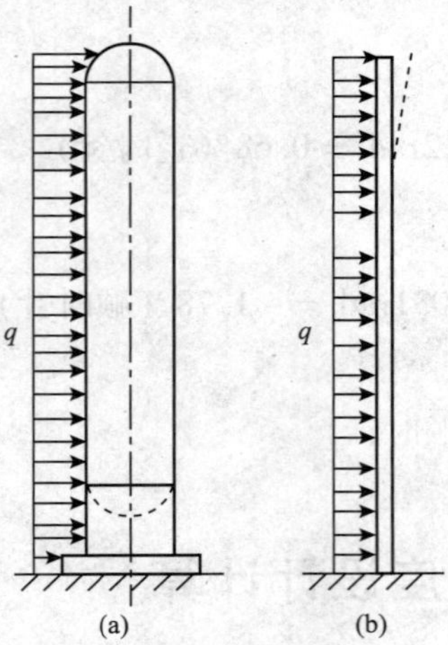


图 2.30　受风载荷的塔设备

#### 2.3.1.2　梁的外力、支座与分类

作用在梁上的外力有集中力、集中力偶和分布载荷三种形式。

梁的约束方式一般有固定铰链支座、可移动铰链支座和固定端约束三种。为了便于对梁进行受力分析和强度计算，常需对梁进行简化，如果梁的支座反力仅利用静力平衡方程便可全部求出，这种梁称为静定梁，常见的静定梁有以下三种形式：

(1) 简支梁。一端为固定铰链支座，另一端为可动铰链支座。图 2.28(b) 所示由桥式吊车简化的横梁为简支梁。

(2) 外伸梁。一端或两端伸出支座以外的梁。如图 2.29(b) 所示的由双鞍座支撑卧式容器简化的梁为外伸梁。

(3) 悬臂梁。一端刚性固定(固定端)，另一端处于自由状态的梁。如图 2.30(b) 所示的塔器即可简化为悬臂梁。

### 2.3.2　梁弯曲时的内力

#### 2.3.2.1　梁横截面的内力——剪力与弯矩

根据平衡方程，可以求出静定梁在载荷作用下的支座约束反力，于是作用在梁上的外力皆为已知量。则可用截面法研究各横截面上的内力。

如图 2.31(a) 所示，简支梁受集中载荷 $\boldsymbol{F}$ 作用，现求取 $AC$ 段横截面上的内力。

为此，首先求取梁的支座反力。梁上有三个未知反力，$A$ 端的水平反力 $\boldsymbol{N}_{Ax}$ 和垂直反力 $\boldsymbol{N}_{Ay}$，$B$ 端的垂直反力 $\boldsymbol{N}_{By}$。根据静力学平衡方程：

$$\sum F_x = 0 \qquad N_{Ax} = 0$$

$$\sum m_A(\boldsymbol{F}) = 0 \qquad N_{By}l - Fa = 0 \qquad N_{By} = Fa/l$$

$$\sum F_y = 0 \qquad N_{Ay} + N_{By} - F = 0 \qquad N_{Ay} = F(l-a)/l$$

为了显示横截面的内力，用截面法沿截面 $m-n$ 假想地将截面分为左右两部分，并取左半部分为研究对象，如图 2.31(c) 所示。由左段的平衡关系可知，横截面 $m-n$ 上必然存在着一个剪力 $\boldsymbol{Q}$ 和一个力矩 $\boldsymbol{M}$。其中剪力 $\boldsymbol{Q}$ 与 $\boldsymbol{N}_{Ay}$ 平衡，以阻止外力 $\boldsymbol{N}_{Ay}$ 使分离体向上移动；力矩 $\boldsymbol{M}$ 与 $\boldsymbol{N}_{Ay}$ 对 $m-n$ 截面形心的力矩平衡，以阻止外力 $\boldsymbol{N}_{Ay}$ 使分离体绕 $m-n$ 截面形心转动，则有：

$$\sum F_y = 0 \qquad N_{Ay} - Q = 0 \qquad Q = F(l-a)/l \quad (0 < x < a)$$

对 $m-n$ 截面的形心取矩：

$$\sum m_O(\boldsymbol{F}) = 0 \qquad M - N_{Ay}x = 0 \qquad M = F(l-a)x/l \quad (0 \leqslant x \leqslant a)$$

可以证明，若取右段作为分离体进行受力分析，用截面法所求得的剪力 $\boldsymbol{Q}$ 和弯矩 $\boldsymbol{M}$ 结果与上述结果完全相同。为使两段梁在同一横截面上剪力和弯矩的正负号一致，可根据梁的变形情况规定它们的符号。为此，在梁上截取一微段梁，规定：使该微段梁左段相对于右段有向上错动的趋势时，横截面上的剪力 $\boldsymbol{Q}$ 为正，如图 2.32(a)所示，反之为负[图 2.32(b)]；使该微段梁弯曲呈凹形时的弯矩为正[图 2.32(c)]，弯曲呈凸形时的弯矩为负[图 2.32(d)]。

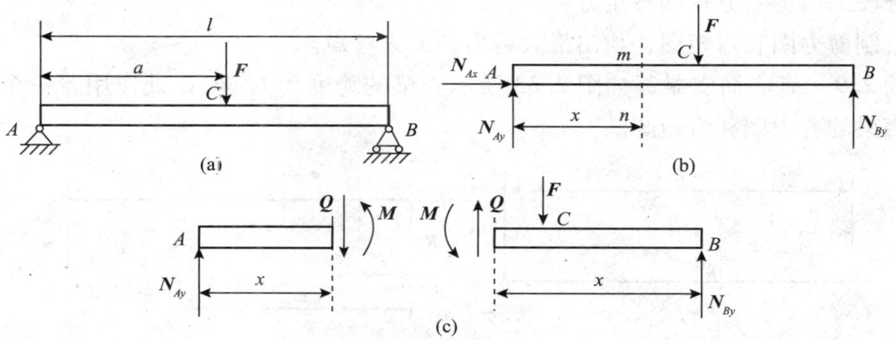


图 2.31 梁弯曲时的内力

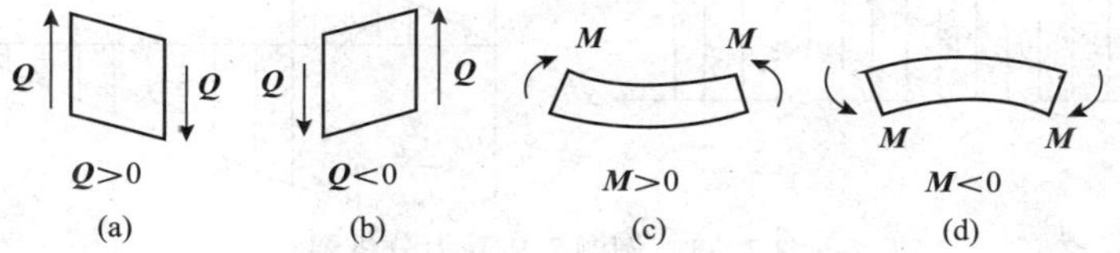


图 2.32 剪力和弯矩的正负号规定

### 2.3.2.2 剪力图与弯矩图

(1)剪力方程和弯矩方程

从剪力和弯矩的计算过程可以看出，梁横截面上的剪力和弯矩一般随横截面的位置不同而变化。若取梁的一端作为原点，梁的轴线为 $x$ 轴，用坐标 $x$ 表示横截面沿梁轴线的位置，则剪力和弯矩均可表示为 $x$ 的函数，即：

$$\boldsymbol{Q} = \boldsymbol{Q}(x) \tag{2-35}$$

$$\boldsymbol{M} = \boldsymbol{M}(x) \tag{2-36}$$

以上两个函数表达了剪力和弯矩沿梁轴线变化的规律，分别称为剪力方程和弯矩方程。

由于梁横截面上的剪力和弯矩与横截面的位置有关，因而往往需要分段列出剪力方程和弯矩方程，在这一段内剪力方程和弯矩方程的表达式不变，分段的原则为：在这一段中外载荷的变化规律相同(可以不包括端点)。

(2)剪力图和弯矩图

为了直观地表明梁各横截面上的剪力和弯矩沿梁长度方向的变化情况，以横截面沿梁轴线的位置为横坐标 $x$，横截面上的剪力 $Q$ 和弯矩 $M$ 作为纵坐标，将剪力方程和弯矩方程用图表示出来，这种图称为剪力图和弯矩图。

绘制剪力图和弯矩图的目的在于能从图中容易地找出梁内最大剪力和最大弯矩的大小及位置，为梁弯曲的强度计算和刚度计算提供依据。

(3)剪力图和弯矩图的绘制步骤

①绘制分离体的受力图，求未知的约束反力；

②分段列出剪力方程和弯矩方程；

③绘制剪力图和弯矩图，找出最大剪力和最大弯矩。

**例题 2.9**　有一简支梁，如图 2.33 所示。梁的跨度为 $l$，在 $C$ 处作用着一个力偶 $m$。试画出该梁的剪力图和弯矩图。

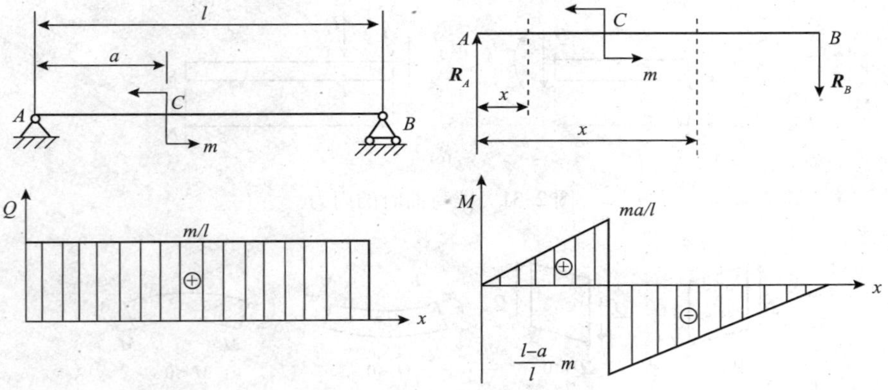


图 2.33　例题 2.9 受力分析图

**解：**(1)画受力图，求支座反力。

由静力平衡方程可得：

$$\sum m_B(\boldsymbol{F}) = 0 \qquad m - R_A l = 0 \qquad R_A = \frac{m}{l}$$

$$\sum F_y = 0 \qquad R_A - R_B = 0 \qquad R_B = \frac{m}{l}$$

(2)列剪力方程和弯矩方程。

由于梁在 $C$ 处作用着一个集中力偶 $m$，需要分为 $AC$、$CB$ 两段，分别列剪力方程和弯矩方程。

对 $AC$ 段(取左段作分离体)：$Q(x) = R_A = \frac{m}{l}(0 < x \leqslant a)$

$$M(x) = R_A x = \frac{m}{l}x(0 \leqslant x < a)$$

对 $CB$ 段(取右段作分离体)：$Q(x) = R_B = \frac{m}{l}(a \leqslant x < l)$

$$M(x) = -R_B(1-x) = -\frac{m}{l}(1-x)(a < x \leqslant l)$$

(3)画剪力图和弯矩图。

由剪力方程和弯矩方程可知，剪力图是一条与 $x$ 轴平行的线段，弯矩图是两条斜线段。

**例题 2.10**　如图 2.34 所示，简支梁的跨度为 1m。试画出该梁的剪力图和弯矩图。

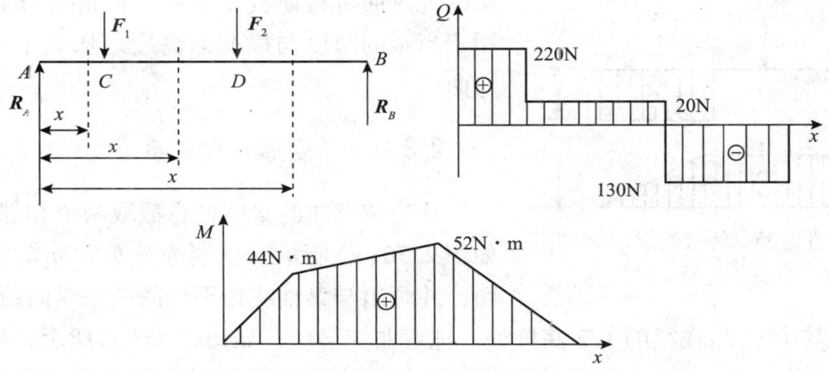


图 2.34　例题 2.10 图

**解**：(1) 画受力图，求支座反力。

由梁的平衡条件可得：

$$\sum m_B(\boldsymbol{F}) = 0 \qquad 0.8F_1 + 0.4F_2 m - R_A = 0 \qquad R_A = 220\text{N}$$

$$\sum F_y = 0 \qquad R_A + R_B - F_1 - F_2 = 0 \qquad R_B = 130\text{N}$$

(2) 列剪力方程和弯矩方程。

对 $AC$ 段(取左段作分离体)：

$$Q(x) = R_A = 220\text{N} \qquad (0 < x \leqslant 0.2)$$

$$M(x) = R_A x = 220x \qquad (0 \leqslant x < 0.2)$$

对 $CD$ 段(取中间段作分离体)：

$$Q(x) = R_A - F_1 = 20\text{N} \qquad (0.2 < x \leqslant 0.6)$$

$$M(x) = R_A x - F_1(x - 0.2) = 20x + 40 \qquad (0.2 < x \leqslant 0.6)$$

对 $DB$ 段(取右段作分离体)：

$$Q(x) = -R_B = -130\text{N} \qquad (0.6 < x \leqslant 1)$$

$$M(x) = R_B(1 - x) = -130x + 130 \qquad (0.6 \leqslant x \leqslant 1)$$

(3) 画剪力图和弯矩图。

由剪力方程和弯矩方程可知，剪力图和弯矩图均由三条线段组成，只要确定出每一线段的两个端点，就可画出对应的线段，从而得到相应的剪力图和弯矩图。

### 2.3.3　梁纯弯曲时梁横截面上的正应力

从前面的分析讨论可知，一般情况下，梁在弯曲时其横截面上既有剪力，又有弯矩。因此在横截面上既存在正应力 $\sigma$，也存在剪应力 $\tau$。力的存在说明梁不仅有弯曲变形，还有剪切变形，这种弯曲称为剪切弯曲。当横截面上只有弯矩而无剪力时的弯曲称为纯弯

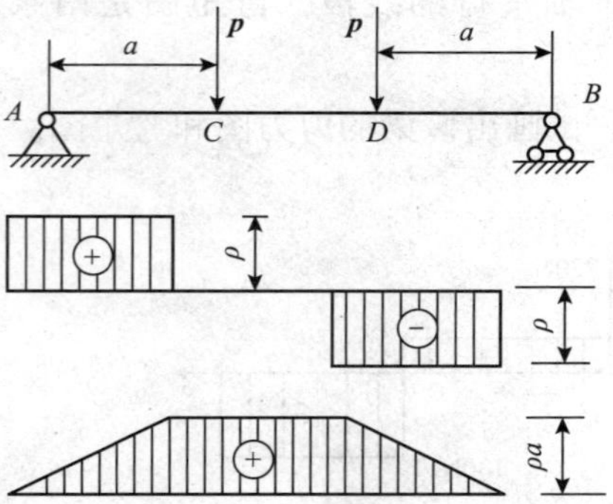

图 2.35　纯弯曲梁

曲，图 2.35 所示的 $CD$ 段即为纯弯曲梁。在工程上，由于剪力在一般情况下对梁的强度影响很小，可忽略不计。本节着重讨论与弯矩有关的应力，按梁的纯弯曲进行研究，所推得的应力计算公式也适用于当梁的跨度与横截面高度之比大于 5 时的剪切弯曲。

### 2.3.3.1　变形几何关系

从受纯弯曲的梁中任意截取两个相邻的横截面，如图 2.36(a)所示，分别为 $a_1b_1$ 和 $a_2b_2$ 所在的横截面，并画出与梁轴线相平行的三条纵向线 $m_1m_2$，$O_1O_2$，$n_1n_2$，其中 $O_1O_2$ 在梁的 1/2 高度处。纯弯曲变形后，如图 2.36(b)所示，可以发现：

(1)横向线 $a_1b_1$，$a_2b_2$ 仍保持为直线，且仍与变为弧线的纵向线垂直，只是相对转动了一个角度，说明变形前的横截面变形后仍然保持为平面，即满足平面假设；

(2)由于横截面只是相对偏转了一个角度，无其他方向的相对错动，纵向纤维只是受到轴向的拉伸或压缩，可见，纯弯曲变形的本质是拉伸或压缩变形，而非剪切变形，则纯弯曲梁横截面上只有正应力，而无剪应力，凹侧纤维缩短，受到压缩作用，存在压应力，凸侧纤维伸长，受到拉伸作用，存在拉应力；

(3)梁的所有纵向纤维由直线变成弧线，纵向线 $m_1m_2$ 和 $n_1n_2$ 各代表凹侧和凸侧的一层纵向纤维，各层纤维从凹侧到凸侧由缩短过渡到伸长，根据变形的连续性，在伸长纤维和缩短纤维之间，必有一层既不伸长也不缩短的纤维层称为中性层，如图 2.36(c)所示，中性层与横截面的交线为中性轴。

如图 2.37 所示，从受纯弯曲的梁中截取两横截面相距为 $dx$ 的微段，设两横截面变形后的夹角为 $d\varphi$，中性层的曲率半径为 $\rho$，曲率中心为 $O$。以梁的横截面的对称轴为 $y$ 轴，且向下为正，以中性轴为 $z$ 轴。因中性层的梁弯曲变形前后的长度不变，有：

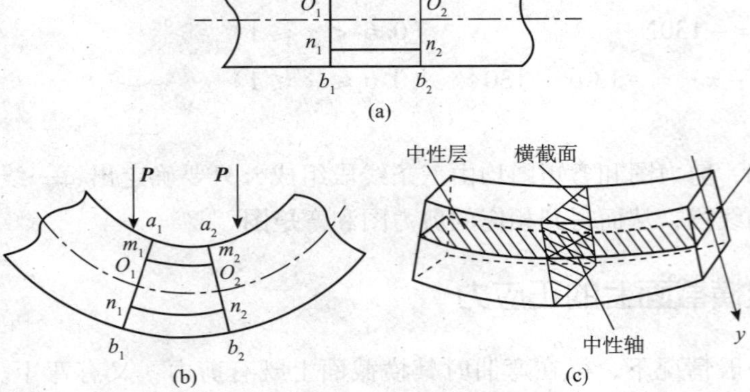

图 2.36　梁的纯弯曲变形

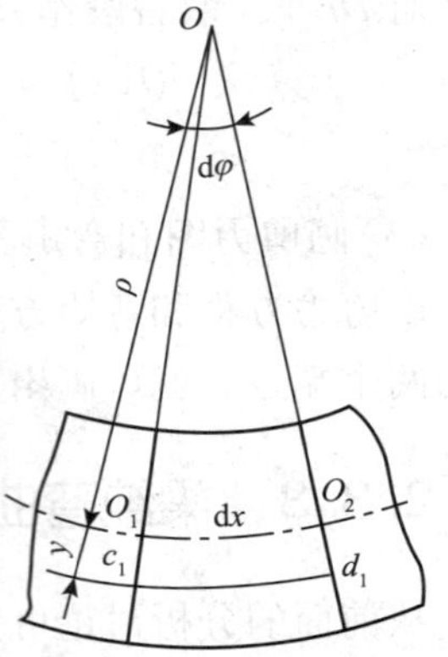

图 2.37　纯弯曲的变形几何关系

$$\overline{O_1O_2} = \widehat{O_1O_2} = \rho d\varphi = dx$$

距中性层 $O_1O_2$ 距离为 $y$ 的一层纤维上的任一纤维 $c_1d_1$，变形前的长度为：

$$\overline{c_1d_1} = dx = \overline{O_1O_2} = \rho d\varphi$$

变形后的长度为：

$$\widehat{c_1d_1} = (\rho + y)d\varphi$$

从而可得纵向纤维 $c_1d_1$ 的应变为：

$$\varepsilon = \frac{\widehat{c_1d_1} - \overline{c_1d_1}}{\overline{c_1d_1}} = \frac{y d\varphi}{\rho d\varphi} = \frac{y}{\rho} \tag{4-3}$$

可见，梁横截面任一点处纵向纤维的线应变 $\varepsilon$ 与该点至中性轴的距离 $y$ 成正比。

### 2.3.3.2 物理关系和应力分布

梁纯弯曲时，所有纵向纤维只受到轴向拉伸或压缩的作用，故可应用胡克定律来确定横截面上的弯曲正应力，即：

$$\sigma = E\varepsilon = E\frac{y}{\rho} \tag{2-37}$$

式(2－37)表明，梁纯弯曲时横截面上任一点的正应力 $\sigma$ 与该点到中性轴的距离 $y$ 成正比；距中性轴距离相等的所有点的正应力均相等。显然，中性轴上各点的正应力为0；而在中性轴一侧都是拉应力，另一侧都是压应力；横截面上、下边缘处的正应力最大。

### 2.3.3.3 静力平衡关系

由于曲率半径 $\rho$ 与弯矩 $M$ 之间的关系尚且未知，所以不能用式(2－37)直接计算梁横截面上的正应力 $\sigma$，需要建立起弯曲正应力 $\sigma$ 与内力弯矩 $M$ 之间的静力学关系。

梁发生纯弯曲时，横截面上的内力只有弯矩。如图2.38所示，在梁的横截面上任取一微面积 $dA$，则作用于该面积上的微内力为 $\sigma dA$，此微内力对中性轴 $z$ 的微力矩为 $dM = \sigma dAy$，这些微力矩的总和就是该截面上的弯矩 $M$，即：

$$M = \int_A dM = \int_A \sigma dAy$$

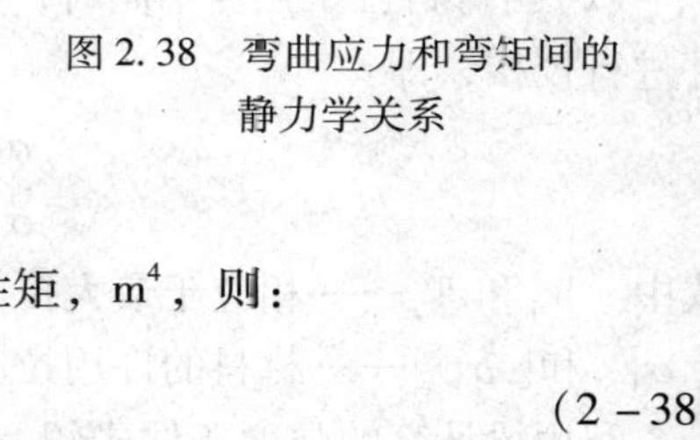

图2.38 弯曲应力和弯矩间的静力学关系

将式(2－37)代入上式，得：

$$M = \frac{E}{\rho}\int_A y^2 dA = \frac{E}{\rho}I_z$$

上式中，$I_z = \int_A y^2 dA$ 称为横截面对中性轴 $z$ 的轴惯性矩，$m^4$，则：

$$\frac{1}{\rho} = \frac{M}{EI_z} \tag{2-38}$$

式(2－38)说明梁轴曲线的曲率 $1/\rho$ 与弯矩 $M$ 成正比。$EI_z$ 越大，$1/\rho$ 越小，表明梁的变形越小，刚度越大。故把 $EI_z$ 称为梁的抗弯刚度。

将式(2－38)代入式(2－37)，可得梁纯弯曲时横截面上任一点的正应力 $\sigma$ 的计算公式为：

$$\sigma = \frac{My}{I_z} \tag{2－39}$$

式(2－39)表明，梁纯弯曲时横截面上任一点的正应力 $\sigma$ 与该截面上的弯矩 $M$ 和点到中性轴的距离 $y$ 成正比，与截面对中性轴的惯性矩 $I_z$ 成反比。

一般情况下，梁的强度是由横截面上的最大正应力决定。最大正应力所处的的点称为危险点。从式(2－39)可知，横截面上距中性轴最远的外边缘处的弯曲正应力最大，则横截面上的最大弯曲正应力为：

$$\sigma_{max} = \frac{My_{max}}{I_z} \tag{2－40}$$

令 $W_z = \frac{I_z}{y_{max}}$，则横截面最大正应力为：

$$\sigma_{max} = \frac{M}{W_z} \tag{2－41}$$

式中　$y_{max}$——最外边缘处的点到中性轴 $z$ 的距离，m；

$W_z$——横截面对中性轴 $z$ 的抗弯截面模量，$mm^3$ 或 $m^3$。

## 2.3.4　梁的强度计算

为保证梁能安全可靠地工作，必须将梁的最大工作应力控制在梁材料允许的应力范围内，不得超过材料的许用弯曲应力，则梁弯曲计算的强度条件为：

$$\sigma_{max} = \frac{M_{max}}{W_z} \leqslant [\sigma] \tag{2－42}$$

式中　$\sigma_{max}$——梁的最大工作应力，MPa；

$M_{max}$——梁上的最大弯矩，取正值，kN·m；

$[\sigma]$——材料的弯曲许用应力，MPa，可由手册查得。

在使用式(2－42)时，还需注意以下情况：

(1)若横截面不对称于中性轴，将产生两个抗弯截面模量 $W_{z1}$ 和 $W_{z2}$，抗弯截面模量越小，正应力就越大，所以可取两者中的小值代入计算；

(2)当材料拉压强度不同时，如铸铁等脆性材料，应分别列出抗拉强度和抗压强度条件进行校核，即：

$$\sigma_{max拉} = M_{max}/W_1 \leqslant [\sigma_1] \tag{2－43a}$$

$$\sigma_{max压} = M_{max}/W_1 \leqslant [\sigma_y] \tag{2－43b}$$

式中　$W_1$ 和 $W_2$——相应于最大拉应力 $\sigma_{max拉}$ 和最大压应力 $\sigma_{max压}$ 的抗弯截面模量；

$[\sigma_1]$ 和 $[\sigma_y]$——材料的许用拉应力和许用压应力。

利用梁计算的强度条件式(2－42)可以解决梁的强度校核，确定梁的截面形状和最小尺寸，确定梁的最大许用载荷三类问题。

**例题 2.11**　如图 2.39 所示，已知 $l=3m$，$h=15cm$，$b=10cm$，$q=3000N/m$，许用弯

曲应力$[\sigma_b]=10$MPa。按正应力校核强度。

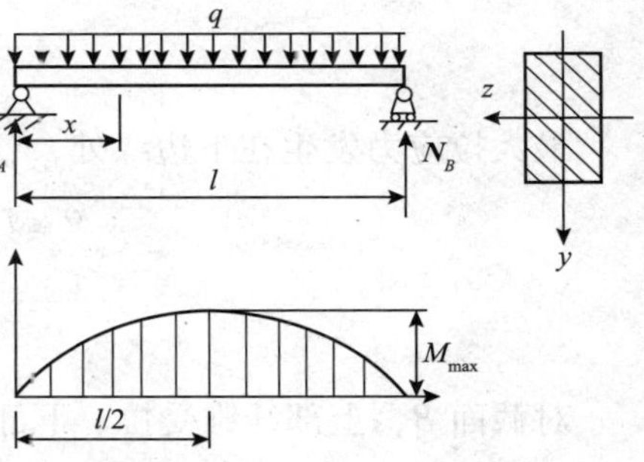

图 2.39 例题 2.11 图

**解**：由载荷的对称性以及静力学平衡方程可得，支座的支承反力为：

$$N_A = N_B = ql/2$$

弯矩方程为：

$$M = N_A x - qx \cdot x/2 = -qx^2/2 + qlx/2 (0 \leqslant x \leqslant l)$$

该方程为抛物线方程，因此弯矩的最大值为：

$$M_{max} = ql^2/8 = 3000 \times 3^2/8 = 3375\text{N} \cdot \text{m}$$

又矩形截面的抗弯截面模量为：

$$W_z = bh^2/6 = 0.1 \times 0.15^2/6 = 3.75 \times 10^{-4}\text{m}^3$$

则最大正应力为：

$$\begin{aligned} \sigma_{max} &= M_{max}/W_z \\ &= 3375/3.75 \times 10^{-4} \\ &= 9 \times 10^6\text{Pa} \\ &= 9\text{MPa} \\ &< [\sigma_b] = 10\text{MPa} \end{aligned}$$

所以强度足够。

**例题 2.12** 如图 2.40 所示，按正应力校核铸铁梁强度。已知：$I_z = 26.1 \times 10^{-6}\text{m}^4$，$[\sigma_l] = 40\text{MPa}$，$[\sigma_y] = 110\text{MPa}$。

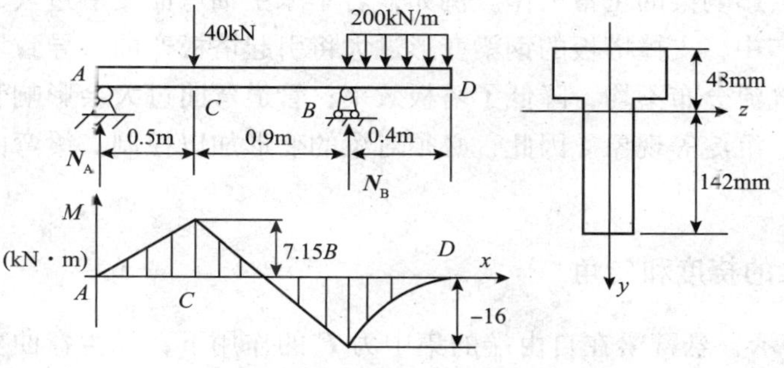

图 2.40 例题 2.12 图

**解**：(1)求解支承反力。

由静力学平衡方程可得：

$\sum m_A(\boldsymbol{F}) = 0$　　$N_B \times 1.4 - 200 \times 0.4 \times 1.6 - 40 \times 0.5 = 0$　　$N_B = 105.7\text{kN}$

$\sum F_y = 0$　　$N_A + N_B - 40 - 200 \times 0.4 = 0$　　$N_A = 14.3\text{kN}$

(2)弯矩图如图 2.40 所示，由弯矩图可知，危险截面为 $C$ 和 $B$ 截面。

对截面 $C$，上部纤维受压、下部纤维受拉。最大压应力发生在上边缘处，$y_{max} = 48\text{mm}$

$$\begin{aligned}\sigma_{maxy} &= M_{max}y_{max}/I_z \\ &= 7.15\times0.048/26.1\times10^{-6} \\ &= 13.15\text{MPa} < [\sigma_y] = 110\text{MPa}\end{aligned}$$

最大拉应力发生在下边缘处，$y_{max} = 142\text{mm}$

$$\begin{aligned}\sigma_{maxl} &= M_{max}y_{max}/I_z \\ &= 7.15\times0.142/26.1\times10^{-6} \\ &= 38.9\text{MPa} < [\sigma_1] = 40\text{MPa}\end{aligned}$$

对截面 $B$，上部纤维受拉、下部受压。最大压应力发生在下边缘处，$y_{max} = 142\text{mm}$

$$\begin{aligned}\sigma_{maxy} &= M_{max}y_{max}/I_z \\ &= 16\times0.142/26.1\times10^{-6} \\ &= 87\text{MPa} < [\sigma_y] = 110\text{MPa}\end{aligned}$$

最大拉应力在上缘，$y_{max} = 48\text{mm}$

$$\begin{aligned}\sigma_{maxl} &= 16\times0.048/26.1\times10^{-6} \\ &= 29.4\text{MPa} < [\sigma_1] = 40\text{MPa}\end{aligned}$$

所以，铸铁梁强度足够。

## 2.3.5 梁的变形

工程上，梁不但需要满足强度条件，还需满足刚度条件，即把梁的变形控制在允许的范围内，否则就会影响梁的正常工作。例如，若车床主轴弯曲变形过大，会影响零件的加工精度；化工生产中，支撑塔板的钢梁变形过大将引起塔板弯曲，导致塔板上的液面深浅不一，从而造成气流分布不均，降低了塔板效率；管道弯曲过大会影响管道内物料的正常输送，出现积液、沉淀等现象。因此，必须对梁的变形加以控制。梁弯曲变形的基本量为挠度和转角。

### 2.3.5.1 梁的挠度和转角

如图 2.41 所示，悬臂梁在自由端的集中力 $\boldsymbol{F}$ 的作用下，发生弯曲变形，梁的轴线由原来的直线 $OA$ 变为曲线 $OA'$，这条曲线称为挠曲线，又称弹性曲线。在距固定端 $O$ 为 $x$ 的 $B$ 处的截面形心 $B$ 变形后移至 $B'$，将弯曲变形后截面形心在垂直于梁轴线($x$ 轴)方向的位移称为挠度，用 $y$ 表示。若与 $y$ 轴方向一致则挠度为正；反之为负。

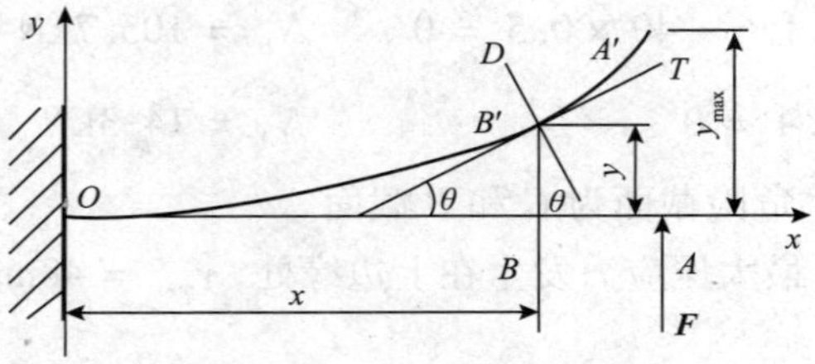

图 2.41 梁的挠度和转角

由图 2.41 可见，挠度 $y$ 随横截面位置而变化，可表示为横坐标 $x$ 的函数，称为挠曲线方程(又称弹性曲线方程)，用下式表示：

$$y = f(x) \tag{2-44}$$

梁弯曲变形后，横截面相对于原来位置绕自身的中性轴转过了一个角度 $\theta$，称为该截面的转角。规定：逆时针方向的转角为正；

顺时针方向的转角为负。

过挠曲线上的 $B'$ 点，作切线 $B'T$，由几何关系可知，此切线与 $x$ 轴的夹角就等于转角 $\theta$。由微分学可知，挠曲线 $y=f(x)$ 上任一点的斜率可表示为：

$$\tan\theta = \mathrm{d}y/\mathrm{d}x = f'(x)$$

在工程实际中，梁的变形很小，转角 $\theta$ 极小，属于小变形，故有 $\tan\theta\approx\theta$，则有：

$$\theta = \mathrm{d}y/\mathrm{d}x = f'(x)$$

上式说明，梁上任一点的截面转角等于挠曲线上对应点的斜率。可见，若已知梁的挠曲线方程 $y=f(x)$，可通过对其求一阶导数求得各截面的转角。

梁的变形与梁的材料、尺寸、受载和支撑情况有关，若这些条件保持不变，梁的变形是位置 $x$ 的函数，可由计算求得。简单载荷作用下梁的最大挠度和转角的计算公式可查表 2.3。由表可见，梁的变形与 $EI_z$ 成反比，$EI_z$ 越大，抵抗弯曲变形的能力愈大，则变形越小，所以称 $EI_z$ 为梁的抗弯刚度。

**表 2.3　几种简单载荷作用下梁的挠度和转角**

| 梁的类型和载荷 | 挠曲线方程 | 梁端转角 | 最大挠度 |
|---|---|---|---|
| 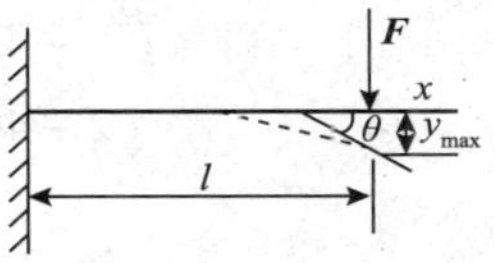 | $y=-\dfrac{Fx^2}{6EI_z}(3l-x)$ | $\theta=-\dfrac{Fl^2}{2EI_z}$ | $y_{\max}=-\dfrac{Fl^3}{3EI_z}$ |
| 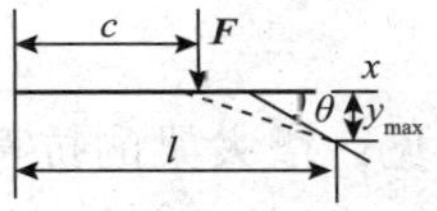 | $y=-\dfrac{Fx^2}{6EI_z}(3c-x),0\leqslant x\leqslant c$<br>$y=-\dfrac{Fc^2}{6EI_z}(3x-c),c\leqslant x\leqslant l$ | $\theta=-\dfrac{Fc^2}{2EI_z}$ | $y_{\max}=-\dfrac{Fc^2}{6EI_z}(3l-c)$ |
| 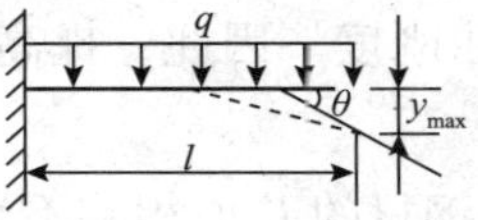 | $y=-\dfrac{qx^2}{24EI_z}(x^2+6l^2-4lx)$ | $\theta=-\dfrac{ql^3}{6EI_z}$ | $y_{\max}=-\dfrac{ql^4}{8EI_z}$ |
| 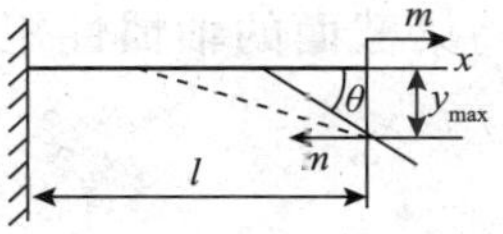 | $y=-\dfrac{mx^2}{2EI_z}$ | $\theta=-\dfrac{ml}{EI_z}$ | $y_{\max}=-\dfrac{ml^2}{2EI_z}$ |
| 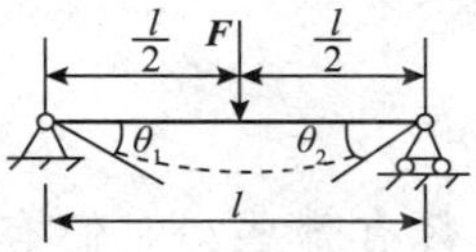 | $y=-\dfrac{Fx}{48EI_z}(3l^2-4x^2)$<br>$0\leqslant x\leqslant \dfrac{l}{2}$ | $\theta_1=-\theta_2$<br>$=-\dfrac{Fl^2}{16EI_z}$ | $y_{\max}=-\dfrac{Fl^3}{48EI_z}$ |
| 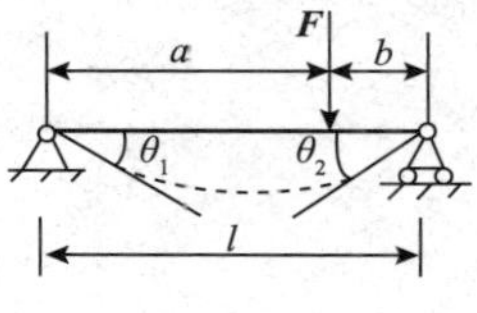 | $y=-\dfrac{Fbx}{6lEI_z}(l^2-x^2-b^2)$<br>$0\leqslant x\leqslant a$<br>$y=-\dfrac{Fb}{6lEI_z}[(l^2-b^2)x-x^3+$<br>$\dfrac{1}{b}(x-a)^3],a\leqslant x\leqslant l$ | $\theta_1=-\dfrac{Fab(l+b)}{6lEI_z}$<br>$\theta_2=\dfrac{Fab(l+a)}{6lEI_z}$ | 若 $a>b$，在<br>$x=\sqrt{\dfrac{l^2-b^2}{3}}$ 处，<br>$y_{\max}=-\dfrac{\sqrt{3}Fb}{27lEI_z}(l^2-b^2)^{3/2}$ |

续表

| 梁的类型和载荷 | 挠曲线方程 | 梁端转角 | 最大挠度 |
| --- | --- | --- | --- |
| 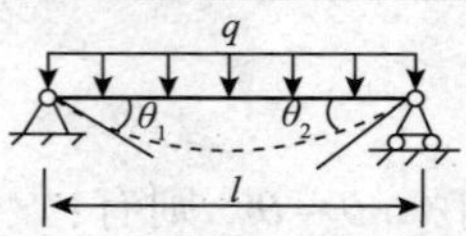 | $y=-\frac{qx}{24EI_z}(l^3-2lx^2+x^3)$ | $\theta_1=-\theta_2$ $=-\frac{ql^3}{24EI_z}$ | $y_{max}=-\frac{5ql^4}{384EI_z}$ |
| 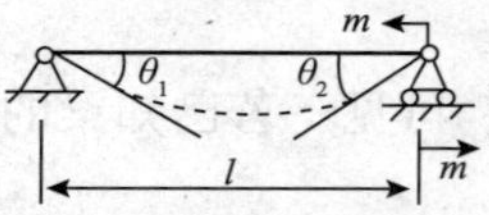 | $y=-\frac{mx}{6lEI_z}(l^2-x^2)$ | $\theta_1=-\frac{ml}{6EI_z}$ $\theta_2=\frac{ml}{3EI_z}$ | 在 $x=\frac{\sqrt{3}}{3}l$ 处，$y_{max}=-\frac{\sqrt{3}ml^2}{27EI_z}$ |

### 2.3.5.2 梁的刚度校核及提高梁弯曲刚度的措施

如前所述，如果梁的弯曲变形过大，会影响零件的加工精度、机器的正常工作等。因此，在工程设计中，一般是先按强度条件确定出梁的截面尺寸，然后再进行刚度校核。故刚度校核的目的为：控制梁的弯曲变形，使梁的最大挠度和最大转角控制在允许的范围内。则梁的刚度条件为：

$$y_{max} \leqslant [y] \tag{2-45}$$

$$\theta_{max} \leqslant [\theta] \tag{2-46}$$

式中 $[y]$——许用挠度，mm；

$[\theta]$——许用转角，rad。工程上，许用值可通过查阅手册获得，如架空管道的 $[y]=l/500$；一般塔器的 $[y]=(1/500\sim1/1000)h$，其中 $h$ 为塔高。

由表 2.3 可以看出，梁的抗弯刚度 $EI_z$ 均在计算式的分母上，可见，增大梁的抗弯刚度 $EI_z$ 必然会减小梁的变形，即提高了梁的弯曲刚度。梁的跨度 $l$ 均处于计算式的分子上，可见，减小梁的跨度 $l$ 也必然会减小梁的变形，也即提高了梁的弯曲刚度。因此，提高梁弯曲刚度的措施可归结为：减小梁的跨度 $l$ 和增大梁的抗弯刚度 $EI_z$。

在通过增大梁的抗弯刚度 $EI_z$ 以提高梁的弯曲刚度时，由于各种钢材的 $E$ 值相差不大，因此，不能靠采用优质钢的方法来提高梁的弯曲刚度，可通过提高梁截面的轴惯性矩 $I_z$ 进行。

**思考题**

1. 轴向拉伸(压缩)的变形特点是什么？横截面上的应力是什么？
2. 受拉杆件变形的主要现象是纵向伸长，度量纵向变形的参数有哪些？它们有何意义？
3. 低碳钢拉伸试验经历哪几个阶段？每个阶段有何特点？
4. 胡克定律的表达形式及应用条件是什么？
5. 什么是比例极限、弹性极限、屈服极限和强度极限？
6. 拉伸试验得到的材料的强度、刚度和塑性指标各有哪些？
7. 材料的拉伸试验和压缩试验有何不同？为什么说压缩试验对脆性材料更为重要？

8. 材料的许用应力是如何得到的？安全系数有什么意义？影响安全系数的因素有哪些？

9. 直杆拉伸与压缩时的强度条件是什么？利用强度条件可以解决哪几方面的问题？

10. 弯曲杆件的受力和变形各有何特点？

11. 什么叫梁？分为哪几类？

12. 试述梁纯弯曲时，横截面上的应力分布特点。

13. 试分析矩形截面梁为什么通常竖直放置？

14. 试述提高梁弯曲刚度的措施。

## 习题

1. 一等截面钢杆，受力情况如图 2.42 所示，横截面面积 $A=80\text{mm}^2$，弹性模量 $E=2.0\times10^5\text{MPa}$，$F=10\text{kN}$，$Q=6\text{kN}$，试画出钢杆的轴力图，并计算钢杆各段的应力和钢杆的总变形。

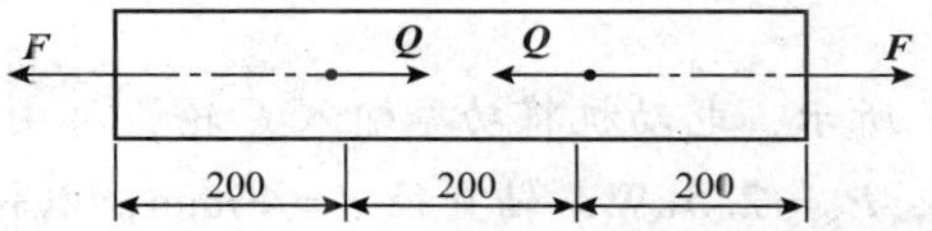


图 2.42 习题 1 图

2. 一根钢杆，其弹性模量 $E=2.1\times10^5\text{MPa}$，比例极限 $\sigma_p=210\text{MPa}$，在轴向拉力 $\boldsymbol{F}$ 作用下，纵向应变 $\varepsilon=8.0\times10^{-4}$，求杆横截面上的正应力。如果加大拉力 $\boldsymbol{F}$，使杆的纵向应变增大到 0.005，问此时杆横截面上的正应力能否由胡克定律确定？为什么？

3. 简易支架如图 2.43 所示。$AB$ 为圆钢杆，许用应力 $[\sigma]_{钢}=140\text{MPa}$；$BC$ 为方木杆，许用应力 $[\sigma]_{木}=10\text{MPa}$。若载荷 $P=40\text{kN}$，试确定两杆的截面尺寸。

4. 有一螺栓连接头，如图 2.44 所示。已知：$F=40\text{kN}$，螺栓的许用剪应力 $[\tau]=130\text{MPa}$，许用挤压应力 $[\sigma_{jy}]=300\text{MPa}$。试按强度条件计算该螺栓所需要的直径。图中尺寸单位为 mm。

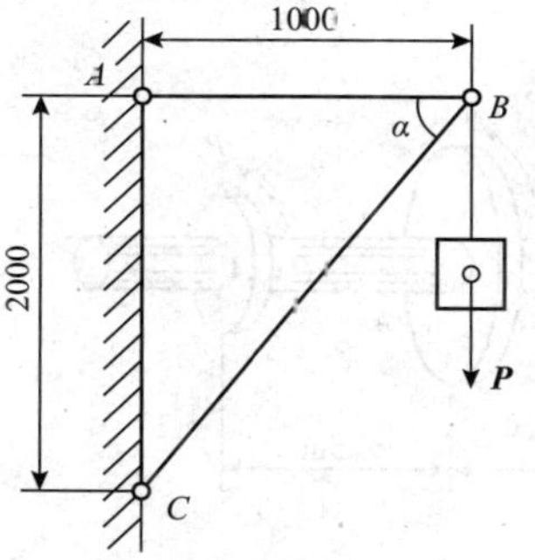


图 2.43 习题 3 图

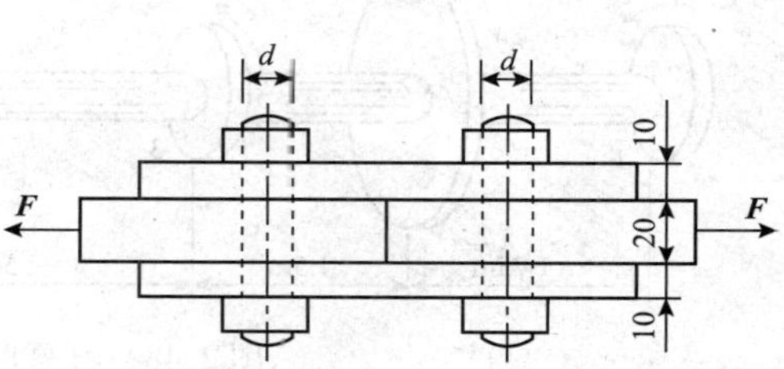


图 2.44 习题 4 图

5. 轴的直径为 $d=40\text{mm}$，传递功率 $P=5\text{kW}$，如图 2.45 所示。键的截面积尺寸为 $b=$

12mm，$h=8\text{mm}$。试计算键的最小长度 $l_{min}$。

6. 等直径传动轴有三个轮子，如图 2.46 所示。三轮给轴的力偶矩分别为 $m_1=5\text{kN}\cdot\text{m}$，$m_2=2\text{kN}\cdot\text{m}$，$m_3=3\text{kN}\cdot\text{m}$。轴材料许用应力 $[\tau]=55\text{MPa}$，许用扭转角 $[\theta]=0.25°/\text{m}$，剪切弹性模量 $G=8\times10^4\text{MPa}$，试根据强度及刚度条件计算圆轴的最小直径 $d$。

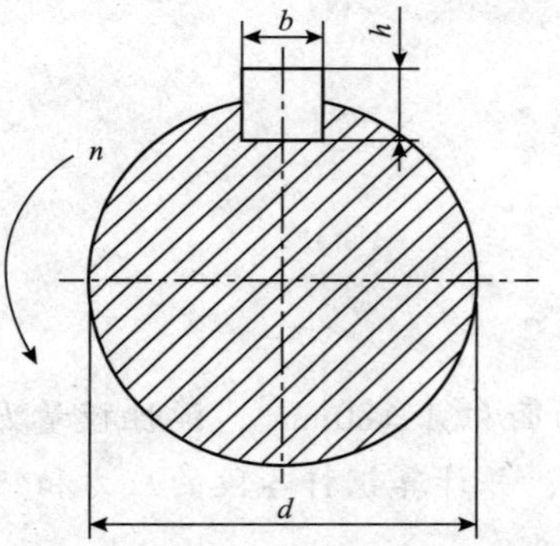


图 2.45　习题 5 图

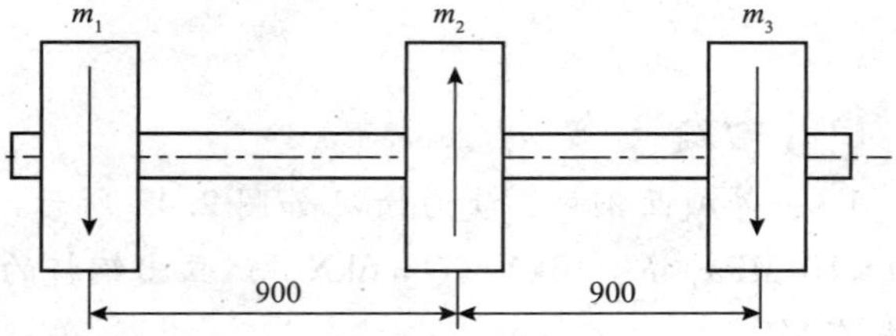


图 2.46　习题 6 图

7. 一传动轴如图 2.47 所示，电动机将功率输入 $C$ 轮，再由 $A$ 轮及 $B$ 轮输出，已知功率 $P_C=7\text{kW}$，$P_A=4.5\text{kW}$，$P_B=2.5\text{kW}$，轴直径 $d=40\text{mm}$，以转速 $n=50\text{r/min}$ 匀速回转，轴材料许用应力 $[\tau]=80\text{MPa}$，许用扭转角 $[\theta]=0.5°/\text{m}$，剪切弹性模量 $G=8\times10^4\text{MPa}$，试校核轴的刚度及强度。

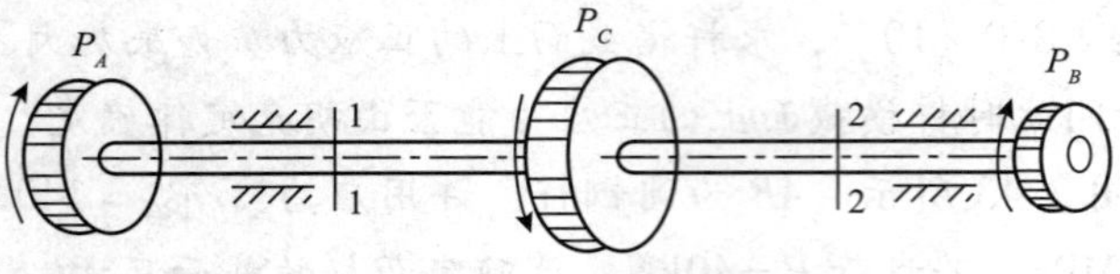


图 2.47　习题 7 图

8. 一传动轴做匀速转动，如图 2.48 所示，转速 $n=200\text{r/min}$，轴上装有 5 个轮子，主动轮 2 输入的功率 $P_2=60\text{kW}$，从动轮 1、3、4、5 输出的功率依次为 $P_1=18\text{kW}$，$P_3=12\text{kW}$、$P_4=22\text{kW}$、$P_5=8\text{kW}$，试画出轴的扭矩图。

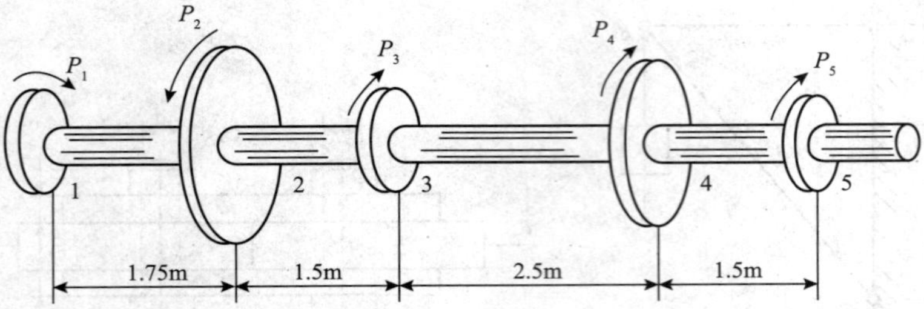


图 2.48　习题 8 图

9. 画出图 2.49 中所示各梁的剪力图和弯矩图，求出最大剪力 $Q_{max}$ 及最大弯矩 $M_{max}$，并指出 $Q_{max}$ 和 $M_{max}$ 所处的截面位置。

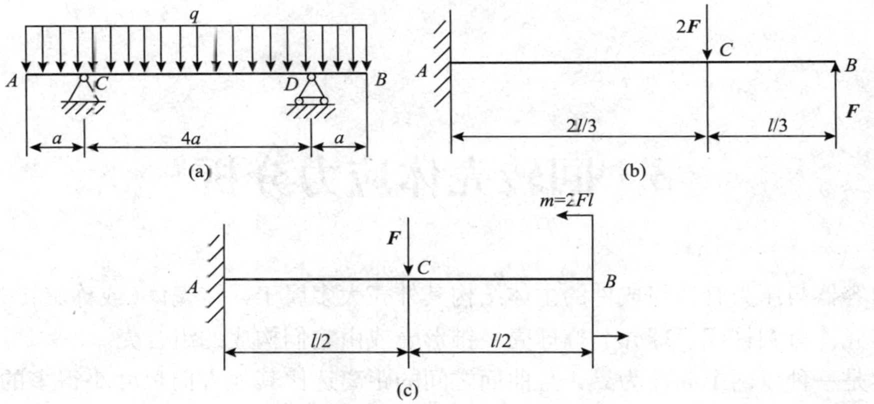


图 2.49 习题 9 图

10. 如图 2.50 所示简支梁 $AB$，由 20b 普通工字钢制成。已知其上 $AC$ 段所受均布载荷 $q=10\text{kN/m}$，中部所受的集中力 $F=5\text{kN}$，梁的长度 $l=6\text{m}$，材料的许用应力 $[\sigma]=120\text{MPa}$，20b 工字钢的抗弯截面模量 $W_z=2.5\times10^5\text{mm}^3$。试校核该梁的强度。

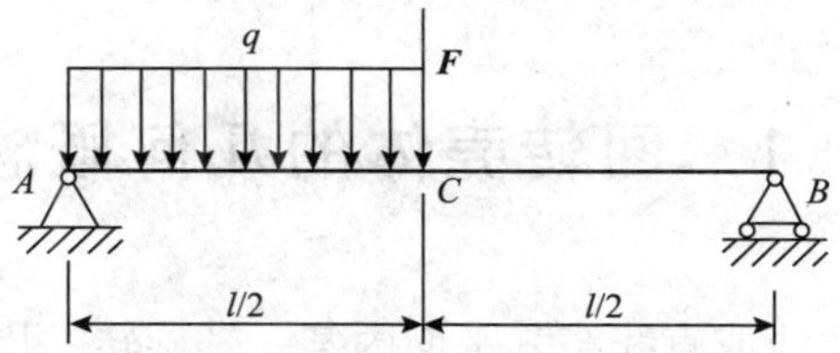


图 2.50 习题 10 图

11. 正方形空心截面简支梁，如图 2.51，承受 $q=10\text{kN/m}$ 的均布载荷，材料 $E=2\times10^5\text{MPa}$，试求：

(1) 该梁内最大弯曲应力及最大挠度；

(2) 截面面积保持不变，改为实心截面后，梁内最大弯曲应力与最大挠度。

(3) 若要求该梁改为工字钢，且最大挠度不得超过 2mm 时，应选用何种型号工字钢？

(4) 改用工字钢后，梁内最大弯曲应力、最大剪应力及最大挠度。

(5) 改用工字钢后，金属用量节省多少？

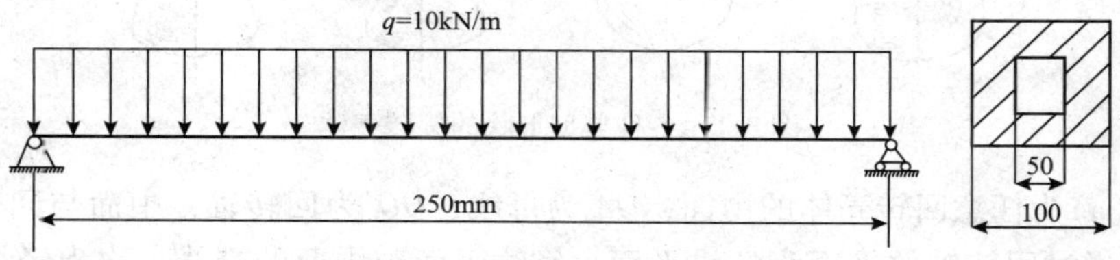


图 2.51 习题 11 图

# 3 回转壳体应力分析

压力容器与压力管道组成件的主体结构其外壳大多属于回转壳体（或称旋转壳体），常见的回转壳体有圆柱壳、球壳、椭球壳、锥形壳或由它们构成的组合壳。

壳体是一种以两个曲面为界，且曲面之间的距离远比其他方向尺寸小得多的构件，两曲面之间的距离即是壳体的厚度，用 $\delta$ 表示。与壳体两个曲面等距离的点所组成的曲面称为壳体的中面。按照厚度 $\delta$ 与其中面曲率半径 $R$ 的比值大小，壳体又分为薄壳和厚壳。工程上一般把 $(\delta/R)_{max} \leq 0.1$ 的壳体归为薄壳，反之为厚壳。对于圆柱壳体（又称圆筒），若外直径与内直径的比值 $(D_o/D_i)_{max} = K \leq 1.1 \sim 1.2$ 时，则称为薄壁圆柱壳或薄壁圆筒；反之，则称为厚壁圆柱壳或厚壁圆筒。

## 3.1 回转壳体的几何概念

回转壳体是由一平面曲线或直线绕其平面内某一轴旋转一周而形成的壳体，该平面曲线或直线称为回转壳体的母线。母线形状不同，形成的回转壳体形状也不同。图 3.1 中的母线分别为平行于轴线的直线、二分之一圆周线、与轴线有一定相交角度的直线、四分之一椭圆圆周线。对于薄壁壳体，常用中面来表示它的几何特性。

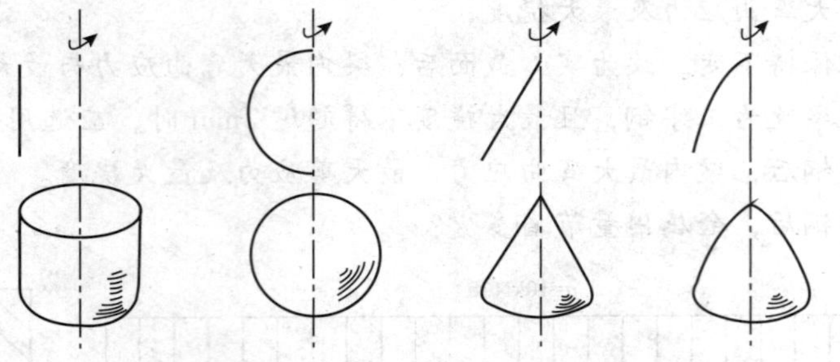

图 3.1 各种典型形状的旋转壳体

图 3.2(a) 为任意回转壳体的中面，$OA$ 为母线，$OO'$ 为回转轴，中面与回转轴的交点称为极点。通过回转轴的平面为经线平面，经线平面与中面的交线，称为经线，如 $OA'$。垂直于回转轴的平面与中面的交线称为平行圆，其半径用 $r$ 表示。过经线上任一点 $B$ 做垂直于壳体中面的直线，称为中面在该点的法线（$z$ 轴方向）。法线的延长线必与回转轴相交于 $K_2$。

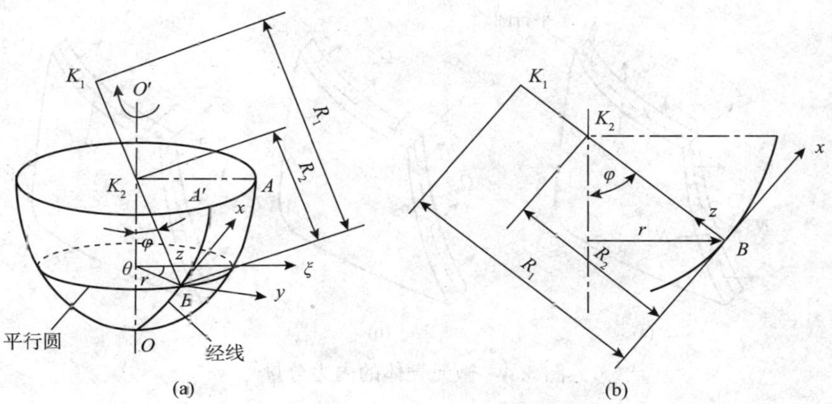


图 3.2 旋转壳体中间面的几何参数

中面上任一点 $B$ 处经线的曲率半径为第一曲率半径(经线半径)，如图 3.2(a)中的 $K_1B$，用 $R_1$表示。

中面上任一点 $B$ 沿法线与轴线交点间的长度为第二曲率半径，如图 3.2(a)中的 $K_2B$，用 $R_2$表示。由图 3.2(b)可见，第二曲率半径与平行圆半径存在如下关系：

$$R_2 = \frac{r}{\sin\varphi} \tag{3-1}$$

## 3.2 承压壳体应力分析理论(有力矩理论与无力矩理论)

在杆件的应力分析中，采用截面法求取内力和应力。对于承压壳体也可采取同样的思路，但不是切开一个截面，而是要在壳体中切出一个微元体进行内力和应力的分析，如图 3.3 所示。

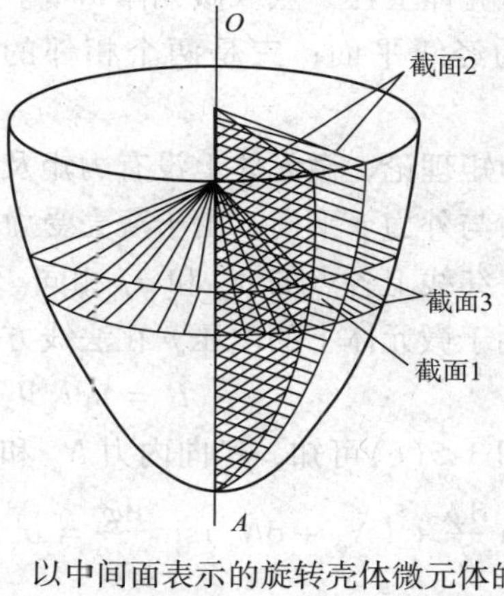


图 3.3 以中间面表示的旋转壳体微元体的截取

如图 3.4 所示，一般情况下，壳体中面上存在 10 个内力分量，即：$N_\varphi$、$N_\theta$ 为法向力，$N_{\varphi\theta}$、$N_{\theta\varphi}$ 为剪力，这四个内力是因中面的拉伸、压缩和剪切变形而产生的，称为薄膜内力(或薄膜力)；$Q_\varphi$、$Q_\theta$ 为横向剪力；$M_\varphi$、$M_\theta$ 和 $M_{\varphi\theta}$、$M_{\theta\varphi}$ 分别为弯矩与扭矩，这 6 个内力是因中面的弯曲率、扭转率的改变而产生的，称为弯曲内力。

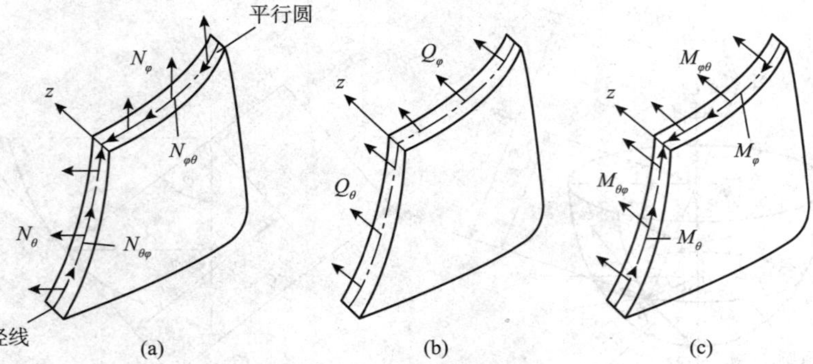


图 3.4　微元壳体的内力分量

对承压壳体进行受力分析时，同时考虑上述所有(10 个内力分量)内力分量的分析方法称为有力矩理论。显然，按此理论进行分析，需要求出 10 个内力分量，其计算量非常大；并且要给出全部的解析解有时也是很困难的。对于薄壁壳体，其抗弯刚度非常小，即弯曲内力很小，在研究薄壁壳体受力平衡时，可以略去弯曲内力对平衡的影响，于是人们提出了一种简化的理论，即用无力矩理论分析薄壁壳体的应力状态。

过程工业生产中常见的各式容器及设备，如储槽、换热器、塔、反应器等均属于回转壳体，且外壳大都属于薄壳。如上所述，当壳体较薄时，弯曲内力与法向力相比很小，可以略去，从而提出了无力矩理论。无力矩理论是将薄壁壳体视为薄膜来进行应力分析的，所以也称为薄膜理论，按此理论得出的应力称为薄膜应力，薄膜应力沿壳体壁厚均布。对薄壁壳体进行设计，首先就要分析这类壳体在外载荷作用下壳体内部产生的应力。下面推导无力矩理论的基本方程。

(1)微元体平衡方程

在受压壳体上任一点取微元体 $abdc$。它由三对截面构成：一是壳体内外壁表面；二是两个相邻的经线平面；三是两个相邻的与经线垂直、同壳体正交的圆锥面，如图 3.6 所示。

由无力矩理论，微元体上没有力矩及剪应力的作用，只有正应力 $\sigma_\varphi$ 和 $\sigma_\theta$ 作用，这些应力的合力与外力 $p$ 平衡。由于薄壳受力，几何尺寸上均为轴对称，因此，$\sigma_\varphi$ 和 $\sigma_\theta$ 与 $\theta$ 无关，即同一纬线上各点的 $\sigma_\varphi$ 和 $\sigma_\theta$ 相同。

①作用于微元体上的内压 $p$ 在法线方向的合力 $P$ 为：

$$P = p\mathrm{d}l_1\mathrm{d}l_2 = p \cdot R_1\mathrm{d}\varphi \cdot R_2\mathrm{d}\theta$$

②由图 3.5(c)可知，经向内力 $N_\varphi$ 和 $N_\varphi + \mathrm{d}N_\varphi$ 在法线上的分量为：

$$N_\varphi \sin\frac{\mathrm{d}\varphi}{2} + (N_\varphi + \mathrm{d}N_\varphi)\sin\frac{\mathrm{d}\varphi}{2} = \sigma_\varphi\delta r\mathrm{d}\theta\sin\frac{\mathrm{d}\varphi}{2} + (\sigma_\varphi + \mathrm{d}\sigma_\varphi)\delta(r + \mathrm{d}r)\mathrm{d}\theta\sin\frac{\mathrm{d}\varphi}{2}$$

将 $\sin\frac{\mathrm{d}\varphi}{2} \approx \frac{\mathrm{d}\varphi}{2}$，$r = R_2\sin\varphi$ 代入上式，并略去高阶微量，得 $\sigma_\varphi\delta R_2\sin\varphi\mathrm{d}\varphi\mathrm{d}\theta$

③由图 3.5(d)可知，周向内力 $N_\theta$ 和 $N_\theta + \mathrm{d}N_\theta$ 在法线上的分量为：

$$2N_\theta\sin\frac{\mathrm{d}\theta}{2} = 2\sigma_\theta\delta R_1\mathrm{d}\varphi\sin\frac{\mathrm{d}\theta}{2}$$

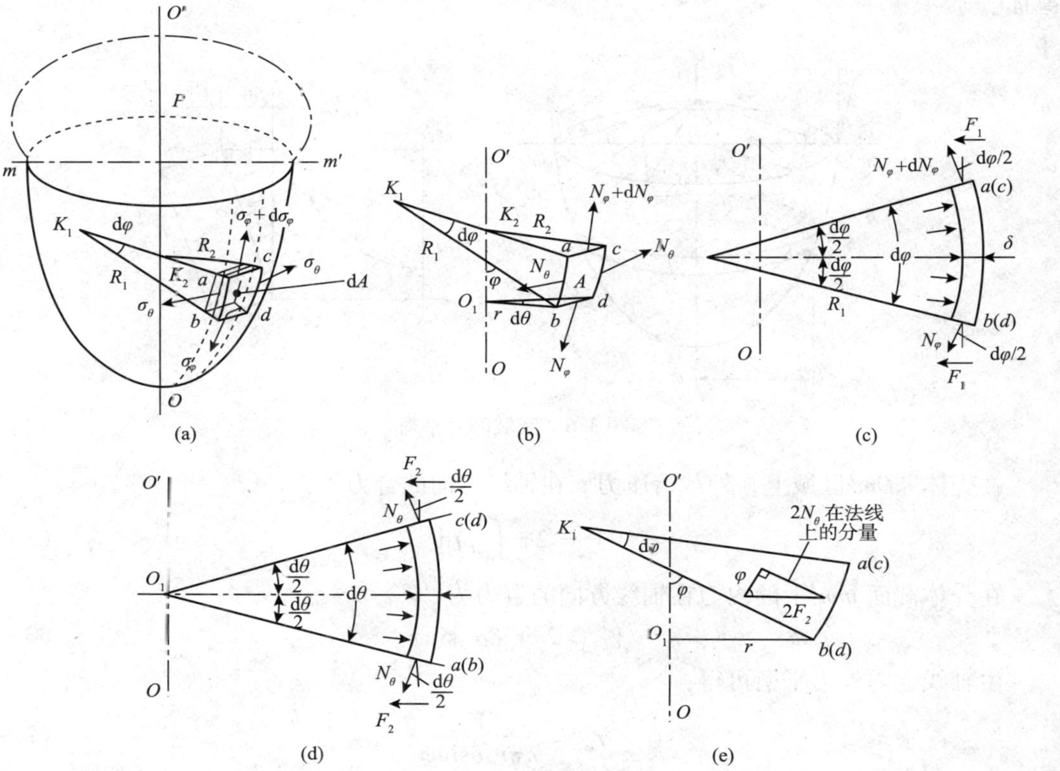

图 3.5 微元体受力分析

再将该分量投影至法线方向，简图 3.5(e)中 $ab$ 截面，并考虑 $\sin\frac{d\theta}{2}\approx\frac{d\theta}{2}$ 得：

$$\sigma_\theta\delta R_1\sin\varphi d\varphi d\theta$$

由微元体法线方向的力平衡，得：

$$\sigma_\varphi\delta R_2\sin\varphi d\varphi d\theta+\sigma_\theta\delta R_1\sin\varphi d\varphi d\theta=pR_1R_2d\theta d\varphi\sin\varphi$$

等式两边同除以 $\delta R_1R_2d\theta d\varphi\sin\varphi$ 得：

$$\frac{\sigma_\varphi}{R_1}+\frac{\sigma_\theta}{R_2}=\frac{p}{\delta} \tag{3-2}$$

式中 $\sigma_\varphi$——经向应力，MPa；

$\sigma_\theta$——周向应力，MPa；

$R_1$——第一曲率半径，mm；

$R_2$——第二曲率半径，mm。

该方程称为微元平衡方程，由拉普拉斯(La-place)首先导出，故又称拉普拉斯方程。

(2)区域平衡方程

微元平衡方程式中有两个未知应力 $\sigma_\varphi$ 和 $\sigma_\theta$，必须再找一个补充方程，这就是区域平衡方程。

在图 3.6(a)中，过 $mm'$ 作一与壳体正交的圆锥面 $mDm'$，并取截面以下区域作为分离体。

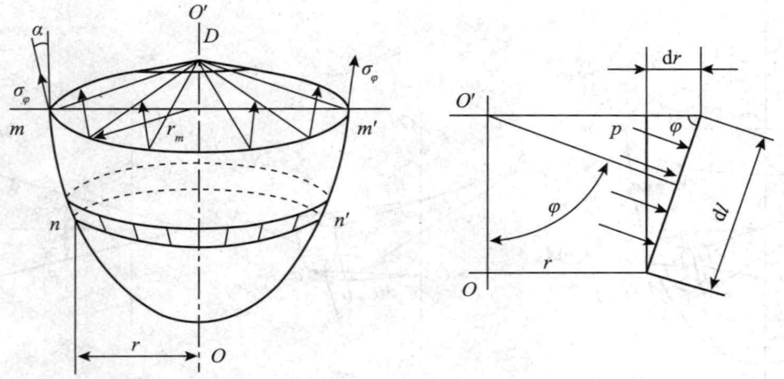


图 3.6　区域静力平衡

在壳体 $mOm'$区域上，外载荷压力 $p$ 在轴线方向的合力为：

$$V = 2\pi \int_0^{r_m} pr\mathrm{d}r \tag{3-3}$$

在壳体截面 $mm'$上的内力在轴线方向的合力为：

$$V' = 2\pi r_m \delta \sigma_\varphi \sin\varphi \tag{3-4}$$

由轴线上内外力平衡可得：

$$\sigma_\varphi = \frac{V}{2\pi r_m \delta \sin\varphi} \tag{3-5}$$

此式称为壳体的区域平衡方程式。通过式(3－5)和式(3－2)可求得 $\sigma_\varphi$ 和 $\sigma_\theta$。微元平衡方程与区域平衡方程就是无力矩理论的两个基本方程。

## 3.3　无力矩理论的应用

下面应用无力矩理论，分析几种典型旋转壳体的薄膜应力，并讨论无力矩理论应用的条件。

### 3.3.1　承受气体内压的回转薄壳的应力

回转薄壳仅受气体内压作用时，各处压力相等，压力载荷产生的轴向力 $V$ 为：

$$V = 2\pi \int_0^{r_m} pr\mathrm{d}r = \pi r_m^2 p$$

将此式代入式(3－5)得：

$$\sigma_\varphi = \frac{pr_m}{2\delta \sin\varphi}$$

其中，$r_m$ 为平行圆半径，由式(3－1)可得 $r_m = R_2 \sin\varphi$，代入式(3－5)得：

$$\sigma_\varphi = \frac{pR_2}{2\delta} \tag{3-6}$$

将式(3-6)代入式(3-2)得：

$$\sigma_\theta = \sigma_\varphi\left(2 - \frac{R_2}{R_1}\right) \tag{3-7}$$

(1)薄壁圆筒

圆筒各点的第一曲率半径 $R_1 = \infty$，第二曲率半径等于平行圆半径(即筒体半径)，即 $R_2 = R$。将其代入式(3-6)和式(3-7)可得：

$$\sigma_\varphi = \frac{pR}{2\delta} = \frac{pD}{4\delta} \tag{3-8a}$$

$$\sigma_\theta = 2\sigma_\varphi = \frac{pR}{\delta} = \frac{pD}{2\delta} \tag{3-8b}$$

式(3-8a)、式(3-8b)中，$R$、$D$ 分别为圆柱壳中面的半径和直径，mm；式(3-8)也称为薄壁圆筒的中径公式。

(2)薄壁球壳

球壳的第一曲率半径与第二曲率半径相等，即 $R_1 = R_2 = R$，将其代入式(3-6)和式(3-7)可得：

$$\sigma_\theta = \sigma_\varphi = \frac{pR}{2\delta} \tag{3-9}$$

可见，球壳的两向膜应力相等。

(3)椭球形壳体

如图3.7所示，已知椭圆曲线方程为：

$$\frac{x^2}{a^2} + \frac{y^2}{b^2} = 1$$

其第一曲率半径和第二曲率半径分别为：

$$R_1 = \frac{[a^4 - x^2(a^2 - b^2)]^{3/2}}{a^4 b}$$

$$R_2 = \frac{[a^4 - x^2(a^2 - b^2)]^{1/2}}{b}$$

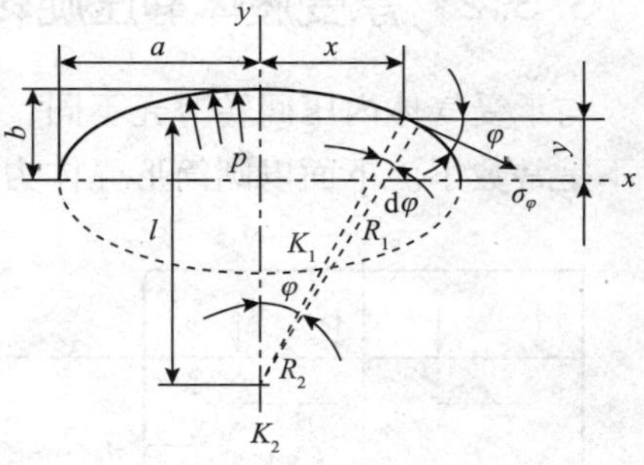


图3.7 椭球壳的尺寸

将其代入式(3-6)和式(3-7)可得：

$$\left.\begin{aligned} \sigma_\varphi &= \frac{p}{2\delta}\frac{[a^4 - x^2(a^2 - b^2)]^{1/2}}{b} \\ \sigma_\theta &= \frac{p}{2\delta}\frac{[a^4 - x^2(a^2 - b^2)]^{1/2}}{b}\left[2 - \frac{a^4}{a^4 - x^2(a^2 - b^2)}\right] \end{aligned}\right\} \tag{3-10}$$

该式由胡金伯格(Huggenberger)在1925年首先导出的，故又称为胡金伯格方程。

从式(3-10)可以看出：

①椭球壳上各点应力不等，与各点坐标有关；

②椭球壳应力的大小，除与内压 $p$、壁厚 $\delta$ 有关外，还与长短轴之比 $a/b$ 有很大关系，当 $a=b$ 时，椭球壳变成球壳，此时最大应力为圆筒壳 $\sigma_\theta$ 的一半，随着 $a/b$ 的增大，椭球壳应力增大，如图3.8所示；

③椭球壳承受均匀内压时，在任何 $a/b$ 值下，$\sigma_\varphi$ 恒为正值，即拉伸应力，且由顶点最

大值向赤道逐渐递减至最小值，当 $a/b > \sqrt{2}$ 时，应力 $\sigma_\theta$ 将变号，即从拉应力变为压应力，随着周向应力增大，在大直径薄壁椭圆封头中会出现局部屈曲，这个现象应采用整体或局部增加厚度、局部采用环状加强构件等措施加以预防；

④工程上常用标准椭圆形封头，其 $a/b=2$，此时，$\sigma_\theta$ 的数值在顶点处和赤道处大小相等但符号相反，即顶点处为 $pa/\delta$，赤道上为 $-pa/\delta$，$\sigma_\varphi$ 恒为拉伸应力，在顶点处达到最大值为 $pa/\delta$。

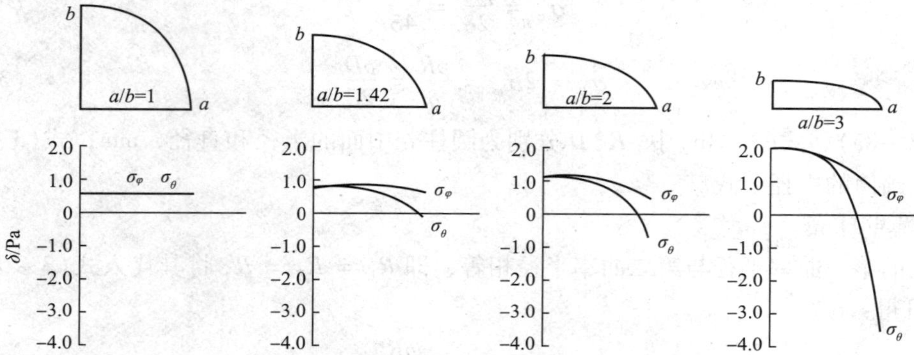


图 3.8　椭球壳中的应力随长短轴之比的变化规律

## 3.3.2　承受液体静压旋转薄壳的应力

与承受气体内压回转薄壳不同，壳壁上的液柱静压力随着液层的深度而变化，即外载荷不是常数了。下面以圆筒形壳体为例，介绍承受液体静压壳体的应力分析。

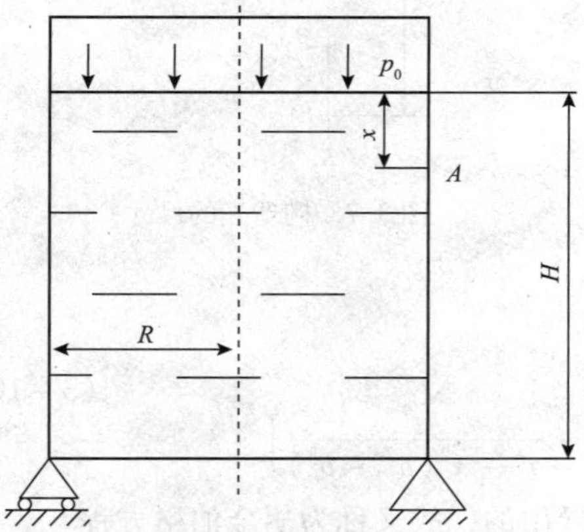


图 3.9　承受液体静压的圆筒

如图 3.9 所示，底部支承的圆筒，液体表面压力为 $p_0$，液体密度为 $\rho$，筒壁上任一点 $A$ 承受的压力为：

$$p = p_0 + \rho g x$$

由式(3－9b)可得周向膜应力为：

$$\sigma_\theta = (p_0 + \rho g x)\frac{R}{\delta} \qquad (3-11a)$$

作垂直于旋转轴的任一横截面，由上部壳体的轴向力平衡可得轴向膜应力为：

$$\sigma_\varphi = \frac{p_0 R}{2\delta} \qquad (3-11b)$$

若支座位置不在底部，则应分别计算支座上、下部分壳体的轴向应力。

## 3.3.3　无力矩理论适用的条件

无力矩理论将壳体视为薄膜，薄膜是不能抵抗弯曲与扭曲变形的，但作为工业用钢制的壳体，无论多么薄都能承受一定的弯曲和扭曲变形，所以说薄膜理论是一个使壳体应力分析简化的近似理论。无力矩理论在工程上是比较简单适用的，但它适用的范围除壳体较薄这一条件外，还应满足下列条件：

(1)回转壳体在几何上是轴对称的，壳体厚度没有突变；中面曲率连续变化，亦没有突变；壳体材料是均匀连续且各向同性的，其物理性能无变化。

(2)载荷在壳体曲面上的分布是轴对称和连续的，无突变情况；在壳体上有任何集中力作用处或壳体边缘存在边缘力和边缘力矩时，都将不可避免地有弯曲变形产生，无力矩理论在这些部位不适用。

(3)壳体边界应该是自由的，不得限制边界的转角和位移。

(4)壳体边界上无横向剪力、弯矩和扭矩的作用。

### 3.3.4 边缘与边缘应力的概念

(1)边缘的概念

对于实际的容器或管道壳体，同时满足上述条件非常困难，理想的无力矩状态并不容易实现。工程实际中的壳体结构大多都是由几种简单壳体组合而成。如图 3.10 所示的组合壳体结构，包含了球壳、圆柱壳、锥壳和椭球壳等基本壳体，可以将它看作是一根曲线围绕轴线旋转而得到的回转壳体，但其母线不是简单曲线，而是由圆弧、椭圆曲线和直线等几种形状规则的曲线段组合而成。另外，工程实际中的壳体，沿壳体轴线方向的厚度、载荷、温度和材料的物理性能也可能出现突变。几何、载荷、材料等不连续的因素引起了壳体结构中薄膜应力的不连续，我们将这些薄膜应力不连续的部位称为边缘。

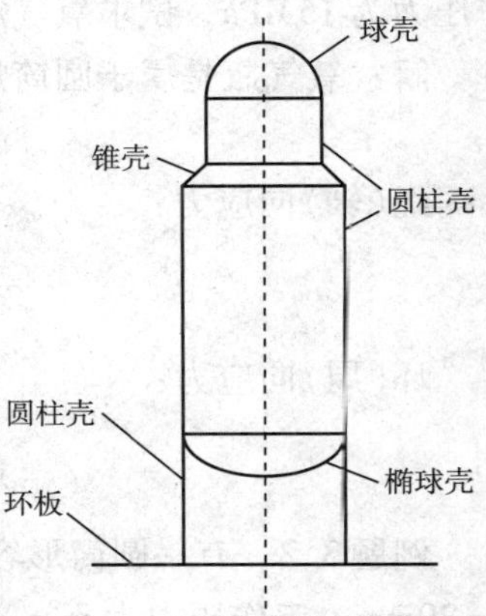

图 3.10 组合壳体

(2)边缘应力的概念

如果将球壳和圆柱壳作为自由体，即在内压作用下可以自由变形，那么在连接处的薄膜位移和转角肯定是不相等的，而实际上这两个壳体是连接在一起的，即两壳体在连接处的位移和转角必须相等。这在两个壳体连接处附近就形成一种约束，迫使连接处壳体发生局部的弯曲变形，从而连接边缘处会产生附加的边缘力和边缘力矩及抵抗这种弯曲变形的应力，使得这一区域的总应力增大。由于这种总体结构不连续，在组合壳体连接处出现的应力增大现象，称为“不连续效应”或“边缘效应”，由此引起的局部应力称为“不连续应力”或“边缘应力”。

(3)边缘应力的特性

①局部性。不同结构的组合壳体，在连接边缘处有不同的边缘应力，有的边缘应力可以达到很大的数值。但它们有一个共同的特性，即影响范围很小，这些边缘应力只在连接处附近的局部区域存在。例如，圆柱壳边缘应力作用的范围为 $2.5\sqrt{R\delta}$，在大多数情况下，这个数值与壳体半径 $R$ 相比是一个很小的数字，这说明边缘应力具有很大的局部性。

②自限性。边缘应力是由于相邻壳体在连接处的薄膜变形不相等(不协调)，两壳体连接边缘的变形受到弹性约束而产生，因此，对于塑性材料制造的壳体，当连接边缘的局部

区域产生塑性变形，这种弹性约束就开始缓解，变形不会继续发展；变形不继续发展，边缘应力就会自动限制，不会无限增大，这种性质称为边缘应力的自限性。

(4)边缘应力的考虑

由于边缘应力具有局部性和自限性的特点，对于受静载荷作用的塑性材料制壳体，在工程设计中一般不对边缘应力作具体计算，仅按照无力矩理论求出问题的解，然后在结构上采用局部处理的方法(如局部补强措施)，以限制其应力水平。但对于脆性材料制造的壳体、受疲劳载荷或低温的壳体等，因对过高的边缘应力十分敏感，可能导致壳体产生疲劳破坏或脆性断裂，因而在设计中应按有关规定进行计算，并限制其边缘应力值。

**例题 3.1** 有一外径为 $\phi 219$ 的氧气瓶，最小壁厚为 $\delta = 6.5\text{mm}$，材质为 40Mn2A，工作压力为 15MPa，试求氧气瓶筒壁内的应力。

**解**：氧气瓶是属于圆筒形容器，气瓶筒身平均直径(中径)为：

$$D = D_o - \delta = 219 - 6.5 = 212.5\text{mm}$$

经(轴)向应力：

$$\sigma_\varphi = \frac{pD}{4\delta} = \frac{15 \times 212.5}{4 \times 6.5} = 122.6\text{MPa}$$

环(周)向应力：

$$\sigma_\theta = \frac{pD}{2\delta} = \frac{15 \times 212.5}{2 \times 6.5} = 245\text{MPa}$$

**例题 3.2** 有一圆筒形容器，两端为椭圆形封头，已知圆筒内直径 $D_i = 2000\text{mm}$，壁厚 $\delta = 20\text{mm}$，工作压力为 $p = 2\text{MPa}$。

①试求圆筒筒壁上的经向应力 $\sigma_\varphi$ 和环向应力 $\sigma_\theta$。

②如果椭圆封头长短轴之比分别为 2 和 $\sqrt{2}$，封头厚度为 20mm，分别确定封头上最大经向应力与环向应力值及最大应力所在的位置。

**解**：①圆筒筒壁上的应力

中径：
$$D = D_i + \delta = 2000 + 20 = 2020\text{mm}$$

经向应力：
$$\sigma_\varphi = \frac{pD}{4\delta} = \frac{2 \times 2020}{4 \times 20} = 50.5\text{MPa}$$

环向应力：
$$\sigma_\theta = \frac{pD}{2\delta} = \frac{2 \times 2020}{2 \times 20} = 101\text{MPa}$$

②求封头上最大应力

$$m = a/b = 2 \text{ 时}，a = 1010\text{mm}，b = 505\text{mm}$$

在 $x = 0$ 处

$$\sigma_\varphi = \sigma_\theta = \frac{pam}{2\delta} = \frac{2 \times 1010 \times 2}{2 \times 20} = 101\text{MPa}$$

在 $x = a$ 处

$$\sigma_\varphi = \frac{pa}{2\delta} = \frac{2 \times 1010}{2 \times 20} = 50.5\text{MPa}$$

$$\sigma_\theta = \frac{pa}{2\delta}(2 - m^2) = \frac{2 \times 1010}{2 \times 20}(2 - 4) = -101\text{MPa}$$

$m=\sqrt{2}$时，$a=1010\text{mm}$，$b=707\text{mm}$

在 $x=0$ 处

$$\sigma_{\varphi}=\sigma_{\theta}=\frac{pam}{2\delta}=\frac{20\times1010\times\sqrt{2}}{2\times20}=70.7\text{MPa}$$

在 $x=a$ 处

$$\sigma_{m}=\frac{pa}{2\delta}=\frac{20\times1010}{2\times20}=50.5\text{MPa}$$

$$\sigma_{\theta}=\frac{pa}{2\delta}(2-m^2)=0$$

**例题 3.3** 有一立式圆筒形储油罐，罐体内径为 $D_{\text{i}}=5000\text{mm}$，壁厚为 $\delta=3\text{mm}$，油的液面离罐底高 $H=18000\text{mm}$，油的重度为 $\gamma=7000\text{N/m}^3$，试求：

①当 $p_0=0$ 时，油罐筒体上的应力及最大应力。

②若 $p_0=0.1\text{MPa}$ 时，油罐筒体上的应力及最大应力。

**解：** 中径 $D=D_{\text{i}}+\delta=5000+3=5003\text{mm}$，因壁厚很薄，也可将内径近似看成中径，所得结果差别不大。

①$p_0=0$ 时，由于该储罐为底部支承，故 $\sigma_{\varphi}=0$

$$\sigma_{\theta\max}=\frac{\gamma HD}{2\delta}=\frac{7000\times18\times5000}{2\times3}=105\text{MPa}$$

②$p_0=0.1\text{MPa}$ 时，

$$\sigma_{\varphi}=\frac{p_0D}{4\delta}=\frac{0.1\times5000}{4\times3}=41.67\text{MPa}$$

$$\sigma_{\theta}=\frac{(p_0+\gamma x)D}{2\delta}=\frac{(0.1+7000x\times10^{-6})^5}{2\times3\times10^{-3}}=83.3+5.83x\text{MPa}$$

当 $x=H$，$\sigma_{\theta}=\sigma_{\theta\max}$

$$\sigma_{\theta\max}=83.3+5.83\times H=83.3+5.83\times18=188.2\text{MPa}$$

## 3.4 厚壁圆筒的应力分析

在过程工业中，由于一些压力容器与压力管道承受高温高压，一些设备和管道的壁厚较大，$K$ 值常大于 1.2，属于厚壁圆筒，如在合成氨、合成甲醇、合成尿素、油类加氢等工程中使用的容器和管道。

厚壁圆筒可以看作由多个同心的薄壁圆筒组成，但在承受压力载荷时不像独立的薄壁圆筒，变形是自由的，组成厚壁圆筒的每个薄壁圆筒的变形，既要受到内层圆筒的约束，又要受到外层圆筒的限制，变形不再自由。由于各层圆筒的变形受到的约束和限制不同，因此每个薄壁圆筒所受内、外侧压力也不同，造成应力沿壁厚的分布也不均匀；同时，在厚度方向的应力也不容忽略。因此，厚壁圆筒不仅有经向应力、周向应力，还要考虑径向应力，是三向应力状态。此外，随着壁厚增加，内、外壁间的温差加大，由此产生的热应力相应增大，因此，应考虑筒壁中的热应力。

## 3.4.1 厚壁圆筒弹性应力分析

对于薄壁圆筒，由于壳壁较薄，应力沿厚度均匀分布，可以根据微元平衡方程和区域平衡方程求得壳体中的应力。厚壁圆筒是三向应力状态，应力沿厚度非均匀分布，用薄壁壳体的方法不能求解其应力。

早在1833年，拉美(Lame)首次对厚壁圆筒进行应力分析(图3.11)，利用力的平衡方程、几何方程和物理方程三个方面的分析，得到了在内、外压力作用下厚壁圆筒弹性状态的三向应力表达式，即：

周向应力：
$$\sigma_\theta = \frac{p_i R_i^2 - p_o R_o^2}{R_o^2 - R_i^2} + \frac{(p_i - p_o) R_i^2 R_o^2}{R_o^2 - R_i^2} \frac{1}{r^2}$$

径向应力：
$$\sigma_r = \frac{p_i R_i^2 - p_o R_o^2}{R_o^2 - R_i^2} - \frac{(p_i - p_o) R_i^2 R_o^2}{R_o^2 - R_i^2} \frac{1}{r^2}$$

轴向应力：
$$\sigma_z = \frac{p_i R_i^2 - p_o R_o^2}{R_o^2 - R_i^2} \quad (3-12)$$

式中 $p_i$、$p_o$——内压力和外压力，MPa；

$R_i$、$R_o$——圆筒内半径和外半径，mm；

$r$——沿圆筒厚度任一半径，mm。

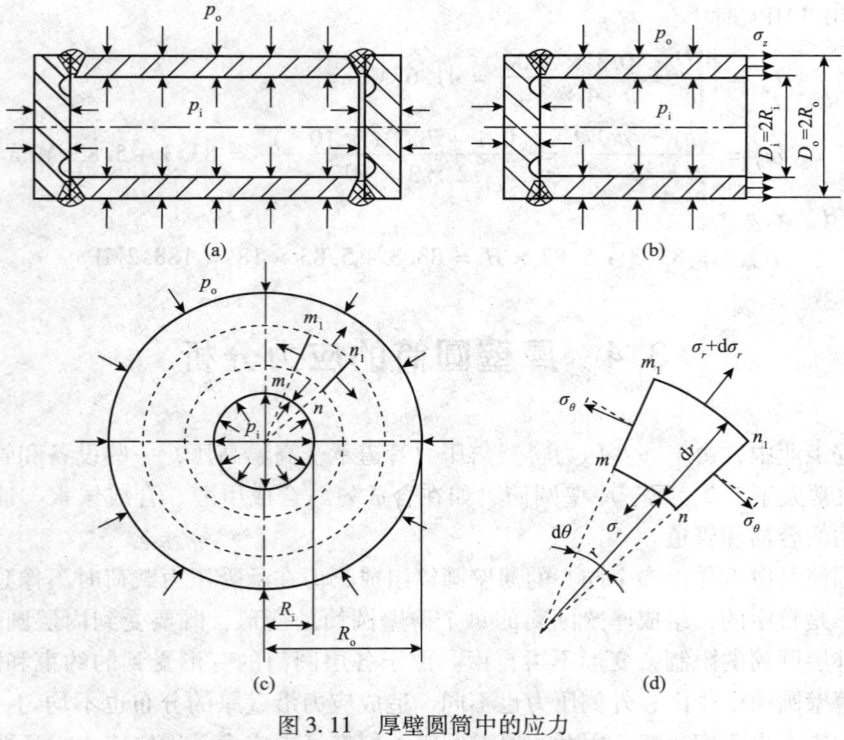


图3.11 厚壁圆筒中的应力

公式(3-11)就是著名的拉美公式。当仅有内压或仅有外压时，此公式可以简化，其应力表达式如表3.1所示；应力分布如图3.12所示。

表 3.1 厚壁圆筒的筒壁应力值

| 应力分析 \ 受力情况 / 位置 | 仅受内压 $p_o=0$ | | | 仅受外压 $p_i=0$ | | |
|---|---|---|---|---|---|---|
| | 任意半径 $r$ 处 | 内壁处 $r=R_i$ | 外壁处 $r=R_o$ | 任意半径 $r$ 处 | 内壁处 $r=R_i$ | 外壁处 $r=R_o$ |
| $\sigma_r$ | $\frac{p_i}{K^2-1}(1-\frac{R_o^2}{r^2})$ | 0 | $-p_i$ | $\frac{-p_oK^2}{K^2-1}(1-\frac{R_i^2}{r^2})$ | 0 | $-p_o$ |
| $\sigma_\theta$ | $\frac{p_i}{K^2-1}(1+\frac{R_o^2}{r^2})$ | $p_i(\frac{K^2+1}{K^2-1})$ | $p_i(\frac{2}{K^2-1})$ | $\frac{-p_oK^2}{K^2-1}(1+\frac{R_i^2}{r^2})$ | $-p_o(\frac{2K^2}{K^2-1})$ | $-p_o(\frac{K^2+1}{K^2-1})$ |
| $\sigma_z$ | $p_i(\frac{1}{K^2-1})$ | | | $-p_o(\frac{K^2}{K^2-1})$ | | |

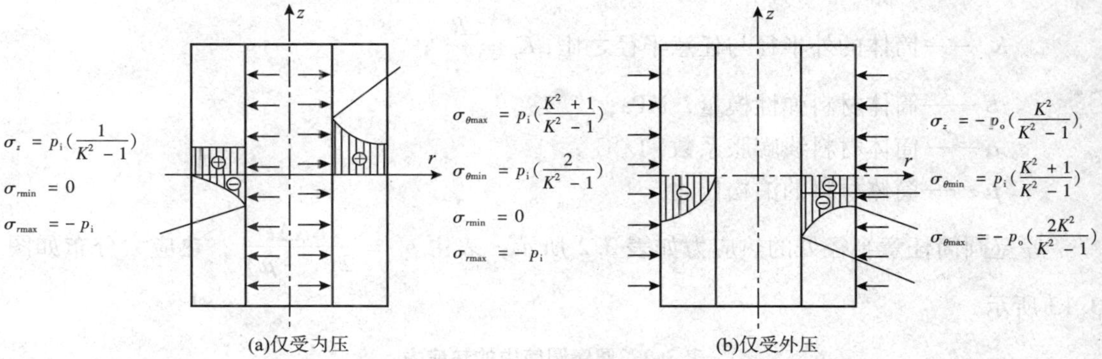


图 3.12 厚壁圆筒中的应力分布

在工程实际中，厚壁圆筒多承受内压，根据表 3.1 和图 3.12(a)可归纳内压作用下的厚壁圆筒的应力，具有如下特点：

(1)周向应力 $\sigma_\theta$、轴向应力 $\sigma_z$ 均为拉应力(正值)，径向应力 $\sigma_r$ 为压应力(负值)。

(2)周向应力 $\sigma_\theta$、径向应力 $\sigma_r$ 沿壁厚不均布，且内壁处有最大值；轴向应力 $\sigma_z$ 沿厚度均布(常量)，且为周向应力 $\sigma_\theta$ 和径向应力 $\sigma_r$ 之和的一半，即 $\sigma_z=\frac{\sigma_\theta+\sigma_r}{2}$。

(3)周向应力 $\sigma_\theta$、径向应力 $\sigma_r$ 沿壁厚不均匀程度与径比 $K$ 有关，$K$ 越大，不均匀程度越强。注意：当 $K=1.1$ 时，内、外壁应力只相差 10%；当 $K=1.3$ 时，内、外壁应力相差 35%。所以，一般规定 $K\leqslant 1.2$ 作为薄壁筒和厚壁筒的分界线。

(4)以绝对值大小而论，内壁面周向应力 $\sigma_\theta$ 为所有应力中之最大，设计校核要特别注意此应力。

## 3.4.2 厚壁圆筒的热应力分析

(1)热应力求解

求解厚壁圆筒中的热应力，先要确定筒壁中的温度分布，再根据平衡方程、几何方程和物理方程，结合边界条件来求解。当厚壁圆筒处于对称于中心轴且沿轴向不变的温度场时，稳态传热状态下，三向热应力的表达式(详细推导件见文献[7])如下：

周向热应力：$$\sigma_\theta^t = \frac{E\alpha\Delta t}{2(1-\mu)}\left(\frac{1-\ln K_r}{\ln K} - \frac{K_r^2+1}{K^2-1}\right)$$

径向热应力：$$\sigma_r^t = \frac{E\alpha\Delta t}{2(1-\mu)}\left(-\frac{\ln K_r}{\ln K} + \frac{K_r^2-1}{K^2-1}\right)$$

轴向热应力：$$\sigma_z^t = \frac{E\alpha\Delta t}{2(1-\mu)}\left(\frac{1-2\ln K_r}{\ln K} - \frac{2}{K^2-1}\right) \quad (3-13)$$

式中 $\Delta t$——筒体内、外壁的温差，$\Delta t = t_i - t_o$，℃；

$t_i$——筒体内壁面温度，℃；

$t_o$——筒体外壁面温度，℃；

$K$——筒体的外半径与内半径之比，$K = \frac{R_o}{R_i}$；

$K_r$——筒体的外半径与任意半径之比，$K_r = \frac{R_o}{r}$；

$E$——筒体材料弹性模量，MPa；

$\alpha$——筒体材料线膨胀系数，1/℃；

$\mu$——筒体材料的泊松比。

厚壁圆筒任意半径处的热应力如表 3.2 所示，表中 $p_t = \frac{E\alpha\Delta t}{2(1-\mu)}$；热应力分布如图 3.13 所示。

**表 3.2 厚壁圆筒中的热应力**

| 热应力 | 任意半径 $r$ 处 | 圆通内壁 $K_r = K$ 处 | 圆筒外壁 $K_r = 1$ 处 |
|---|---|---|---|
| $\sigma_r^t$ | $p_t(-\frac{\ln K_r}{\ln K} + \frac{K_r^2-1}{K^2-1})$ | 0 | 0 |
| $\sigma_\theta^t$ | $p_t(\frac{1-\ln K_r}{\ln K} - \frac{K_r^2+1}{K^2-1})$ | $p_t(\frac{1}{\ln K} - \frac{2K^2}{K^2-1})$ | $p_t(\frac{1}{\ln K} - \frac{2}{K^2-1})$ |
| $\sigma_z^t$ | $p_t(\frac{1-2\ln K_r}{\ln K} - \frac{2}{K^2-1})$ | $p_t(\frac{1}{\ln K} - \frac{2K^2}{K^2-1})$ | $p_t(\frac{1}{\ln K} - \frac{2}{K^2-1})$ |

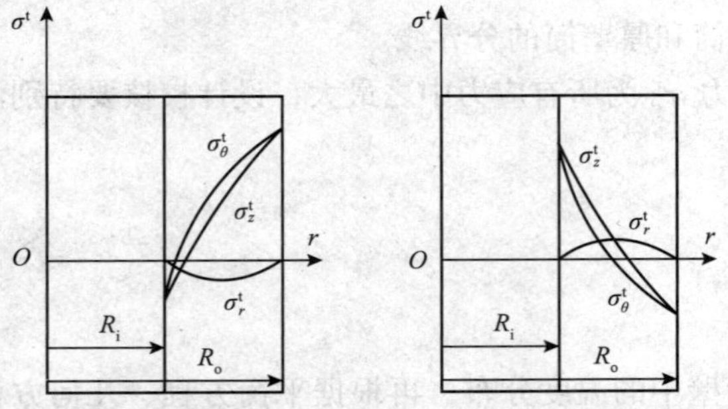


图 3.13 厚壁圆筒中的热应力分布

由表 3.2 和图 3.13 可见，厚壁圆筒中热应力及其分布有如下规律：

①热应力大小与筒体内、外壁温差 $\Delta t$ 成正比。温差取决于壁厚，径比 $K$ 值越大 $\Delta t$ 值也越大，表 3.2 中的 $p_t$ 值也越大。

②热应力沿筒体厚度是变化的。径向热应力 $\sigma_r^t$ 在内、外壁面处均为零，在各任意半径处的数值也很小，且内加热时为压应力，外加热时为拉应力。周向热应力 $\sigma_\theta^t$ 和轴向热应力 $\sigma_z^t$，在内加热时，外壁面

处拉应力最大，内壁面处为压应力；在外加热时，内壁面处拉应力最大，外壁面处为压应力。同时，内、外壁面的周向热应力 $\sigma_\theta^t$ 和轴向热应力 $\sigma_z^t$ 相等。

(2)内压与温差同时作用引起的弹性应力

在厚壁圆筒中，如果由内压引起的应力与温差引起的热应力同时存在，在弹性变形范围内筒壁的总应力为两种应力的叠加，即：

$$\sum\sigma_r = \sigma_r + \sigma_r^t,\ \sum\sigma_\theta = \sigma_\theta + \sigma_\theta^t,\ \sum\sigma_z = \sigma_z + \sigma_z^t \tag{3-14}$$

具体计算公式如表 3.3 所示；应力分布如图 3.14 所示。

**表 3.3　厚壁圆筒在内压与温差作用下的总应力**

| 总应力 | 圆筒内壁处 $r = R_i$ | 圆筒外壁处 $r = R_o$ |
|---|---|---|
| $\sum\sigma_r$ | $-p$ | 0 |
| $\sum\sigma_\theta$ | $(p - p_t)\dfrac{K^2+1}{K^2-1} + p_t\dfrac{1-\ln K}{\ln K}$ | $(p - p_t)\dfrac{2}{K^2-1} + p_t\dfrac{1}{\ln K}$ |
| $\sum\sigma_z$ | $(p - 2p_t)\dfrac{1}{K^2-1} + p_t\dfrac{1-2\ln K}{\ln K}$ | $(p - 2p_t)\dfrac{1}{K^2-1} + p_t\dfrac{1}{\ln K}$ |

由图 3.14 可见，内压内加热情况下内壁应力叠加后得到改善，而外壁面应力有所恶化；内压外加热时则相反，内壁面应力恶化，外壁面应力得到很大改善。

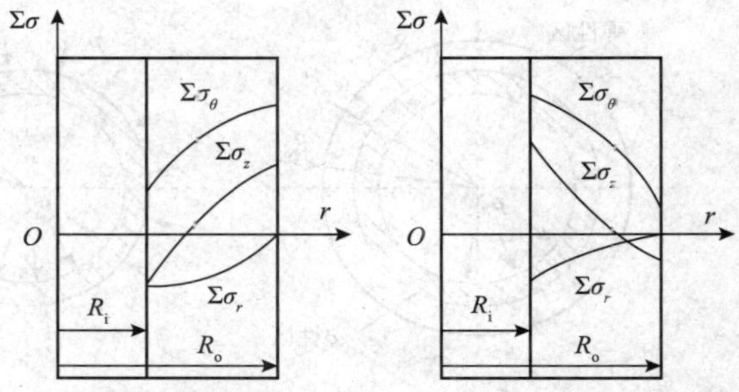

(a)内加热情况　(b)外加热情况

图 3.14　厚壁圆筒中的总应力分布

(3)热应力的特点

归纳热应力主要有如下特点：

①热应力随约束程度的增大而增大，由于材料的线膨胀系数、弹性模量等参数随温度变化而变化，热应力不仅与温度变化量有关，而且受初始温度的影响；

②热应力与零外载荷相平衡，即热应力不是由外载荷引起的，是由热变形受到约束引起的自平衡应力，在温度高处发生压缩变形，在温度低处发生拉伸变形，由于温度场不同，热应力可能在管道或容器的整体中出现，也可能只是在局部区域产生；

③热应力具有自限性，屈服流动或高温蠕变可使热应力降低或停止增长，对于塑性材料，热应力不会导致构件断裂，但如果热应力交变则可能导致构件发生疲劳失效或塑性变形积累。

总结厚壁圆筒与薄壁圆筒的应力分析，二者有如下区别：

①应力状态不同，薄壁圆筒是两向应力状态，厚壁圆筒是三向应力状态，径向应力不能忽略；

②沿壁厚应力分布状态不同，薄壁圆筒的两向膜应力是沿厚度均匀分布，从内壁面到外壁面应力值相等，厚壁圆筒的周向应力和径向应力沿壁厚方向不均布，有应力梯度；

③温差应力问题，薄壁圆筒不考虑温差产生的热应力，厚壁圆筒则考虑温差产生的热

应力；

④应力分析方法不同，薄壁圆筒通过力的微元平衡方程和区域平衡方程，求得壳体中的应力，厚壁圆筒则需要通过力的平衡方程、几何方程、物理方程三个方面的分析，才能求得壳体中的应力。

## 3.4.3 厚壁圆筒的弹塑性应力分析

通过弹性应力分析可知，对于承受内压的厚壁圆筒，随着内压的增大，内壁面材料先开始屈服，呈现塑性状态。若内压继续增加，则塑性层将向外扩展，从而在近内壁处形成塑性区，塑性区之外仍然为弹性区，塑性区与弹性区的交界面为一个与厚壁圆筒同心的圆柱面。可见，这时厚壁圆筒还没有失效，所以对弹塑性区域的应力进行分析，有着实际意义。

为了分析弹性区与塑性区的应力分布，从厚壁圆筒远离边缘处的筒体中取一由塑性区与弹性区组成的筒节的横截面，如图 3.15 所示。两区分界面的半径为 $R_c$，界面上的内压为 $p_c$（弹塑性区相互作用的径向应力）；则内层的塑性区承受外压 $p_c$、内压 $p_i$，而外层的弹性区外压为零，只承受内压 $p_c$。

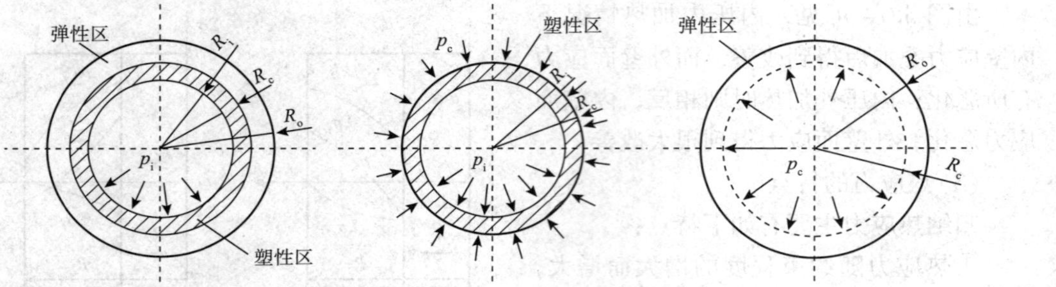


图 3.15　厚壁圆筒的弹塑性状态

(1) 屈服准则

在单向应力状态下，由拉伸试验可知，应力达到屈服点（$\sigma = \sigma_s$），材料由弹性进入塑性，表示该质点屈服。对于多向的复杂应力状态，必须同时考虑所有应力分量，来判断材料的质点屈服。在一定变形条件下，只有各个应力分量之间符合一定关系时，质点才进入塑性状态，这种一定关系即为屈服准则，也称屈服条件或塑性条件，它是指在复杂应力状态下材料开始进入屈服的条件，它的作用是控制塑性变形的开始阶段。用函数关系表示，满足式(3－15)时质点屈服：

$$\sigma_{eq} = \sigma_s \tag{3-15}$$

式中　$\sigma_{eq}$——与各个应力分量相关的应力函数，也称为当量应力；

$\sigma_s$——由试验获得的材料屈服强度。显然，当 $\sigma_{eq} < \sigma_s$ 时质点为弹性状态；当 $\sigma_{eq} \geqslant \sigma_s$ 时质点为塑性状态。

对于金属材料有两个屈服条件成立，即 Tresca 屈服条件和 Mises 屈服条件。按表 3.1 仅有内压时的应力大小次序为 $\sigma_\theta \geqslant \sigma_z \geqslant \sigma_r$，则式(3－15)可以写成用主应力表示的形式。

则对于厚壁圆筒有 Tresca 屈服条件为：

$$\sigma_\theta - \sigma_r = \sigma_s \tag{3-16}$$

厚壁圆筒的 Mises 屈服条件为：

$$\sigma_\theta - \sigma_r = \frac{2}{\sqrt{3}}\sigma_s \tag{3-17}$$

（2）弹塑性应力

利用式（3－16）、式（3－17）和表 3.1 的弹性应力表达式，可以导得弹性区和塑性区的应力计算式，详见表 3.4（推导过程见文献[10]）。

**表 3.4　厚壁圆筒弹塑性区的应力计算式（仅有内压）**

| 屈服失效判据 | 应力 | 塑性区（$R_i \leqslant r \leqslant R_c$） | 弹性区（$R_c \leqslant r \leqslant R_o$） |
|---|---|---|---|
| Mises | 径向应力 | $\frac{2}{\sqrt{3}}R_{eL}\ln\frac{r}{R_i} - p_i$ | $\frac{R_{eL}}{\sqrt{3}}\frac{R_c^2}{R_o^2}(1-\frac{R_o^2}{r^2})$ |
| | 周向应力 | $\frac{2}{\sqrt{3}}R_{eL}(1+\ln\frac{r}{R_i}) - p_i$ | $\frac{R_{eL}}{\sqrt{3}}\frac{R_c^2}{R_o^2}(1+\frac{R_o^2}{r^2})$ |
| | 轴向应力 | $\frac{R_{eL}}{\sqrt{3}}(1+2\ln\frac{r}{R_i}) - p_i$ | $\frac{R_{eL}}{\sqrt{3}}\frac{R_c^2}{R_o^2}$ |
| | $p_i$ 与 $R_c$ 关系 | $p_i = \frac{R_{eL}}{\sqrt{3}}(1-\frac{R_c^2}{R_o^2}+2\ln\frac{R_c}{R_i})$ | |
| Tresca | 径向应力 | $R_{eL}\ln\frac{r}{R_i} - p_i$ | $\frac{R_{eL}}{2}\frac{R_c^2}{R_o^2}(1-\frac{R_o^2}{r^2})$ |
| | 周向应力 | $R_{eL}(1+\ln\frac{r}{R_i}) - p_i$ | $\frac{R_{eL}}{2}\frac{R_c^2}{R_o^2}(1+\frac{R_o^2}{r^2})$ |
| | 轴向应力 | $R_{eL}(0.5+\ln\frac{r}{R_i}) - p_i$ | $\frac{R_{eL}}{2}\frac{R_c^2}{R_o^2}$ |
| | $p_i$ 与 $R_c$ 关系 | $p_i = R_{eL}(0.5-\frac{R_c^2}{2R_o^2}+\ln\frac{R_c}{R_i})$ | |

注：表 3.4 中 $R_{eL} = \sigma_s$，为材料的屈服强度。

### 3.4.4　屈服压力和爆破压力

（1）厚壁圆筒爆破过程

塑性较好的材料制造的厚壁圆筒壳体的爆破过程如图 3.16 所示。图中 $OA$ 线段为弹性变形阶段，壳体壁内应力较小，产生弹性变形，内压与容积变化量成正比；到 $A$ 点时壳体内表面开始屈服，与 $A$ 点对应的压力称为初始屈服压力 $p_s$。$AC$ 线段为弹塑性变形阶段，随着内压的提高，材料屈服区从内壁向外壁扩展，此时，一方面因塑性变形而使材料强化（材料的应变硬化现象）导致壳体承压能力提高，另一方面因厚度不断减薄而使承压能力下降；但材料强化作用大于厚度减薄作用，到达 $C$ 点时两种作用已经接近，则 $C$ 点对应的压力是壳体所能承受的最大压力，称为塑性垮塌压力。$CD$ 线段为爆破阶段，壳体容积突然急剧增大，使壳体继续膨胀所需的压力相应减小，压力降低到 $D$ 点壳体爆破，$D$ 点对应的压力即为爆破压力 $p_b$。

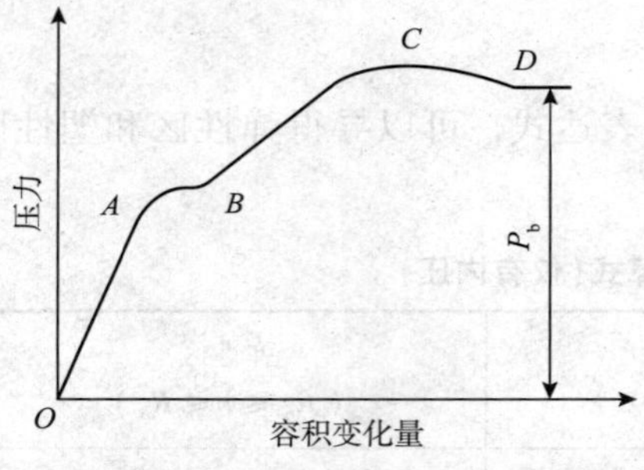


图 3.16　厚壁圆筒爆破过程曲线

(2)初始屈服压力

对于承受内压的厚壁圆筒，有 $\sigma_1 = \sigma_\theta$，$\sigma_3 = \sigma_r$，则将表 3.1 中的应力计算式代入式(3-15)，并令 $p_i = p_s$，可得到基于 Tresca 屈服条件的圆筒初始屈服压力为：

$$p_s = \sigma_s \frac{K^2 - 1}{2K^2} \tag{3-18a}$$

同理，可得基于 Mises 屈服条件的圆筒初始屈服压力为：

$$p_s = \sigma_s \frac{K^2 - 1}{\sqrt{3}K^2} \tag{3-18b}$$

(3)全屈服压力

对于承受内压的厚壁圆筒，当筒体壁达到从内壁到外壁的整体屈服状态时所承受的压力，称为圆筒的全屈服压力，用 $p_{so}$ 表示。

根据表 3.4 中 $p_i$ 与 $R_c$ 的关系式，令 $R_c = R_o$，$p_i = p_{so}$，可得到基于 Tresca 屈服条件的圆筒全屈服压力为：

$$p_{so} = \sigma_s \ln K \tag{3-19a}$$

基于 Mises 屈服条件的圆筒全屈服压力为：

$$p_{so} = \frac{2}{\sqrt{3}}\sigma_s \ln K \tag{3-19b}$$

(4)爆破压力

厚壁圆筒爆破压力的计算公式较多，但与试验值接近的、最具有代表性的是福贝尔(Faupel)公式。Faupel 对碳素钢、低合金钢、不锈钢及铝青铜等材料制成的厚壁圆筒进行爆破试验，发现爆破压力随材料的屈强比呈线性规律变化。于是归纳出爆破压力计算公式为：

$$p_b = \frac{2}{\sqrt{3}}\sigma_s \ln K\left(2 - \frac{\sigma_s}{\sigma_b}\right) \tag{3-20}$$

Faupel 公式形式简单，计算方便，很多国家标准中都把它作为厚壁圆筒强度设计的基本公式。

## 思考题

1. 如何区分薄壁圆筒和厚壁圆筒？
2. 什么是无力矩理论？其适用条件是什么？

3. 薄壁圆筒的两向膜应力有什么特点？
4. 边缘应力有什么特性？
5. 厚壁圆筒中的应力有什么特点？
6. 厚壁圆筒与薄壁圆筒的应力分析有什么不同？
7. 什么是初始屈服和全屈服？

## 习题

计算下列各种承受气体均匀内压作用的薄壁回转壳体上诸点的薄膜应力$\sigma_\varphi$和$\sigma_\theta$。

A 组：

(1)球壳上任一点。已知：$p=2$MPa，$D=1000$mm，$\delta=10$mm，$a=30°$。

(2)圆锥壳二之 $A$ 点和 $B$ 点。已知：$p=0.5$MPa，$D=1000$mm，$\delta=10$mm，$a=30°$。

(3)椭球壳上之 $A$、$B$、$C$ 点。已知：$p=1$MPa，$a=1000$mm，$b=500$mm，$\delta=10$mm，$B$ 点处坐标 $x=600$mm。

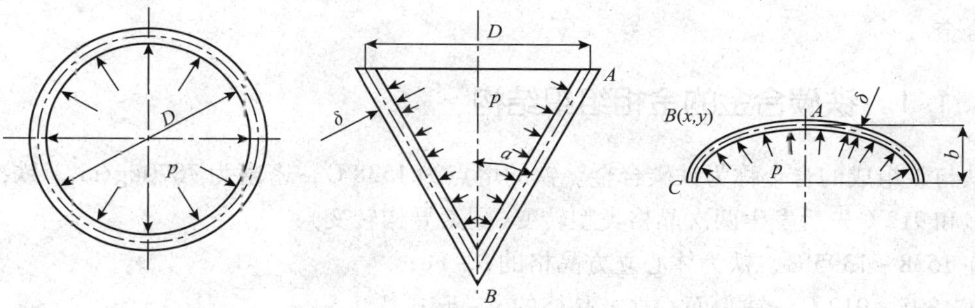


B 组：

(1)圆柱壳上任一点。已知：$p=1$MPa，$D=2000$mm，$\delta=10$mm。

(2)两端开口的柱壳，内表面承受轴对称线性载荷，顶端最大载荷强度为 $q_\theta$，求 $A$ 点的薄膜应力$\sigma_\theta$ 和$\sigma_\varphi$。已知：$H=1000$mm，$y=600$mm，$\delta=10$mm，$q_\theta=1$MPa。

(3)碟形壳上之 $A$、$B$、$C$ 点。已知：$D=1000$mm，$R=1000$mm，$r_1=150$mm，$\varphi=60°$，$\delta=10$mm，$p=1$MPa。

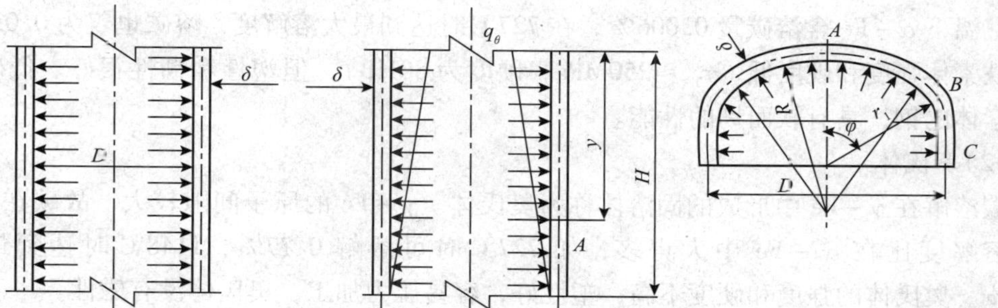

# 4 压力容器与压力管道材料基础

## 4.1 压力容器与压力管道常用材料

压力容器与压力管道材料的种类很多，主要有金属材料和非金属材料。金属材料包括钢、铸铁、有色金属及其合金等。其中，钢和铸铁是工程中应用最广泛、最重要的材料，它们是由95%以上的铁和0.05%～4%的碳及1%左右的杂质元素所组成的合金，也称为铁碳合金。

### 4.1.1 铁碳合金的金相组织结构

铁与碳组成的合金称为铁碳合金。铁的熔点为1538℃，密度为7870kg/m$^3$。铁冷却到1395℃和912℃先后发生两次晶格类型转变(同素异构转变)：

在1538～1395℃，铁为体心立方晶格的$\delta-Fe$；

在1395～912℃，铁为面心立方晶格的$\gamma-Fe$；

低于912℃时，铁为体心立方晶格的$\alpha-Fe$。

碳对铁碳合金的性能影响很大，铁中加入少量碳，强度显著增加。碳在铁碳合金中的存在形式有三种：碳溶解在铁的晶格中形成固溶体；碳与铁形成化合物($Fe_3C$)；碳以石墨状态单独存在。铁碳合金的基本金相组织有铁素体、奥氏体、渗碳体、珠光体和莱氏体等。

(1)铁素体

碳溶解在$\alpha-Fe$中形成的固溶体称为铁素体。$\alpha-Fe$原子间隙小，因而溶碳能力很差，室温下$\alpha-Fe$含溶碳量0.006%，在727℃时达到最大溶解度，溶碳也仅为0.0218%。所以铁素体强度和硬度低($\sigma_b \approx 250$MPa，硬度为80HB)，但塑性和韧性很好。低碳钢是含铁素体的钢，具有软而韧的性能。

(2)奥氏体

碳溶解在$\gamma-Fe$中形成的固溶体称为奥氏体。$\gamma-Fe$的原子间隙较大，故碳在$\gamma-Fe$中的溶解度比在$\alpha-Fe$中大得多，如727℃时可溶解0.77%，1148℃时达到最大值2.11%。奥氏体的强度和硬度不高，塑性好，容易压力加工。奥氏体没有磁性。

(3)渗碳体

铁和碳形成的化合物$Fe_3C$称为渗碳体。渗碳体的含碳量为6.69%，硬度很高(约800HB)，极脆，塑性几乎为零。因而渗碳体本身无法应用，但在塑性很好的铁素体基体上散布着这些硬度很高的微粒时，将大大提高钢的强度。

铁碳合金中，当碳的含量小于2.11%时，其组织是在铁素体中散布渗碳体，这就是碳素钢；当碳的含量大于2.11%时，部分碳就以石墨形式存在于铁碳合金中，这就是铸铁。石墨本身性软，强度低。从强度的观点来看，分布在铸铁中的石墨，相当于在合金中挖了许多孔洞，因而铸铁的抗拉强度和塑性都比钢低，但石墨的存在，并不削弱抗压强度，并使铸铁具有一定的消振能力，除此之外，石墨还可使铸铁的流动性增加，收缩性降低，有利于浇铸形状复杂的铸件。

(4)珠光体

铁素体和渗碳体构成的机械混合物称为珠光体。碳素钢中珠光体组织的平均含碳量约为0.8%。珠光体的力学性能介于铁素体和渗碳体之间，即强度、硬度比铁素体显著提高，塑性、韧性比铁素体差，但比渗碳体高得多，综合力学性能较好。

(5)莱氏体

具有特定比例的奥氏体和渗碳体构成的共晶混合物称为莱氏体。由于莱氏体中含有大量的渗碳体，所以硬度高，但很脆，主要存在于高碳钢和白口铁中。

(6)马氏体

钢从高温奥氏体状态急冷(淬火)生成的一种组织称为马氏体。硬度很高，很脆，延展性很低。同时，马氏体由于过饱和，所以不稳定，加热后容易分解或转变为其他组织。

在铁碳合金中，一般含碳量在0.02%～2.11%者称为钢，大于2.11%者称为铸铁。含碳量小于0.02%时称为工业纯铁，强度、硬度很低；含碳量大于4.3%的铸铁极脆，因此这两种铁在工程实际中很少应用。

### 4.1.2 铸铁

工业上常用的铸铁为含碳量约2%～4.5%的铁碳合金，另外，还含有硫、磷和锰、硅等杂质。铸铁是一种脆性材料，抗拉强度较低，但是有优良的铸造性、减振性、耐磨性和切削加工性。铸铁生产工艺和熔化设备简单，成本低廉，因此在工业中得到普遍应用。许多管道组成件，如管件、阀门的阀体等都是由铸铁材料制成。

工业铸铁有以下几种。

(1)白口铸铁

碳全部以渗碳体形式存在的铸铁称白口铸铁，断口呈银白色。这种铸铁组织中含有大量渗碳体和莱氏体共晶，因而其性能既硬又脆，所以不宜用作结构材料，一般都用作炼钢原料。

(2)灰口铸铁

碳全部或大部分以石墨形式存在的铸铁，称作灰口铸铁，其断口呈灰暗色。生产中多用来铸造各种机械零件。它的抗压强度较大，但抗拉强度、冲击韧性很低，不适于制造承受弯曲、拉伸、剪切和冲击载荷的零件。灰铸铁的耐磨性、耐蚀性好，同时具有良好的铸造性、减振性，可用来铸造承受压力、要求消振、耐磨的零件，如管道支架、阀体、泵体、机座、管路附件等。常用灰口铸铁牌号有HT100、HT150、HT200、HT250、HT300、HT350等。“HT”表示“灰铁”的汉语拼音首字母，数字表示其最低抗拉强度$\sigma_b$值(MPa)。

(3)可锻铸铁

它是由一定成分的白口铸铁经石墨化退火后形成。其中的碳全部或大部以团絮状石墨形式存在于铸铁中。它又称韧性铸铁。可锻铸铁实际上并不可锻，只不过具有一定塑性而已。与灰铸铁相比有较好的塑性和韧性，又比钢具有更好的铸造性能，常用于截面较薄而形状复杂的轮壳、管接头等。

采用不同的退火工艺，可以获得铁素体和珠光体两种不同基体的可锻铸铁。前者称为黑心可锻铸铁，主要特点是塑性好；后者称为珠光体可锻铸铁，与铁素体可锻铸铁相比，具有更高的硬度，但塑性、韧性较差。

可锻铸铁的牌号以种类代号(KTH，KTZ)加两组数字表示，KT、H 和 Z 分别为“可铁”“黑”和“珠”的汉语拼音首字母，数字表示其最低抗拉强度 $\sigma_b$ 值(MPa)。例如，KTH350－10 表示强度极限 $\sigma_b = 350MPa$ 的黑心可锻铸铁。

(4)球墨铸铁

合金中加入少量球化剂(如 Mg、Ca 和稀土元素等)和石墨化剂，使碳元素呈球状。它在强度、塑性和韧性方面大大超过灰铸铁，甚至接近于钢，仍具有灰铸铁的许多优点，如铸造性、耐磨性、切削工艺性好等，是目前最好的铸铁，但价格低于钢。由于球墨铸铁兼有普通铸铁和钢的优点，因而过去用碳钢和合金钢制造的重要零件，如曲轴、连杆、主轴、中压阀门等，目前不少改用球墨铸铁制造。球墨铸铁的牌号由“QT”加两组数字组成，如 QT400－17、QT700－02 等。QT 为“球铁”的汉语拼音首字母，后面数字的意义与可锻铸铁相同。

### 4.1.3 碳素结构钢

碳素结构钢又称碳钢，是含碳量 0.02%～2.11% 的铁碳合金。按含碳量多少，碳素钢可分为低碳钢(<0.25%)、中碳钢(≤0.25～0.6%)、高碳钢(>0.6%)。除碳以外，碳素钢中还含有少量的硫(S)、磷(P)、硅(Si)、氧(O)、氮(N)等，这些元素并非为改善钢材的质量有意加入的，而是由矿石及其冶炼过程中带入的，故称为杂质元素。这些杂质元素对钢的性能有一定的影响，如硫在钢中与铁化合形成硫化亚铁(FeS)，其熔点低(985℃)，使钢在热加工过程中容易开裂，产生“热脆”现象；而磷可引起钢材塑性、冲击韧性的明显降低，尤其在低温下，能使钢材显著变脆，发生“冷脆”现象。因此，为保证钢材质量，必须严格控制各类钢中的杂质含量。通常，按钢中有害元素硫、磷含量的多少，把碳素钢分为普通碳素钢、优质碳素钢、锅炉和压力容器与压力管道专用钢。

(1)普通碳素结构钢

普通碳素结构钢的牌号由代表钢的屈服强度的字母 Q(屈的拼音首字母)、屈服强度值(单位为 MPa)、质量等级符号(A、B、C、D)、脱氧方法符号四个部分顺序组成。屈服强度有四个级别：Q195、Q215、Q235、Q275。其中 Q235 具有良好塑性、韧性和加工工艺性，且价格便宜，在过程设备和压力管道中应用较为广泛。质量等级按碳、硫、磷含量的控制范围、脱氧程度、允许使用的最低温度以及是否提供 $A_{KV}$ 值划分为 A、B、C、D 四级，D 级质量最高，A 级最低。常用牌号如 Q235A、Q235B 等系列板材。脱氧程度以沸腾钢

(F)最差，半镇静钢(B)次之，镇静钢(Z)和特殊镇静钢(TZ)脱氧最完全。普通碳素钢的牌号、化学成分、力学性能见 GB/T 700—2006《碳素结构钢》。

(2)优质碳素结构钢

优质碳素结构钢既保证化学成分，又保证力学性能，含硫、磷杂质元素较少，都是镇静钢，均匀性及表面质量都比较好。优质碳素钢的钢号、化学成分、力学及工艺性能可参考标准 GB/T 699—2015《优质碳素结构钢》。优质碳素结构钢的牌号用两位数字表示。钢号顺序为 08、10、15、20、25(以上为优质低碳钢)，30、35、40、45、50、55(以上为优质中碳钢)，60、65、70、80(优质高碳钢)。钢号数字表示钢中平均含碳量的万分数，如 45 钢表示钢中含碳量平均为 0.45%。

(3)锅炉和压力容器与压力管道专用钢

在锅炉和压力容器与压力管道制造行业，为提高产品质量，保证设备与管道的安全性，经常选用锅炉和压力容器与压力管道专用钢。锅炉和压力容器与压力管道专用钢的化学成分、力学性能等要求，都已标准化、系列化，如相关标准有：GB 3087—2008《低中压锅炉用无缝钢管》、GB/T 5310—2017《高压锅炉用无缝钢管》、GB 6479—2013《高压化肥设备用无缝钢管》、GB/T 9711—2017《石油天然气工业 管线输送系统用钢管》、GB 9948—2013《石油裂化用无缝钢管》、GB 713—2014《锅炉和压力容器用钢板》、GB 19189—2011《压力容器用调质高强度钢板》等。

## 4.1.4 合金结构钢

工业的发展与进步对材料提出了更高的要求，碳钢的使用受到一定限制，主要表现为三方面：一是碳钢强度较低，用它制造的高负荷的零件尺寸往往很大，同时碳钢的屈强比较低，材料的潜力不能充分发挥；二是碳钢的耐蚀性差，限制了其在许多介质中的应用；三是碳钢的使用范围较窄，无法满足某些工艺过程提出的高温或低温要求。为提高或改善钢的某些性能，炼钢时向钢中加入一些合金元素，这样获得的钢称为合金结构钢，简称合金钢。

### 4.1.4.1 低合金高强度结构钢

曾称为普通低合金钢、低合金结构钢，是低碳低合金钢，简称低合金钢。低合金钢含碳量通常小于 0.25%，合金总含量小于 5%。与碳钢相比，低合金钢具有较高的屈服强度(300 ~ 1000MPa)和屈强比(0.65 ~ 0.95)。同时，低合金钢还具有优良的韧性、焊接性能、成形性能和耐腐蚀性能。采用低合金钢，不仅可以减小容器和管道的厚度，减轻重量，节约钢材，而且能解决大型压力容器和压力管道在制造、安装、检验、运输、安装中因厚度太大带来的各种困难。

低合金钢的钢号是以碳含量的万分数的数字为首，后边依次写出所溶入合金元素的符号及每种元素含量的百分数，合金元素后面的数字表示该元素的近似含量百分数，如果合金元素平均质量分数低于 1.5% 时，通常不标明其含量；当平均质量分数大于等于 1.5% ~ 2.49% 时，则在元素后面标“2”，依此类推。如 35CrMo，35 表示钢的含碳量平均为万分之 35(或 0.35%)，含 Cr、Mo 在 1.5% 以下。也有少数专门用途的低合金钢钢板以

“Q”字母为首类似普通碳素结构钢来表示少量低合金钢钢号，如 Q345R。

压力容器与压力管道常用的低合金钢，包括专用钢板 Q345R、15CrMoR、16MnDR、15MnNiDR、09MnNiDR 等；钢管 16Mn、09MnD；锻件 16Mn、20MnMo、16MnD、09MnNiD、12Cr2Mo1 等。符号 R 表示容器用钢，D 表示低温用钢。

Q345R 是屈服强度为 340MPa 级的压力容器专用钢板，也是我国压力容器行业使用量最大的钢板，具有良好的综合力学性能和制造工艺性能，主要用于制造中低压容器和多层高压容器及大直径压力管道。

16MnDR、15MnNiDR 和 09MnNiDR 三种钢板是工作在 -20℃ 及更低温度的压力容器和压力管道专用钢板，即低温压力容器用钢。16MnDR 是制造 -40℃ 压力容器的经济而成熟的钢板，可用于制造液氨储罐等设备与管道；15MnNiDR 常用于制造 -40℃ 低温球形容器；09MnNiDR 是一种 -70℃ 级低温压力容器与压力管道用钢，可制造液丙烯（-47.7℃）、液硫化氢（-61℃）等设备和管道。

15CrMoR 属低合金热强钢，是中温抗氢钢板，常用于制造温度不超过 550℃ 的压力容器和压力管道。

20MnMo 锻件有良好的热加工和焊接工艺性能，常用于制造使用温度为 -19～470℃ 的重要大中型锻件。

09MnNiD 锻件有优良的低温韧性，用于制造使用温度为 -70～-45℃ 的低温容器。

12Cr2Mo1 锻件及其加钒的改进型锻件（如 2.25Cr-1Mo-0.25V）具有较高的热强抗氧化性和良好的焊接性能，常用于制造高温（350～480℃）、高压（约 25MPa）、临氢压力容器和压力管道，如大型煤液化装置和热壁加氢反应器。

#### 4.1.4.2 高合金钢

合金元素含量 >10% 的合金钢称为高合金钢。在压力容器和压力管道中使用的高合金钢主要是指不锈钢和耐热钢。

（1）不锈钢

不锈钢是不锈耐酸钢的简称，包括不锈钢和耐酸钢两类。在空气中能抵抗腐蚀的钢叫不锈钢；在酸、碱、盐等溶液和其他腐蚀介质中能抵抗腐蚀的钢叫耐酸钢。不锈钢以耐蚀为主要特性，且铬含量至少为 10.5%，碳含量最大不超过 1.2%。根据不锈钢的组织类型，分为奥氏体型不锈钢、奥氏体-铁素体（双相）型不锈钢、铁素体型不锈钢、马氏体型不锈钢、沉淀硬化型不锈钢五种类型。

奥氏体型不锈钢，主要合金元素为铬和镍，其次有钛、钼、氮、锰等。具有稳定的奥氏体组织，加热无相变，无铁磁性。这类钢韧性高，脆性转变温度低，具有良好的耐蚀性和高温强度，具有较好的抗氧化性、良好的压力加工和焊接性能。但屈服强度较低，且不能采用热处理方法强化。奥氏体不锈钢代表牌号有：06Cr19Ni10（统一数字代号为 S30408）、022Cr19Ni10（代号为 S30403）、06Cr17Ni12Mo2（代号为 S31608）、022Cr17Ni12Mo2（代号为 S31603）等。

铁素体型不锈钢，主要合金元素为铬，其含量通常大于等于 13%，不含镍，有些钢种还添加钼、钛等。加热时无相变，且存在加热晶粒长大不可逆性，不能用热处理方法改变。高铬铁素体型不锈钢存在475℃和$\sigma$相析出产生的脆性，可用加热到550℃或800℃以上然后快冷加以消除。这类钢具有良好的抗氧化性介质腐蚀的能力，并具有良好的热加工性及一定的冷加工性能。但缺口敏感性和脆性转变温度较高，加热后对晶间腐蚀也较为敏感。铁素体型不锈钢代表牌号有：06Cr13（代号为S11306）、06Cr13Al（代号为S11348）、019Cr19Mo2NbTi（代号为S11972）等。

奥氏体－铁素体型不锈钢（简称双相不锈钢），是在18－8型奥氏体不锈钢的基础上添加更多的铬、钼和硅元素，或降低含碳量制成。其屈服强度为奥氏体不锈钢的2倍。可焊性良好，韧性较高，应力腐蚀、晶间腐蚀及焊接热裂纹倾向均较奥氏体型钢小。双相不锈钢代表牌号有：022Cr19Ni5Mo3Si2N（代号为S21953）、022Cr22Ni5Mo3N（代号为S22253）、022Cr23Ni5Mo3N（代号为S22053）等。

马氏体型不锈钢，主要合金元素也是铬，其含量为13%以上，含碳量较高，热处理时有相变，可采用热处理方法强化。钢在淬火回火状态下使用，有较高的强度、硬度和耐磨性。一般用作刀具类产品。

（2）耐热钢

普通碳钢的机械强度在350℃以上有极大的下降，而在570℃以上又会发生显著的氧化，为适应现代高温高压技术发展的需要，所以产生了耐热钢。耐热钢是在高温下具有良好的化学稳定性或较高强度的合金钢。所谓耐热性是包括热安定性和抗热性的一个综合概念。热安定性是指金属对高温气体（氧气、硫化氢、二氧化硫、氢气）腐蚀的抵抗能力。抗热性是指金属在高温下对机械载荷的抵抗能力。

提高钢的热安定性的途径是在钢中加入铬、铝、硅等元素，这些合金元素在高温含氧气条件下在钢表面生成一层氧化物膜（$Cr_2O_3$、$Al_2O_3$、$SiO_2$），该膜阻止金属铁原子与高温腐蚀性气体的接触，从而提高钢材耐高温气体腐蚀的能力。

为了增加钢的高温强度，可在钢中加入镍、锰、铝、铬、钨、钒等元素。其中的镍或锰可使钢材保持具有较高的再结晶温度的奥氏体组织结构，而铝、钨、钒等元素均可与钢中的碳形成比碳化铁稳定的碳化物，这些碳化物分散度很大，硬度极高，从而延缓或阻止了蠕变的进行，使钢材获得较高的高温强度。

许多不锈钢同时也兼为耐热钢，如S30408、S30403、S31608等。不锈钢和耐热钢的牌号及化学成分可参见GB/T 20878—2007《不锈钢和耐热钢　牌号及化学成分》。

### 4.1.5　有色金属

通常把非铁金属及其合金称为有色金属及其合金。有色金属与黑色金属比较，具有重量轻、耐蚀性好、强度较低、冶炼困难、价格高等特点。但由于它们具有某些特殊的性能，例如良好的导电性、导热性，密度小，熔点高，低温韧性好，在空气、海水以及一些酸、碱介质中耐腐蚀等，以及良好的工艺性和一定的力学性能等，有色金属是现代工业生产中不可缺少的材料。压力容器与压力管道常用的有色金属有铜及铜合金、铝及铝合金、镍及镍合金、钛及钛合金等。

#### 4.1.5.1 铜及铜合金

(1)纯铜

纯铜颜色为玫瑰红，表面形成氧化膜后外观呈紫红色，故又称紫铜。纯铜的密度为 8.94g/cm$^3$，熔点 1083℃。纯铜有良好的导电、导热和耐蚀性，同时具有良好的塑性，并且在低温时可保持较高的塑性和冲击韧性，广泛用于制作深冷设备、管道和高压设备的垫片。

铜耐稀硫酸、亚硫酸、稀的和中等浓度的盐酸、醋酸、氢氟酸及其他非氧化性酸等介质的腐蚀，对淡水、大气、碱类溶液的耐蚀能力很好。铜不耐各种浓度的硝酸、氨和铵盐溶液。在氨和铵盐溶液中，会形成可溶性的铜氨离子$[Cu(NH_4)_2]^{2+}$，故不耐腐蚀。所以在氨生产中使用的管道、仪表、泵、阀门等均不能用铜制造。

纯铜的牌号有 T1、T2、T3、TU1、TU2、TP1、TP2 等，后面的数字越大，表示纯度越低。其中 T1、T2 是高纯度铜，用于制造电线，配制高纯度合金；T3 主要用于一般材料，如垫片、铆钉等；TU1、TU2 为无氧铜，纯度高，主要用作真空器件；TP1、TP2 为磷脱氧铜，多以管材供应，主要用于冷凝器、蒸发器、换热器等热交换器的换热管等。

(2)铜合金

纯铜的塑性好但强度低，很少用于制造结构零件，常加入其他元素制成铜合金，以提高力学性能。铜合金是指以铜为基体加入其他元素所组成的合金。铜合金可分为黄铜、白铜、青铜三大类。

黄铜是铜与锌的合金。其铸造性能良好，力学性能比纯铜高，耐蚀性能与纯铜相似，在大气中耐腐蚀性比纯铜好，价格便宜，在化工上应用较广。黄铜的力学性能取决于含锌量，当含锌量达到约 30% 时，塑性达到最高值；含锌量小于 30% 时，强度和塑性都随着含锌量的增加而提高；含锌量大于 30% 时，随含锌量的增加，强度继续提高，而塑性降低；当含锌量约为 45% 时，黄铜的强度最高；含锌量大于 45% 时，强度与塑性都急剧下降。常用的普通黄铜牌号有 H80、H68、H62 等，其中 H 为黄的汉语拼音首字首，两位数字表示合金内铜平均含量的百分数。H80 在大气、淡水及海水中有较高的耐腐蚀性，加工性能优良，可作薄壁管和波纹管。H68 塑性好，可在常温下冲压成形，做容器的零件，如散热器外壳导管等。H62 在室温下塑性较差，但有较高的机械强度，易焊接，价格低廉，可做深冷设备的筒体、管板、法兰及螺母等。在铜锌合金中再加入铝、铅、锰、锡等元素，这类黄铜称为特殊黄铜。特殊黄铜具有更好的力学性能、耐蚀性和耐磨性。特殊黄铜的牌号与普通黄铜类似，但标出主要添加元素的符号和百分数，如锡黄铜 HSn70 - 1，表示含铜量 70%、含锡量 1% 及含锌量 29% 的锡黄铜，能提高在海水中的耐蚀性，由于它首先应用于舰船，故又称海军黄铜(简称海军铜)。

白铜是以铜为基、镍为主要合金元素的铜合金。镍的质量分数低于 50% 的铜镍合金称为简单(普通)白铜。再加入锰、铁、锌或铝等元素的白铜称为复杂(特殊)白铜。白铜是工业铜合金中耐腐蚀性能最优者，抗冲击腐蚀、应力腐蚀性能亦良好，是海水冷凝管的理想材料。白铜的牌号与黄铜类似，字首为“B”，后面跟主添元素符号，如 BFe30 - 1 - 1 就是含 30% Ni、1% Fe，1% Mn 的铁白铜。在众多的白铜中，化工生产使用较多的是 B30、BFe30 - 1 - 1、BFe10 - 1 - 1，主要用作冷凝器、热交换器的传热管及各种耐蚀零件。

青铜是指除黄铜、白铜之外的铜合金。根据添加元素不同，有多种青铜。铜与锡的合金称为锡青铜，它是最古老且应用较广的青铜；铜与铝、硅、铅、铍、锰等组成的合金称无锡青铜。锡青铜主要用来铸造耐腐蚀和耐磨零件，如泵壳、阀门、轴承、蜗轮、齿轮、旋塞等。无锡青铜（如铝青铜）的力学性能比黄铜、锡青铜好。其具有耐磨、耐蚀特点，无铁磁性，冲击时不生成火花，主要用于加工成板材、带材、棒材和线材。

#### 4.1.5.2 铝及铝合金

铝是一种银白色的轻金属，密度小（$2.7g/cm^3$），约为铁的三分之一。其导电性、导热性能好，仅次于金、银和铜；塑性好、强度低，可进行各种压力加工，并可进行焊接和切削。

铝在氧化性介质中易形成 $Al_2O_3$ 保护膜，因此在干燥或潮湿的大气中，在氧化剂的盐溶液中，在浓硝酸以及干氯化氢、氨气中，都是耐腐蚀的。但含有卤素离子的盐类、氢氟酸以及碱溶液都会破坏铝表面的氧化膜，所以铝不宜在这些介质中使用。

铝在过程工业生产中有许多特殊用途。如铝不会产生火花，故常用于制作含易挥发性介质的容器；铝不会使食物中毒，不玷污物品，不改变物品颜色，因此，在食品工业中可代替不锈钢制造有关设备。铝的导热性能好，适合于制造换热设备。

铝合金种类较多，根据其成分和工艺特点可分为形变铝合金和铸造铝合金两类。

①形变铝及铝合金。其新牌号有两种情况：一种是采用四位阿拉伯数字或在四位阿拉伯数字后面加一个英文字母 A 组成的；另一种是采用国际四位字符体系牌号的编号方法，即“一位数字 + 字母 + 两位数字”，其中第一位数字表示铝及铝合金的组别，字母表示纯铝或铝合金的改型情况，如字母为“A”，则表示为原始纯铝或原始铝合金，如果字母为“B ~ Y”，则表示已改型，牌号最后的两位数字表示铝的纯度，数字越小，杂质含量越高。按主要性能特点，形变铝及铝合金分为工业纯铝、防锈铝、硬铝、超硬铝和锻铝等几类。用于过程装备的主要是工业纯铝、防锈铝。

②工业纯铝。其含铝量不小于 99.0%。工业高纯铝，可用来制造对耐腐蚀要求较高的浓硝酸设备，如高压釜、槽车、储槽、阀门、泵及其管道等。工业纯铝，牌号如 8A06，用于制造含硫石油工业设备、橡胶硫化设备及含硫药剂生产设备，同时也大量用于食品工业和制药工业中要求耐腐蚀、防污染而不要求强度的设备，例如反应器、热交换器、深冷设备、塔器及其管道等。

③防锈铝。主要有铝 - 锰系、铝 - 镁系合金。防锈铝合金耐腐蚀性强，塑性及焊接性能较好。常用铝 - 锰系防锈铝合金有 3A21，常用来制造需冷弯、冷拉或冲压的零件，如油箱、管道、低压容器。铝 - 镁系防锈铝合金能耐潮湿大气的腐蚀，有足够的塑性，强度比铝 - 锰系防锈铝合金高，常用来制造各式容器、分馏塔、热交换器等。其中 5A02、5A03 用于制造中等强度的零件或设备；5A05 适用于制造铆钉；5A06 用于制造受力零件及焊制容器。

④铸造铝合金。其铸造性能较好，常用铸造方法生产毛坯或零件。铸造铝合金有 Al - Si、Al - Cu、Al - Mg、Al - Zn 系等四种系列。其中以 Al - Si 系铸造铝合金应用最广，常称为硅铝明，可用于制造泵的壳体、仪表壳体与支架、发动机的汽缸头等。

铸造铝合金的牌号为：字头用“ZAl”表示铸造铝合金；后面为合金元素符号；紧跟其

后的数字为该合金元素平均质量分数，例如，ZAlSi9Mg。铸造铝合金也常用代号来表示：ZL 和后面的三位数字，“ZL”表示铸造铝合金，后面的第一个数字表示合金的系列，其中“1”表示 Al – Si 系、“2”表示 Al – Cu 系、“3”表示 Al – Mg 系、“4”表示 Al – Zn 系，尾部的两位数为顺序号。例如 ZL104(即 ZAlSi9Mg)。

#### 4.1.5.3 镍及镍合金

(1)纯镍

镍的密度为 8900kg/m$^3$，熔点较高(1455℃)，在空气中具有很高的热稳定性，在高于 600℃以上时发生氧化。镍是用途广泛又较贵重的金属，具有较高的强度和塑性，还有良好的延展性和可锻性。可制成薄板、管材等。

镍的标准电极电位为 –0.25V，比铁正，比铜负，有显著的钝化性能。镍特别耐碱的腐蚀，镍在高温或熔融的碱中都较其他许多金属稳定，但在高温(300 ~ 400℃)、高浓度(75% ~ 98%)碱中，没有退火的镍容易发生晶间应力腐蚀开裂，故使用前要进行退火。镍无毒、耐果酸腐蚀。在常温下，镍表面有一层保护膜，因而在水、海水和许多盐溶液及有机介质中极为稳定。

纯镍焊接时，焊缝及热影响区易产生热裂纹。焊缝内存在氢气和水蒸气时，由于纯镍熔池的流动性差，在冷凝过程中气体来不及析出而残留在焊缝中，因而有形成气孔的倾向；纯镍的导热系数低、电阻系数大，在不适当的焊接热的作用下，焊缝和热影响区基体金属容易过热，引起晶粒长大的倾向，从而降低焊缝的力学性能。工业纯镍牌号有 N5、N6、N7 等。

(2)镍合金

在过程工业中应用的镍合金主要有镍基耐蚀合金、抗氧化镍基合金、热强性镍基高温合金。

镍基耐蚀合金是以镍为基(含镍≥50%)，加入铜、铬、钼、钨等元素而发展起来的镍合金。镍基耐蚀合金的力学性能、焊接性能、加工性能及热处理性能都优于纯镍。主要合金类型有 Ni – Cu 合金、Ni – Cr 合金、Ni – Mo 合金。

抗氧化镍基合金主要含有抗腐蚀的合金元素铬，有时也含有少量的强化元素，如钨、钼、钛等。抗氧化镍基合金在高温下具有很好的抗高温氧化性、抗高温燃气腐蚀性，但不能承受外载荷或只能承受极小的外力。

热强性镍基高温合金的最大特点是既有高的抗高温腐蚀性能，又有高的高温综合力学性能，能在较高的温度与应力下工作。

#### 4.1.5.4 钛及钛合金

(1)工业纯钛

钛在室温下呈银白色，密度小(4.51g/cm$^3$)，熔点高(1668℃)，耐腐蚀性好。这些特点使钛在军工、航空、化工领域中日益得到广泛应用。典型的工业纯钛牌号有 TA0、TA2、TA3(编号越大，杂质含量越多)。

纯钛塑性好，易于加工成形，冲压、焊接、切削加工性能良好；在大气、海水、氧化性酸和大多数有机酸中，其抗腐蚀性超过不锈钢，但钛不耐热强碱、氢氟酸以及还原性酸(硫酸、盐酸等)等的腐蚀。钛也是很好的耐热材料，它常用于制造飞机骨架，耐海水腐蚀的管道、阀门、泵体、热交换器、蒸馏塔及海水淡化系统装置与零部件。

(2)钛合金

在钛中添加锌、铝、铬、钼、钒等元素，可获得性能优良的钛合金。钛合金按使用特点可分为结构钛合金(工作温度在400℃以下)、热强钛合金(工作温度在400℃以上)、耐蚀钛合金。耐蚀钛合金在一定程度上克服了工业纯钛的弱点，耐蚀性优于纯钛。

### 4.1.6 非金属材料

除金属以外的所有工程材料，通称为非金属材料。非金属材料具有耐腐蚀性好，原料来源丰富、品种多样、造价便宜的优点。它既可以单独用作过程装备的结构材料，又可用作金属材料保护衬里或涂层，还可做设备的密封材料、保温材料和耐火材料，是一种有着广阔发展前景的过程装备材料。

非金属材料用于压力容器、压力管道，除要求有良好的耐腐蚀性外，还应有一定的强度、抗老化性和良好的加工制造性能。其缺点一般是：耐高温性能不佳，对温度波动比较敏感，与金属相比强度较低(除玻璃钢外)。非金属材料分为无机非金属材料、有机非金属材料(又称高分子材料)和复合材料。

(1)无机非金属材料

无机非金属材料包括陶瓷、搪瓷、石墨、耐火材料、玻璃等。

陶瓷分为化工陶瓷和工程陶瓷。化工陶瓷主要用于制造接触强腐蚀介质的塔、储槽、容器、反应器、搅拌器、过滤器、泵、风机、阀门、旋塞和管道、管件等。其最大的缺点是抗拉强度低、脆性大、导热系数小、热膨胀系数大，受碰击或温差急变而易破裂。因此，不宜制作应力高、温度波动大、尺寸太大的设备。工程陶瓷的共同特点是均具有极好的化学稳定性，硬度高、耐磨损，但抗冲击韧性低、脆性大。过程装备上应用较广的工程陶瓷主要有氧化铝陶瓷、碳化硅陶瓷和氮化硅陶瓷，应用于机械密封的摩擦副。

化工搪瓷具有优良的耐腐蚀性能、力学性能和电绝缘性能，但易碎裂。搪瓷的热导率不到钢的1/4，热膨胀系数大，故搪瓷设备不能直接用火焰加热，以免损坏搪瓷表面，可以用蒸气或油浴缓慢加热，使用温度为 -30 ~270℃。目前我国生产的搪瓷设备有反应釜、储罐、换热器、蒸发器、塔和阀门等。

石墨具有特别高的化学稳定性及良好的导电、导热性。石墨是用焦炭粉和石墨粉作基料，用沥青作黏结剂，经模压成型在高温下烧结而成。但在制造过程中，由于高温烧结而逸出挥发物，造成石墨中有很多微孔，影响它的机械强度和加工性能，直接应用会出现介质的渗透性泄漏。因此，用于制造过程装备的石墨，常用浸渍处理以获得不透性石墨，并提高其强度。不透性石墨的导热性比碳钢大2.5倍，比不锈钢大5倍，热膨胀系数小，耐温，急变性好，易切削加工，多用来制造热交换器。

(2)高分子材料

高分子材料的种类繁多。按材料来源可分为天然高分子材料和人工合成高分子材料。

天然高分子材料如天然橡胶、皮革、棉纤维等；合成高分子材料如塑料、合成橡胶、化学纤维等。按性能及用途可分为塑料、橡胶、纤维、胶黏剂、涂料等。压力容器与压力管道中常用的高分子材料有涂料和工程塑料。

①涂料，是一种有机高分子胶体的混合物，将其均匀地涂在容器和管道表面上能形成完整而坚韧的薄膜，起耐腐蚀和保护作用。

②工程塑料，可分为热塑性塑料和热固性塑料。热塑性塑料的特点是加热软化，冷却硬化，过程可逆，可反复进行。典型产品有聚乙烯(PE)、聚氯乙烯(PVC)、聚四氟乙烯(PTFE)、改性聚苯乙烯(ABS)等，可用作制造低压容器的壳体、管道，也可用作密封元件、衬里等。热固性塑料在第一次加热可以软化流动且为不可逆过程，典型的产品有酚醛树脂、氨基树脂、环氧树脂等。

(3)复合材料

复合材料由两种或两种以上化学性质或组织结构不同的材料组合而成。复合材料一般由高强度、高模量的增强体和强度低、韧性好、低模量的基体组成。增强体主要起承受载荷作用，基体则起到黏结增强体，并把外载荷传递到增强体上的作用。复合材料的基体材料常用树脂、橡胶、金属陶瓷等；增强体材料常用玻璃纤维、碳纤维等。过程工业生产中常用的复合材料是玻璃钢。

玻璃钢，即玻璃纤维－树脂基复合材料，以合成树脂为黏结剂，玻璃纤维为增强材料，按一定成形方法，在一定温度及应力下使树脂固化而制成的复合材料。因其比强度(抗拉强度与密度之比)高，可以和钢铁相比，故又称玻璃钢。玻璃钢因所用的树脂不同而差异很大。目前应用在化工防腐方面的有环氧玻璃钢(成本低)、酚醛玻璃钢(耐酸性好)、呋喃玻璃钢(耐酸、碱腐蚀性好)、聚酯玻璃钢(施工方便)等。

由于玻璃钢强度高，具有优良的耐腐蚀性能和良好的工艺性能，在过程工业生产中可制作容器、储罐、塔、鼓风机、槽车、搅拌器、泵、管道、阀门等，应用越来越广泛。

## 4.2 材料的基本性能

材料主要包括两大性能：一是使用性能；二是工艺性能。材料在使用条件下表现出来的性能，为材料的使用性能，它包括力学性能(机械性能)、物理性能和化学性能等。材料在加工过程中反映出来的性能为材料的工艺性能，包括冷(热)成形加工性能、切削加工性能、铸造(锻造)性能、焊接性能、热处理性能等。

### 4.2.1 材料的机械性能

材料的机械性是指材料在外加载荷(外力)作用下表现出来的抵抗变形与破坏等方面的性能，一般也称为力学性能。它是正确设计及安全使用设备的重要依据。在静载荷作用下，材料的力学性能指标有：强度、硬度、塑性、断裂韧性；在动载荷作用下有：冲击吸收能量；在交变载荷作用下有：疲劳强度。

(1)强度指标

材料的强度指标是决定其许用应力值的依据。在压力管道设计中常用的有强度极限 $\sigma_b$ 和屈服极限 $\sigma_s$；高温时还要考虑蠕变极限 $\sigma_n$ 和持久极限 $\sigma_D$。

①强度极限(抗拉强度)$\sigma_b$：在外力作用下，由开始加载到断裂时为止所能承受的最大应力。它是反映材料抵抗大量均匀塑性变形的强度指标。在拉伸应力－应变曲线上的最大应力点值即为强度极限，单位为 MPa。

②屈服极限(屈服强度)$\sigma_s$：在外力作用下，由开始加载到刚出现塑性变形时所承受的应力。它是反映材料抵抗微量塑性变形的强度指标。对有些材料在拉伸试验时，拉伸曲线上并没有明显的(屈服平台)屈服点，这种情况工程上规定取试样产生 0.2% 残余变形的应力值作为该材料的屈服极限(称条件屈服极限)，用 $\sigma_{0.2}$ 表示，单位为 MPa。

③蠕变极限 $\sigma_n$：在给定温度下和规定的时间内，使试样产生一定蠕变量(塑性变形量)的应力值。工程上通常采用钢材在设计温度下，经 $10\times10^4$h、蠕变率为 1% 时的应力值作为蠕变极限，单位为 MPa。

④持久极限 $\sigma_D$：在给定温度下，使试样经过一定时间发生蠕变断裂的应力值。工程上常采用试样在设计温度下，经 $10\times10^4$h 断裂时的应力平均值作为持久极限，单位为 MPa。

⑤硬度：材料抵抗局部塑性变形的能力，或者说是材料抵抗外物压入表面的能力。材料硬度高，其耐磨性好。根据硬度测试原理不同，硬度有三种表示方法：布氏硬度 HB、洛氏硬度 HR、维氏硬度 HV。根据经验，钢材的硬度与抗拉强度有如下近似关系：低碳钢 $\sigma_b=0.36$HB；中碳钢和低合金钢 $\sigma_b=0.35$HB；硬度为 250～400HB 的合金钢，经热处理后 $\sigma_b=0.33$HB。由于测定方便，对金属材料焊接接头也常用测定热影响区硬度的方法来确定其淬硬程度。

(2)塑性指标

材料塑性指标主要有延伸率 $\delta$、断面收缩率 $\psi$。

①延伸率 $\delta$：试样在拉伸试验中发生破坏时，产生的塑形伸长量与原试样长度比值的百分数。一般试样原始长度为直径的 5 倍或 10 倍，相应的延伸率有 $\delta_5$ 和 $\delta_{10}$ 两个数据，单位为百分比(%)。

②断面收缩率 $\psi$：试样在拉伸试验发生破坏时，缩颈处的横截面缩小量与原横截面比值的百分数。单位为百分比(%)。

(3)断裂韧性

断裂韧性是判断材料内部裂纹危险性的一个指标，用在断裂力学设计中，或用于在役压力管道的安全评定。根据不同的断裂力学理论和测试方法，断裂韧性有三种表达形式：$K$ 因子理论的断裂韧性表示为 $K_{Ic}$，单位为 $N/mm^{1.5}$；COD 理论的断裂韧性表示为 $\delta$，单位为 mm；J 积分理论的断裂韧性表示为 $J_{Ic}$，单位为 N/mm。

(4)冲击吸收能量

材料受冲击载荷作用时的主要设计依据，也是低温或超低温条件下对材料使用性考核的一个重要指标——冲击吸收能量 $KV_2$。$KV_2$ 是指试样在进行夏比(V 形缺口)冲击试验时，摆锤冲击消耗在试样上的能量。它是衡量钢材韧性、确定钢材是否产生脆性破坏的一个指标，单位为焦耳(J)。

(5)疲劳强度

材料在交变载荷作用下，发生破坏时的最大应力，通常用疲劳持久极限 $\sigma_{-1}$ 来衡量，即材料在交变应力作用下，经过无数次(一般规定 $10^6 \sim 10^7$ 次)的应力循环也不会发生疲劳破坏时的最大应力，它是反映材料抗交变应力破坏的强度指标。

材料的力学性能主要通过各种力学试验测定。强度指标和塑性指标由拉伸试验获得(见本书第2章)；硬度通过硬度计测试；断裂韧性通过带裂纹试件进行测试获得；冲击吸收能量由冲击试验获得；疲劳强度通过疲劳试验获得。

## 4.2.2 材料的物理性能

材料的物理性能也是压力容器或压力管道选材要考虑的，如高温管道选材要用熔点高的材料，熔点高的材料再结晶软化温度较高；作为换热元件(如换热管)则要用导热系数较高的材料等。选材要考虑的物理性能参数主要有密度、导热系数、熔点、线膨胀系数、弹性模量等。

①密度 $\rho$：材料单位体积的质量，单位为 $kg/m^3$。

②线膨胀系数 $\alpha$：材料在温度变化1℃时单位长度的伸缩变化量，单位为mm/(℃·mm)或 $℃^{-1}$。

③导热系数 $\lambda$：当温度梯度(温度差与器壁厚度的比值)为1℃/m时，每小时通过每平方米传热面积传过的热量，单位为瓦/(米·开)[W/(m·K)]。此值越大，表示材料的导热性越好。

④弹性模量 $E$：在弹性范围内，应力与应变成直线关系，应力与应变的比值叫做材料的弹性模量，是指材料在外力作用下产生单位弹性变形所需要的应力。它是反映材料抵抗弹性变形能力的指标，单位为MPa($N/mm^2$)。$E$ 值大的材料，抵抗弹性变形的能力强，要想使这种材料产生一定的变形量，就需要有更大(相对于 $E$ 值小的材料)的应力作用在它上面才行。

由于材料使用的场合不同，对其物理性能要求也不同，如换热设备要求换热管材料有很好的导热性，同时由于管、壳的温差，计算温差应力时线膨胀系数是一个主要物理性能参数，对衬里或复合钢板所制设备，应尽量使不同材料的线膨胀系数相等或接近。

## 4.2.3 材料的化学性能

材料的化学性能是指材料对外界接触物的耐受性，即化学稳定性。材料的化学性能一般指材料的抗氧化性、耐腐蚀性、耐老化性。金属材料的化学性能主要指抗氧化性和耐腐蚀性。

(1)抗氧化性

所谓抗氧化性，是指金属材料在室温或高温时抵抗氧化性气氛腐蚀作用的能力，如锅炉的过热器、水冷壁管，汽轮机的汽缸、高温管道等，长期在高温下工作，更容易产生氧化腐蚀。许多金属都能与空气中的氧进行化合而形成氧化物，在金属表面形成一层氧化膜。如果金属表面形成的氧化物层比较疏松，这时，外界氧气便可以继续与金属作用，使金属材料受到破坏，这种现象就叫作金属的氧化。如果金属表面形成的氧化物层比较致密，而且牢固地覆盖在金属表面上，于是就形成了一层保护层，使氧气不能再与金属接触，阻止了金属的继续氧化，金属就得到了保护，这样的金属抗氧化性能高，如铝在空气中形成致密的氧化膜。

（2）耐腐蚀性

耐腐蚀性能是材料在使用工艺条件下抵抗腐蚀性介质（大气、酸、碱、盐等）侵蚀的能力。材料遭受腐蚀后，其质量、厚度、力学性能、组织结构及电极过程等都可能发生变化，其变化程度可用以衡量材料的腐蚀性能。

对于均匀腐蚀，通常以腐蚀速率来衡量金属材料的腐蚀性能。腐蚀速率有质量指标、深度指标和电流指标，在工程设计中多用前两种指标，尤其是深度指标。

质量指标腐蚀速率：
$$K = (W_0 - W_1)/(At) \tag{4-1}$$

深度指标腐蚀速率：
$$K_d = 8.75K/\rho \tag{4-2}$$

式中　$K$——单位表面积、单位时间内由于腐蚀而引起的质量变化，g/(m$^2$·h)；

$K_d$——单位时间内由于腐蚀引起的厚度减薄量，mm/h；

$W_0$——材料的初始质量，g；

$W_1$——消除腐蚀产物后材料的质量，g；

$A$——材料与腐蚀介质接触的面积，mm$^2$；

$t$——腐蚀作用时间，h；

$\rho$——材料的密度，g/cm$^3$。

当金属发生局部腐蚀时，采用平均腐蚀速率来衡量材料的耐腐蚀性能是不合适的。大多数局部腐蚀的结果，如点腐蚀、晶间腐蚀、应力腐蚀、氢腐蚀及腐蚀疲劳等，几乎都是在无明显的质量损失情况下遭受突然破坏。对于这些类型的腐蚀应通过各种相应的试验方法来判断材料对这些腐蚀行为的倾向。如把腐蚀前后的金属进行拉伸、弯曲、扭转等试验，以测定金属的强度、塑性等性能的变化；把腐蚀前后的材料试样进行金相分析或电镜分析，以观测腐蚀前后材料的组织结构变化，化学成分变化及裂纹萌生、扩展情况；也可以把腐蚀前后的金属材料作电极过程的测试，以分析其电化学腐蚀的行为等。

注意，不能用增加腐蚀裕量的方法来解决金属材料的局部腐蚀问题，而应当选择相应的耐腐蚀材料及防护措施。金属材料的耐蚀性能由低到高排列如下：

碳钢、低合金钢 < 高合金钢（不锈钢）< 有色金属

### 4.2.4　材料的加工工艺性能

金属材料通过一定的加工工艺才能形成构件或设备。材料的加工工艺性能是指在保证加工质量的前提下，加工过程的难易程度。材料的加工工艺性能也是影响选材的一个重要因素。

金属材料的加工分为冷加工和热加工。冷加工包括冷冲压、冷锻、冷挤压与机械加工；而热加工包括铸造、热锻、焊接与热处理。压力容器与压力管道用金属材料主要考虑的加工工艺性能有机械加工性能、压力加工性能、可铸造性、可锻造性、可焊性、热处理性能等。

(1)机械加工性能

机械加工性能即切削加工性能，是指金属材料被机床刀具切削加工的难易程度。金属材料机械加工的难易，与具体加工要求和加工条件有关，一般来讲，若刀具耐用程度高、许用切削速度较高，加工表面质量易于保证，或断屑问题易于解决，则这种材料容易机械加工。硬度过大、过小或韧性过大，则机械加工性能不好。奥氏体不锈钢韧性好，但难于机械加工。一般情况下，常用金属材料的切削加工性能由好到差的顺序为：

铝合金、镁合金 > 铜合金 > 一般铸铁 > 碳素钢 > 合金钢 > 奥氏体不锈钢

(2)压力加工性能

压力加工是使材料产生塑性变形的加工方法(如冲压、旋压、锻造等)。变形量小可用冷加工，变形量大要用热加工。在冷或热状态的压力作用下，材料产生塑性变形的能力叫作压力加工性能。一般要求在压力加工过程中，既要有足够的塑性变形能力，又不能产生不允许的塑性裂纹。压力加工性能要包括有必需的固态活动性，较低的对模具壁的摩擦阻力，强的抵抗氧化起皮及热裂能力，低的冷作硬化及皱折、开裂倾向等。低碳钢的压力加工性能比中碳钢、高碳钢、低合金钢好，各种铸铁属于脆性材料，不能承受压力加工。

(3)可铸造性

铸造性能是指金属材料是否适于铸造及所铸构件质量的好坏。金属材料的铸造性能包括流动性、收缩性、偏析性等方面。流动性是指液态金属充满铸模的能力，流动性越好，越易铸造细薄精致的铸件；收缩性是指铸件凝固时体积收缩的程度，收缩越小，铸件凝固时变形越小；偏析是指化学成分不均匀，偏析越严重，铸件各部位的性能越不均匀，铸件可靠性越差。常用的金属材料中，铸造性能较好的是铸铁、铸钢、铸造铝合金和铜合金等。比较而言，铸造铝合金和铜合金的铸造性能优于铸铁和铸钢，而铸铁又优于铸钢，合金钢的铸造性更差。

(4)可焊性

可焊性指金属材料通过焊接方法和焊接工艺评定而获得良好焊接接头的性能。金属材料的焊接性能包括可焊性及焊后焊接结构的使用性能。各种金属材料的焊接性能相差很大，导热性过高或过低，热膨胀性大，塑性低或焊接时容易淬硬、氧化、吸气的金属，焊接性能一般较差。焊接性能差的金属，焊接后焊缝塑性低，容易开裂等。良好的焊接接头不易产生焊接缺陷，如裂纹、气孔、夹杂等，且焊接接头的机械性能接近母材。

钢材的焊接性与其化学成分关系很大，其中影响最大的是含碳量。因为钢中含碳量增加，塑性下降，淬硬倾向增大，容易产生裂纹。一般钢中含有多种元素，影响是综合性的，因此，往往用碳当量来估计钢的焊接性。碳当量是指钢中的含碳量与其他合金元素按其作用折算成相当的含碳量的总和。或者说是将钢的各种化学成分对钢淬硬性的影响折算成碳的影响，称为碳当量 $C_e$。各国所采用碳当量的计算方法不尽相同，国际焊接协会推荐的碳钢和低合金钢碳当量计算公式如下：

$$C_e = C\% + (Mn/6)\% + [(Cr + Mo + V)/5]\% + [(Ni + Cu)/15]\% \qquad (4-3)$$

根据试验一般认为：

当 $C_e < 0.4\%$ 时，钢材的淬硬倾向不明显，可焊性优良，焊接时不必预热；

当 $C_e=0.4\%\sim0.6\%$ 时，钢材的淬硬倾向逐渐明显，可焊性逐渐变差，一般需要采取焊前预热、控制线能量等工艺措施；

当 $C_e>0.6\%$ 时，淬硬倾向强，可焊性差，需采取较高的预热温度和严格的工艺措施。

前面提到过，硫、磷对钢的焊接性有很坏的影响，由于对合格的钢材中的硫、磷含量都有严格的控制，所以碳当量计算中未考虑硫、磷的影响。在实际使用中，当钢材出现焊接裂纹时，就需要化验硫、磷含量，以便分析产生裂纹的原因。

(5)热处理性能

金属材料适应各种热处理工艺的性能称为热处理性能。热处理工艺是以改善钢材的某些性能为目的，将钢材加热到一定温度，在此温度保持一定的时间，然后以不同的冷却速度冷却下来的一种操作。常用钢材的热处理方法有退火、正火、回火、淬火、调质、固溶处理等。衡量金属材料热处理工艺性能的指标，包括导热系数、淬硬性、淬透性、淬火变形、开裂趋势、表面氧化及脱碳趋势、过热及过烧的敏感趋势、晶粒长大趋势、回火脆性等。

# 4.3 环境对压力容器及管道用材料性能的影响

## 4.3.1 温度的影响

### 4.3.1.1 金属材料在高温下的性能变化

在高温工作条件下使用的钢材主要有如下特点：一是高温下钢材会产生蠕变现象；二是高温下钢材的力学性能随温度及载荷持续时间而变化；三是高温下钢材的组织结构常会发生转变。

(1)钢材的蠕变及应力松弛

当材料的使用温度超过熔点的0.25～0.35倍时，金属的性能处于不稳定状态，此时在外力作用下会出现高温蠕变和应力松弛现象。

金属材料在长时间的恒温、恒应力作用下，发生缓慢的塑性变形的现象称为蠕变，一般是伴随着高温而产生，所以又称高温蠕变。产生蠕变现象的原因是高温下金属材料内部原子活动的能力提高，在外力作用下抵抗变形的能力减小所造成的。蠕变会使材料性质发生变化，一般是变脆；蠕变使材料力学性能下降，以致断裂。温度越高，蠕变变形越快。

蠕变在较低温度下也会产生，但只有当温度高于金属材料熔点的0.3倍时才显著。一般来说，对于碳素钢和普通低合金钢，当温度高于350～400℃时，低合金铬钼钢温度高于450℃时，高合金钢温度高于550℃时就不能忽略蠕变现象，需要对蠕变变形进行计算。

与蠕变现象相反，当材料受高温和外力的持续作用时，材料的总应变量不变，但由于发生蠕变，使其中部分弹性变形转化成了塑性变形，从而导致弹性应力随时间的增加而自发地逐渐降低的现象称为应力松弛。应力松弛实际上是蠕变发生的另一种表现形式。材料抵抗应力松弛的能力称为松弛稳定性。如压力管道中常用的螺栓连接、安全阀的弹簧等都是在固定尺寸和固定应力的工况下工作的，但在高温长期应力作用下，随着时间的增加其固紧应力会逐渐降低，引起失效。这些构件的选材必须考虑钢材的松弛稳定性。

(2)钢材的高温组织结构变化

钢材在高温下长期运行，不仅会发生蠕变，而且钢材的组织结构也会发生变化。常见的变化现象有渗碳体的石墨化、珠光体的球化、合金元素的再分配、新相的形成等。

石墨化：碳钢和一些低合金钢，在高温作用下，其过饱和的碳原子会发生迁移和聚集，并转化为石墨(石墨为游离的碳原子)，这种现象称为石墨化。石墨化是钢材在高温作用下渗碳体自行分解的一种现象。由于石墨强度极低，并以片状存在于珠光体内，使材料的强度大大降低，而脆性增加。一般碳钢长期处于425℃以上环境中就有石墨化发生，在475℃以上时则明显出现(注意相关标准对材料使用温度上限的规定)。

球化：球化是低合金珠光体耐热钢在高温长期作用下，珠光体组织中片状渗碳体逐渐转变为球状渗碳体，并逐渐集聚长大的现象。球化的结果使材料的抗蠕变能力和持久强度下降，而塑性增加。一般碳钢长期处于450℃以上温度环境时，就有明显的球化现象。

(3)材料的高温氧化

金属材料处于高温和氧化性介质(如空气)的环境中，将会被氧化。氧化产物为疏松的非金属物质，容易脱落，有时成为氧化皮。

#### 4.3.1.2　金属材料在低温下的性能变化

在低温情况下，材料因其原子周围的自由电子活动能力和“黏结力”减弱而使金属呈现脆性。钢材在较低温度时发生的脆性断裂通常称为“冷脆”。材料开始变脆(发生脆裂)时的临界温度称为韧性－脆性转变温度，简称脆性转变温度。为了衡量材料在低温下的韧性，常用低温夏比(V形缺口)冲击试验测试冲击吸收能量来判断材料的韧性。在低温下，塑性材料将呈现脆性断裂，且常是突然发生的，极其危险。

### 4.3.2　腐蚀环境的影响

金属材料在周围介质(液体、气体等)作用下，由于化学变化、电化学变化或物理溶解而产生的破坏称为腐蚀。腐蚀造成的危害是十分惊人的，据估计，世界上每年因腐蚀报废的钢铁量约占年产量的30%，其中除约2/3可以回炉外，每年生产的钢铁约10%因腐蚀而完全变成废物。实际上，由于腐蚀原因引起工厂停产、设备更换、产品和原料流失、能源浪费等间接损失远比腐蚀废掉的金属材料的价值大得多。因此，正确地控制腐蚀，避免或减少腐蚀事故发生尤为重要。在设计阶段就充分考虑腐蚀控制方案，将产生巨大的经济效益。

#### 4.3.2.1　腐蚀的分类

腐蚀的分类方法较多，通常有以下几种分类。

按腐蚀介质分为大气腐蚀、水腐蚀、土壤腐蚀、高温气体腐蚀以及各种酸、碱、盐的腐蚀等；

按遭受腐蚀的材料分为碳钢的腐蚀、不锈钢的腐蚀、各种有色金属的腐蚀、高分子材料的腐蚀等；

按腐蚀反应机理分为化学腐蚀和电化学腐蚀两大类。

(1)化学腐蚀

化学腐蚀是指金属与非电解质直接发生化学作用而引起的破坏。腐蚀过程是一种纯氧化和还原的纯化学反应，即腐蚀介质直接同金属表面的原子相互作用而形成腐蚀产物。反应进行过程中没有电流产生，其过程符合化学动力学规律。例如，铅在乙醇中的腐蚀、镁或钛在甲醇中的腐蚀，以及金属在高温气体中刚形成膜的阶段都属于化学腐蚀。

(2)电化学腐蚀

电化学腐蚀是指金属与电解质溶液发生电化学作用而引起的破坏。反应过程同时有阳极失去电子、阴极获得电子以及电子的流动(电流)，其历程服从电化学动力学的规律。金属在大气，海水，工业用水，各种酸、碱、盐溶液中的腐蚀都属于电化学腐蚀。

按腐蚀的形式分为均匀腐蚀(全面腐蚀)和局部腐蚀两大类。

(1)全面腐蚀

全面腐蚀是指腐蚀作用发生在整个金属表面上，它可能是均匀的，也可能是不均匀的。碳钢在强酸、强碱中的腐蚀属于均匀腐蚀，这种腐蚀是在整个金属表面以同一腐蚀速率向金属内部蔓延，相对来说危险性较小，因为事先可以预测，设计时可以根据设备或管道要求的使用寿命估算腐蚀裕度。

(2)局部腐蚀

局部腐蚀是指腐蚀集中在金属的局部区域，而其他部分几乎没有腐蚀或腐蚀很轻微。局部腐蚀难以实现预测，有时破坏前金属外观无明显变化，因此，局部腐蚀相对于全面腐蚀危害性更大。

#### 4.3.2.2 典型的局部腐蚀环境

局部腐蚀可分为晶间腐蚀、点腐蚀、缝隙腐蚀、疲劳腐蚀、应力腐蚀等。下面介绍几种典型的、危害性较大的局部腐蚀环境。

(1)晶间腐蚀

晶间腐蚀是一种微电池作用而引起的局部破坏现象，是金属材料在特定的腐蚀介质中沿着材料晶间产生的腐蚀。腐蚀沿晶间进行，在表面还看不出破坏时，晶粒间已经几乎完全失去了结合力，并失去金属声音，金属机械强度急剧降低；严重时只要轻轻敲打就可以破碎，甚至形成粉末状。特别是不锈钢材料，有时即使晶间腐蚀已发展到相当严重的程度，其表观仍然保持着光亮无异的原态。可见，晶间腐蚀是一种危害性很大的局部腐蚀。

贫铬理论阐述了奥氏体不锈钢产生晶间腐蚀的机理，提出奥氏体不锈钢长期处于450～850℃时易发生晶间腐蚀，通常称此区域为晶间腐蚀敏化区。其中的700～750℃温度范围为最危险区域。

防止不锈钢晶间腐蚀一般采取如下措施：

①固溶处理。加热到1050～1150℃，再在水中冷却，即经淬火进入一次稳定区。这种

工艺比较复杂，且构件淬火后易变形，仅适宜小部件。

②稳定化退火。加热到850~900℃保温2~5h后空冷，进入二次稳定区。

③选择超低碳不锈钢。控制其含碳量低于0.04%，可大大降低碳化铬的析出量。

④加入合金元素。加入钛、铌、钽等比铬亲碳能力更强的合金元素，使用碳与这些合金元素优先形成碳化物析出，起到稳定奥氏体内铬含量的作用，避免了贫铬。这些合金元素中，以钛最好，它能同时起到细化晶粒的作用，如稳定型的18-8钢，应用十分广泛。

(2)应力腐蚀

应力腐蚀是指金属结构在拉应力和特定腐蚀环境共同作用下，以显著的速率发生和扩展的一种开裂破坏。应力腐蚀断裂(SCC)是应力与腐蚀介质综合作用的结果。其中应力的性质必须是拉应力，而压应力的存在不仅不会引起SCC，甚至可以使之延缓。拉应力的来源除了载荷产生的工作应力外，更多的是来自制造加工过程，如机械加工、冷冲压、锻造、焊接、热处理，以及装配过程都会产生残余应力。据报道残余应力造成的SCC事故远高于工作应力所占比例，其中尤以焊接残余应力为最多。产生SCC的另一重要条件是环境因素(包括腐蚀介质的性质、浓度、温度等)。对于某种材料其对应的环境条件是特定的，就是说只有在一定的材料和一定环境的组合情况下才能发生应力腐蚀破坏。工程上常用材料可能产生SCC的环境介质如表4.1所示。

**表4.1　常用材料易产生应力腐蚀断裂的环境组合**

| 材料 | 环境 | 材料 | 环境 |
|---|---|---|---|
| 碳钢及低合金钢 | 苛性碱溶液<br>氨溶液<br>硝酸盐水溶液<br>含HCN水溶液<br>湿的$CO-CO_2$空气<br>硝酸盐和重碳酸溶液<br>含$H_2S$水溶液<br>海水<br>海洋大气和工业大气<br>$CH_3COOH$水溶液<br>$CaCl_2$、$FeCl_3$水溶液<br>$(NH_4)_2CO_3$<br>$H_2SO_4-HNO_3$混合酸水溶液 | 奥氏体不锈钢 | 高温碱液[NaOH、$Ca(OH)_2$、LiOH]<br>氯化物水溶液<br>海水、海洋大气<br>连多硫酸<br>高温高压含氧高纯水<br>浓缩锅炉水<br>260℃水蒸气<br>260℃硫酸<br>湿润空气(湿度90%)<br>$NaCl+H_2O_2$水溶液<br>热$NaCl+H_2O_2$水溶液<br>热NaCl<br>湿的氯化镁绝缘物<br>$H_2S$水溶液 |
| 钛及钛合金 | 红烟硝酸<br>$N_2O_4$(含$O_2$、不含NO，24~74℃)<br>湿的$Cl_2$(288℃、346℃、427℃)<br>HCl(10%，35℃)<br>硫酸(7%~60%)<br>甲醇，甲醇蒸气<br>海水<br>$CCl_4$<br>氟利昂 | 铜合金 | 氨蒸气及氨水溶液<br>三氯化铁<br>水，水蒸气<br>水银<br>硝酸银 |
| | | 铝合金 | 氯化钠水溶液<br>海水<br>$CaCl_2+NH_4Cl$水溶液<br>水银 |

应力腐蚀裂纹形态有晶间型、穿晶型和混合型三种。不同的金属－环境体系，将出现不同的裂纹形态。例如，碳钢、高强钢、铝合金、铜合金多半是沿晶间断裂；奥氏体不锈钢、镁合金大多是穿晶型；而钛合金为混合型。应力腐蚀开裂的裂纹端口形貌，宏观上属于脆性断裂，即使塑性很好的金属材料，在应力腐蚀断裂时也不产生宏观的塑性变形，即这种破坏往往是在没有宏观前兆时突然发生，危害极大。

从压力管道设计的角度，防止或减轻应力腐蚀破坏应该采取如下措施：

①降低设计应力。使最大有效应力或应力强度降低到临界值以下。

②合理进行结构设计。结构设计时应尽可能想办法降低最大有效应力。例如，选用大的曲率半径，采用流线型结构、光滑过渡结构等，使结构变化连续、应力分布均匀，减少局部应力集中，避免过高的峰值应力。

③合理的加工工艺。良好的焊接工艺可以大大降低焊接残余应力；采用合理的热处理工艺可以消除焊接残余应力，或改善合金的组织结构等。这些加工工艺都会降低对应力腐蚀破裂的敏感性。

④合理选材。

(3)腐蚀疲劳

金属在腐蚀介质和交变载荷(交变应力、脉动应力)联合作用下而引起的断裂破坏，称为腐蚀疲劳。纯力学性质的疲劳，如果工作应力不超过临界循环应力值(疲劳极限)就不会发生疲劳破坏，但腐蚀疲劳并不存在疲劳极限值，往往在很低的应力条件下也会发生断裂。腐蚀疲劳的产生条件与应力腐蚀比较，它没有特定的腐蚀介质的限定，也就是说，在任何腐蚀环境中都可能发生。因此，腐蚀疲劳的危害性并不亚于应力腐蚀断裂。防止腐蚀疲劳最为有效的方法是降低部件的应力，这也是要通过正确的设计和热处理工艺等方面予以改善。

(4)小孔腐蚀

小孔腐蚀简称孔蚀，又叫点蚀。点蚀只发生在金属表面的局部区域，腐蚀破坏主要集中在某些活性点上，腐蚀孔的直径等于或小于腐蚀孔的深度，严重时可导致结构(设备、管道)穿孔。粗糙表面往往不容易形成连续而完整的保护膜，在膜缺陷处，容易形成孔蚀；加工过程的锤击坑或表面机械擦伤部位将优先发生和发展孔蚀。一旦形成了孔蚀，如果存在力学因素的作用，就会诱发应力腐蚀或腐蚀疲劳裂纹。

(5)缝隙腐蚀

当金属与金属或金属与非金属之间存在很小的缝隙(一般为0.025～0.1mm)时，缝隙内介质不易流动而形成滞留状态，促使缝隙内的金属加速腐蚀，这种腐蚀称为缝隙腐蚀。许多工程结构都普遍存在这类缝隙，例如螺纹连接、螺母压紧面、法兰垫片接合面、设备底板(支座底板)与基础的接触面等。有些缝隙是设计不合理造成的，而有些从设计上是很难避免的。此外，泥沙、污垢、灰尘等沉积在金属表面上，无形中也形成了缝隙。大多数工业用金属或合金都可能产生缝隙腐蚀，几乎所有的腐蚀介质(包括淡水)都能引起缝隙腐蚀。遭受缝隙腐蚀的金属，在缝隙内呈现深浅不一的腐蚀坑或深孔，缝口常有腐蚀产物覆盖。防止缝隙腐蚀，主要是在结构设计上如何避免形成缝隙和能造成表面沉积的几何构形。如果在结构设计上不能采用无缝隙方案，也应使结构能够妥善排流，以利于沉积物及时清除。设计选材时，采用耐缝隙腐蚀的材料，可以延长设备和管道的寿命。

另外，加载速度也会影响材料的性能。加载速度过快，会使材料硬化现象加剧，屈服点提高，韧性和塑形降低，增加脆性断裂倾向。如果材料中存在裂纹类缺陷，则会加速脆性断裂的发生。对于循环加载还要考虑疲劳断裂问题。

## 4.4 化学元素对金属材料性能的影响

钢材的化学成分对其性能有较大影响。不同的元素以及它在材料中的含量、和哪些元素配合等都决定了材料的最基本性能。在钢材中常见的化学元素有碳(C)、铬(Cr)、锰(Mn)、镍(Ni)、硅(Si)、硼(B)、钨(W)、铝(Al)、钼(Mo)、钒(V)、钛(Ti)和稀土元素(Re)、硫(S)、磷(P)等。

碳含量增加，钢材的强度和硬度提高，而韧性和塑性降低，可焊接性能下降，焊缝热影响区扩大。但当含碳量大于0.9%后，由于二次渗碳体增加较多，且呈网状分布，钢的强度反而下降。压力容器和压力管道用钢的含碳量一般不大于0.25%。

铬(Cr)是合金钢中最重要的合金元素之一，在化学性能方面不仅能提高金属耐腐蚀性能，也能提高抗氧化性能。当其含量达到13%时，能使钢的耐腐蚀能力显著提高，并增加钢的热强性。铬能提高钢的淬透性并有二次硬化作用，显著提高钢的强度、硬度和耐磨性。铬是显著提高钢的脆性转变温度的元素，随着铬含量的增加，钢的脆性转变温度也逐步提高，但它使钢的塑性和韧性降低，冲击值随铬含量增加而减小。

锰(Mn)是炼钢时作为脱氧剂进入钢中的残余元素，锰有很好的脱氧能力。锰能溶于铁素体和渗碳体中，使其固溶化，形成锰与铁的固溶体，可提高钢的强度和硬度；增加锰含量能提高钢的低温冲击韧性；锰还可以与硫形成 MnS，以消除硫的有害影响。但它使材料的延展性有所降低，而且增加了应力腐蚀开裂的敏感性。一般在碳锰钢和低合金钢中，锰含量在1%～2%；非合金钢中锰含量为0.25%～0.8%。

钼(Mo)对钢的强度产生有利作用，是提高钢热强性最有效的合金元素，主要在于它能强烈提高钢中铁素体对蠕变的抗力。如压力管道常用材料15CrMo、1Cr5Mo等。

镍(Ni)能提高淬透性，使钢具有很高的强度，而又保持良好的塑性和韧性。镍还能提高耐腐蚀性和低温冲击韧性。镍基合金具有更高的热强性能。镍被广泛应用于不锈耐酸钢和耐热钢中。

硅(Si)也是作为脱氧剂进入钢中的，硅比锰的脱氧能力还强。硅能溶于铁素体使其固溶强化，从而提高其强度、硬度、弹性，提高高温疲劳强度、耐热性及耐 $H_2S$ 等介质的腐蚀性，但硅含量增大会降低钢的塑性和冲击韧性。

铝(Al)是强脱氧剂，能显著细化晶粒，提高冲击韧性，降低冷脆性；铝还能提高钢的抗氧化性和耐热性，对抵抗 $H_2S$ 介质腐蚀有良好作用；铝的价格比较便宜，所以在耐热合金钢中常以它来代替铬。

钒(V)用于固溶体中可提高钢的高温强度，细化晶粒，提高淬透性。铬钢中加少量钒，在保持钢的强度情况下，能改善钢的塑性。

钛(Ti)是强脱氧剂，可提高强度，细化晶粒，提高韧性，减小铸锭缩孔和焊缝裂纹等倾向；在不锈钢中起稳定碳的作用，减少铬与碳化合的机会，防止晶间腐蚀，还可提高耐热性。

硫(S)是钢中的有害元素，由矿石与焦炭中带来的。硫能促使非金属夹杂物形成，使钢的塑性和韧性降低；硫与铁形成化合物 FeS(熔点约为 1190℃)，而 FeS 与铁形成低熔点(985℃)的共晶体分布在晶界处，当钢在 1000～1200℃进行锻压或轧制时，由于这种共晶体先熔化，而使钢沿晶界开裂，称为“热脆”。硫还降低钢的耐腐蚀性。

磷(P)是钢中的有害杂质元素，磷在钢中能全部溶于铁素体内，而使铁素体在室温的强度和硬度提高，但塑性和韧性却剧烈下降，会增加钢的脆性，特别是低温脆性，即产生“冷脆性”。磷也降低钢的可焊性，增加焊接裂纹的敏感性。

我国压力容器和压力管道用钢，控制硫和磷含量为 0.020% 和 0.030% 以下。

## 思考题

1. 压力管道常用材料包括哪些？
2. 碳对铁碳合金的性能有什么影响？
3. 铸铁有什么优缺点？主要用于哪些管道元件的制作？
4. 什么是碳钢？碳钢分为几种类型？
5. 什么是高合金钢？压力管道中使用的高合金钢主要指什么钢？
6. 工业用非金属材料主要有哪些？
7. 材料的力学性能指标有哪些？
8. 影响安全系数确定的因素有哪些？
9. 金属材料的加工工艺性能包括哪些？
10. 在高温工作条件下使用的钢材主要有哪些特点？
11. 金属材料在低温下性能有什么变化？
12. 按腐蚀反应机理，腐蚀分为哪几类？
13. 局部腐蚀包括哪些类型？
14. 什么是应力腐蚀？
15. 在钢材中有害的元素有哪些？

# 5 压力容器与压力管道强度设计准则

## 5.1 强度理论

实验表明，不同材料的失效形式有所不同。对于塑性材料(如低碳钢)，在轴向拉伸下，当达到屈服极限时，将出现明显的塑性变形或流动现象。对实际构件这种情况已不能正常使用，因此出现塑性变形作为失效的标志，相应的失效应力为材料的屈服强度(屈服极限)$\sigma_s$。对于脆性材料，在轴向拉伸下，当还没有明显变形时就突然断裂，则是以断裂作为失效标志，相应的失效应力为材料的抗拉强度(强度极限)$\sigma_b$。可见，强度不足引起的失效形式主要分为两类：一是屈服；二是断裂。

在第2章中已介绍，材料的极限应力可通过拉伸试验获得，把极限应力除以安全系数得到许用应力，并建立了如2.1节所示的强度条件。而2.1节介绍的是杆件简单变形的应力分析，属单向应力状态。显然，单向应力状态下的强度条件可以说是根据实验结果建立的。在工程实际中，大多数构件的危险点都处于复杂应力状态，如承受压力载荷的厚壁圆筒属于三向应力状态。由于复杂应力状态中应力组合的方式有各种可能性，如果按照单向应力状态用实验方法建立强度条件，则必须对材料在各种各样的应力状态下一一进行实验，以确定相应的极限应力，再建立强度条件，这显然难以实现。解决这类问题，需要采用判断推理的方法，提出一些假说，推测材料在复杂应力状态下失效原因，从而建立强度条件。

人们在长期的生产实践中，综合分析材料强度的各种失效现象，经过判断和推理，对材料破坏原因提出了各种不同的假说。尽管各种假说有差异，但它们都认为：材料之所以按某种方式失效(屈服或断裂)，是由应力、应变或应变能密度等诸因素中的某一因素引起的。按照这种假说，无论单向或复杂应力状态，造成失效的原因是相同的，即引起失效的因素是相同的且数值是相等的。于是，可以利用简单应力状态的实验结果，建立复杂应力状态的强度条件，这样的一些假说称为强度理论。

推测强度失效的原因之假说，被实验证实后就成为理论，目前还没有万能理论。强度失效的形式主要有两种，即屈服与断裂。故强度理论也分成两类：一类是解释断裂失效的理论，其中有最大拉应力理论(第一强度理论)和最大伸长线应变理论(第二强度理论)；另一类是解释屈服失效的理论，其中有最大切应力理论(第三强度理论)和形状改变应变能密度理论(第四强度理论)。对于复杂应力状态，在前面屈服准则一节中提到了当量应力$\sigma_{eq}$的概念，不同的强度理论有不同的$\sigma_{eq}$表达式。假定三向应力$\sigma_1 > \sigma_2 > \sigma_3$，下面介绍不同强度理论的强度条件。

(1)第一强度理论

第一强度理论称最大拉应力理论(适用于脆性材料)，是最早的强度理论，意大利 G. Galilo(1564—1642 年)就做过简单的强度实验。通常认为该理论主要归功于著名的英国教育家 W. J. M. Rankine(1820—1872 年)，该理论有时称为 Rankine's Theory。

这一理论认为：不论材料处在什么应力状态，引起材料发生脆性断裂的原因是最大拉应力达到了某个极限值。根据这一理论，可利用单向拉伸实验结果建立复杂应力状态下的强度计算准则。根据这一强度理论建立的强度条件为：

$$\sigma_{eq} = \sigma_1 \leqslant [\sigma] \tag{5-1}$$

式中 $\sigma_1$ ——第一主应力，且必须是拉应力。

利用第一强度理论可以很好地解释铸铁等脆性材料在轴向拉伸和扭转时的破坏情况。铸铁在单向拉伸下，沿最大拉应力所在的横截面发生断裂；在扭转时，沿最大拉应力所在的斜截面发生断裂。这些都与最大拉应力理论相一致。但是，这一理论没有考虑其他两个主应力的影响，且对于没有拉应力的应力状态(如单向压缩、三向压缩等)也无法解释。

(2)第二强度理论

第二强度理论称为最大拉应变理论，最早由著名物理学家 Mariotto(1682)提出，该理论常认为由法国著名弹性理论专家 B. de Saint Venant(1797—1886 年)所创立，称为 St. Venant's Theory(圣维南理论)。圣维南理论是针对屈服失效提出的，后人用于断裂，并修正为最大拉应变理论。

这一理论认为：不论材料处在什么应力状态，引起发生脆性断裂的原因是由于最大拉应变达到了某个极限值。根据这一理论，便可利用单向拉伸时的实验结果来建立复杂应力状态下的强度计算准则。根据这一强度理论建立的强度条件为：

$$\sigma_{eq} = \sigma_1 - \mu(\sigma_2 + \sigma_3) \leqslant [\sigma] \tag{5-2}$$

作为断裂失效理论，这一强度理论与石料、混凝土等脆性材料的轴向压缩实验结果相符合。这些材料在轴向压缩时，如在试验机与试块的接触面上加添润滑剂，以减小摩擦力的影响，试块将沿垂直于压力的方向裂开。但对于金属材料因与实验结果相差较大，所以这一理论各国都很少采用。

(3)第三强度理论

第三强度理论称最大剪应力理论。最初由 C. A. Coulumb 1773 年提出，后来，1868 年 H. Tresca 在法国科学院发表了论文"金属在高压下的流动"。现在该理论常用他的名字，称为 Tresca 屈服条件。

这一理论认为：不论材料处在什么应力状态，材料发生屈服的原因是由于最大的剪应力达到了某个极限值。根据这一理论，在单向应力状态下引起材料屈服的原因是 45°斜截面上的最大剪应力达到了极限数值。根据这一强度理论建立的强度条件为：

$$\sigma_{eq} = \sigma_1 - \sigma_3 \leqslant [\sigma] \tag{5-3a}$$

对于杆件类的管道除压力载荷外，在重力载荷、风载荷、地震载荷等外载荷作用下，会产生拉伸或压缩、弯由、扭转等组合变形。拉伸或压缩与弯曲产生的都是轴向正应力，可以直接代数叠加；而扭转产生的剪应力是垂直于轴线方向。这时组合变形产生的应力属于两向应力状态，根据第三强度理论建立的强度条件为：

$$\sigma_{eq} = [(\sigma_a + \sigma_w)^2 + 4\tau_n^2]^{1/2} \leqslant [\sigma] \quad (5-3b)$$

式中　$\sigma_a$——拉伸或压缩产生的轴向应力；

$\sigma_w$——弯曲产生的轴向弯曲应力；

$\tau_n$——扭转产生的剪应力。

最大剪应力理论较为满意地解释了塑性材料的屈服现象。与塑性材料二向应力实验符合较好，且偏于安全。低碳钢拉伸时在与轴线成45°的斜截面上剪应力最大，也正是沿这些平面的方向出现滑移线，表明这是材料内部沿这一方向滑移的痕迹。这一理论既解释了材料出现塑性变形的现象，且又具有形式简单，概念明确的特点，在机械工程中得到了广泛的应用。但是，这一理论忽略了中间主应力 $\sigma_2$ 的影响，且计算的结果与实验相比，偏于保守。

(4)第四强度理论

第四强度理论称形状改变能密度理论(或最大剪切变形能理论)。意大利 E. Beltrami 1885 年提出最大应变能理论，它不能解释三向等压情况下的实验。为了与实验结果更加符合，波兰学者 M. T. Huber1904 年将其修正为最大形状改变能密度理论；后来由德国 R. von Mises(1913)和美国 H. Hencky(1925)进一步发展和解释。这个广泛应用的理论常称 Huber-Hencky-Mises 屈服条件，或简称为 von Mises 屈服条件。

这一理论认为：不论材料处在什么应力状态，材料发生屈服的原因是由于形状改变能密度达到了某个极限值。根据这一强度理论建立的强度条件为：

$$\sigma_{eq} = \left\{\frac{1}{2}[(\sigma_1 - \sigma_2)^2 + (\sigma_2 - \sigma_3)^2 + (\sigma_3 - \sigma_1)^2]\right\}^{\frac{1}{2}} \leqslant [\sigma] \quad (5-4a)$$

同理，对于杆件类管道的组合变形产生的应力，按第四强度理论得到的强度条件为：

$$\sigma_{eq} = [(\sigma_a + \sigma_w)^2 + 3\tau_n^2]^{\frac{1}{2}} \leqslant [\sigma] \quad (5-4b)$$

根据几种塑性材料(钢、铜、铝)的薄管试验资料，表明第四强度理论比第三强度理论更符合实验结果。在纯剪切下，按第三强度理论和第四强度理论的计算结果差别最大，这时，由第三强度理论的屈服条件得出的结果比第四强度理论的计算结果大 15%。

四种强度理论与实验结果的比较表明：第一强度理论是解释断裂失效的强度理论；第二强度理论已经不用；第三、第四强度理论是解释屈服失效的强度理论。一般情况下，铸铁、石料、混凝土、玻璃等脆性材料可以用第一强度理论；钢、铝、铜等塑性材料可以用第三、第四强度理论。

## 5.2　失效判据与失效形式

求得压力容器与压力管道在静态或动态工况下的力学响应(如应力、应变等)后，必须根据压力容器与压力管道最有可能发生的失效形式，确定力学响应的限制值，以判断压力容器与压力管道能否安全使用，能否获得满意的使用效果。

应力、应变或与它们相关的量，可以用来衡量压力容器与压力管道受力和变形的程度。压力容器或压力管道(设备)以某种方式失效，是因应力、应变或与它们相关的量中的某个量过大或过小。按照这种假说，无论是简单还是复杂的应力状态，只要这个量达到某一数值，设备就失效。这个数值可用简单的实验测量，如拉伸试验中测得的屈服强度和抗拉强度等。将力学分析结果与简单实验测量结果相比较，就可以判断压力容器与压力管道是否会失效。这种判据称为失效判据。

压力容器或压力管道失效的原因有很多种，但失效的最终表现形式均为过度变形、断裂和泄漏。压力容器或压力管道失效形式有许多分类方法。根据失效机理的不同，可分为突发型失效和退化型失效。突发型失效又称短期失效，是指设备在丧失功能之前保持或基本保持所需功能，但由于某种原因在某个时刻突然失效，如韧性断裂、脆性断裂、失稳等；退化型失效，是指随着工作时间的延长，设备性能参数逐渐下降，直到超过某一临界值而导致的失效，如腐蚀断裂、蠕变断裂、疲劳断裂等。退化型失效还可分为两类：一类是由长期载荷引起的，如蠕变断裂、腐蚀断裂等；另一类是由循环载荷引起的，如疲劳断裂等。按照失效原因，压力容器与压力管道失效形式主要分为强度失效、刚度失效、失稳失效、泄漏失效等四种类型。

(1)强度失效

因材料屈服或断裂引起的失效称为强度失效。强度失效包括韧性断裂、脆性断裂、疲劳断裂、蠕变断裂、腐蚀断裂等形式。

①韧性断裂。压力容器或压力管道在载荷作用下，产生的应力达到或接近材料的强度极限而发生的断裂称为韧性断裂。特征是断裂后有肉眼可见的宏观变形，如整体鼓胀、断口处厚度明显减薄；没有碎片或偶尔有碎片；按实际测量厚度计算的爆破压力与实际爆破压力相当接近。

②脆性断裂。变形量很小，且在壳体壁中的应力值远低于材料的强度极限时发生的断裂称为脆性断裂。其特征是断裂时断口没有明显的塑性变形；断口平齐，并与最大应力方向垂直；断裂速度极快，有碎片产生。这种断裂是在较低应力状态下发生的，所以又称低应力脆断。由于脆性断裂时的实际应力(压力)值很低，安全阀、爆破片等安全附件不会动作，其危害性比韧性断裂严重得多。

③疲劳断裂。压力容器或压力管道在交变载荷作用下，经过一定周期后发生的断裂称为疲劳断裂。交变载荷是指大小和(或)方向随时间周期性(或无规则)变化的载荷，包括运行时的压力波动、开车和停车、加热或冷却时温度变化引起的热应力变化、振动引起的应力变化、支管引起的附加载荷的交变而形成的交变载荷等。疲劳断裂一般有裂纹萌生、裂纹扩展和最后断裂三个阶段，因而其断口一般由裂纹源、裂纹扩展区和最终断裂区组成。裂纹源往往位于接管根部、焊接接头等高应力区或有缺陷的部位。疲劳断裂时壳体的总体应力水平较低，断裂往往在管道正常工作条件下发生，没有明显的征兆，是突发性破坏，危险性很大。

④蠕变断裂。压力容器或压力管道在长期高温下受载，随时间的增加材料不断发生蠕变变形，造成厚度明显减薄与鼓胀变形，最终导致压力容器或压力管道断裂的现象称为蠕

变断裂。

⑤腐蚀断裂。因均匀腐蚀导致的厚度减薄，或局部腐蚀造成的凹坑所引起的断裂，一般没有明显的塑性变形，具有韧性断裂的特征；因晶间腐蚀、应力腐蚀等引起的断裂，一般没有明显的塑性变形，具有脆性断裂的特征。

(2)刚度失效

由于压力容器或压力管道的变形大到足以影响其正常工作而产生的失效，或者说过度的弹性变形引起的失效，称为刚度失效。例如，卧式布置的管道，在重力等载荷作用下，若发生过大的弯曲变形，流体在管道内流通不畅则会影响管道正常工作。

(3)失稳失效

在压应力作用下，壳体截面突然失去原有的规则几何形状引起的失效，称为失稳失效，失稳失效多发生于承受外压的容器或管道。

(4)泄漏失效

由于泄漏而引起的失效称为泄漏失效。泄漏不仅有可能引起中毒、燃烧和爆炸等事故，还会造成环境的污染。在压力容器或压力管道设计时，应重视各种可拆式接头的密封性能。

## 5.3 设计准则

将力学分析结果与实验测量结果相比较，判别压力容器或压力管道是否会失效，为失效判据。一般失效判据不能直接用于压力容器或压力管道的设计计算，因为压力容器或压力管道存在许多不确定因素，如材料性能的不稳定、计算模型引起的不确定性、制造水平的高低、检验手段等。为有效利用现有材料的强度或刚度，工程上在考虑上述不确定因素时，常用的方法是引入安全系数，得到与失效判据相对应的设计准则，即失效判据引入一定的安全系数，构成设计准则。压力容器或压力管道设计准则大致可分为：强度失效设计准则、刚度失效设计准则、稳定失效设计准则、泄漏失效设计准则。

压力容器或压力管道设计时，应先确定设备最有可能发生的失效形式，选择合适的失效判据和设计准则，确定适用的设计规范和标准，再按规范和标准要求进行强度设计和应力分析设计。

### 5.3.1 强度失效设计准则

强度失效设计准则又分为弹性失效设计准则、塑性失效设计准则、爆破失效设计准则、弹塑性失效设计准则、疲劳失效设计准则、蠕变失效设计准则、脆性断裂设计准则等。

(1)弹性失效设计准则

认为壳体总体部位进入初始屈服即为失效。对于单向拉应力 $\sigma$ 状态，屈服失效判据为 $\sigma = \sigma_s$，考虑安全系数 $n_s$，得相应的设计准则，即强度条件：

$$\sigma \leqslant [\sigma]^t \tag{5-5}$$

式中　$[\sigma]^t$——材料设计温度下的许用应力，$[\sigma]^t = \sigma_s / n_s$。

对于三向应力状态采用相当应力(当量应力)的概念，建立设计准则为：

$$\sigma_{eq} \leqslant [\sigma]^{t} \tag{5-6}$$

对当量应力的概念和求解如5.1节的强度理论。

(2)塑性失效设计准则

弹性失效设计准则是以初始屈服为失效判据，这对于各处应力相等的构件，如内压薄壁圆筒，应力沿壁厚均布，内壁屈服也就意味着整体屈服了，那么弹性失效设计准则是正确的。但对于应力分布不均布的构件如内压厚壁圆筒，当内壁发生屈服时，沿厚度其余各点处仍处于弹性状态，不会导致整个截面屈服，壳体仍能继续承载。在这种情况下，弹性失效设计准则就显得过于保守。

塑性失效设计准则认为只有整个截面全部进入屈服才算失效。对于内压厚壁圆筒，整个截面屈服时的压力就是式(3-19)的全屈服压力 $p_{so}$，则塑性失效判据可表示为：

$$p = p_{so} \tag{5-7}$$

引入全屈服安全系数 $n_{so}$，得到相应的塑性失效设计准则为：

$$p \leqslant \frac{p_{so}}{n_{so}} \tag{5-8}$$

式中　$p$——设计压力。

(3)爆破失效设计准则

压力管道用材料为韧性较好的材料，一般都具有应变硬化现象，爆破压力大于全屈服压力。爆破失效设计准则以壳体爆破作为失效状态，相应的设计准则为：

$$p \leqslant \frac{p_b}{n_b} \tag{5-9}$$

式中　$p_b$——爆破压力，按式(3-19)计算；

$n_b$——爆破安全系数。

(4)弹塑性失效设计准则

弹塑性失效设计准则又称安定性准则，适用于各种载荷不按同一比例递增、载荷大小反复变化的场合。“安定性”的含义是：结构在初始阶段少数几个载荷循环中产生一定的塑性变形外，继续施加循环载荷作用不再发生新的塑性变形，即不会发生塑性疲劳，此时结构处于安定状态。图5.1为加载卸载的安定性分析过程。

①进入安定状态[图5.1(a)]。当虚拟应力 $\sigma_1$ 在 $\sigma_y < \sigma_1 < 2\sigma_y$ 范围($\sigma_y$ 为屈服强度值)，第一次加载时，局部塑性区内的应力应变按 $OAB$ 线变化，按虚拟应力 $\sigma_1$ 计的应力应变线为 $OAB$。卸载时沿 $BC$ 线下降。由于结构不连续区周围存在弹性约束，卸载时能使塑性变形回复到 $O$，此时必产生残余压应力，压应力的大小由 $OC$ 线段代表。第二次加载卸载循环将沿 $BC$ 线变化，这时不再发生新的塑性变形，结构表现出新的弹性行为，亦即进入安定状态。

②处于不安定状态[图5.1(b)]。在 $\sigma_1 > 2\sigma_y$ 范围，塑性区内的虚拟弹性应力超过两倍屈服强度值后，卸载时从 $B$ 点沿 $BC$ 线下降，由于约束而产生反向压缩屈服达到 $D$ 点。于是第二次加载卸载循环则沿 $DEBCD$ 回线变化。如此多次循环，则反复出现拉伸屈服和

压缩屈服，则可能引起塑性疲劳，结构便处于不安定状态。

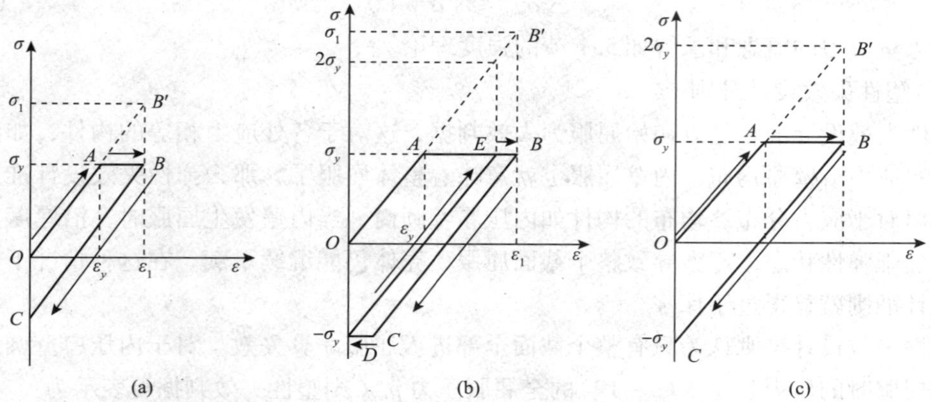

(a)　　(b)　　(c)

图 5.1　加载卸载应力应变曲线

③达到安定状态[图 5.1(c)]。$\sigma_1 = 2\sigma_y$，这是安定与不安定的界限。第一次加载卸载的应力应变回线为 $OABC$，这是不出现反向屈服的最大回线，以后加载卸载的应力应变循环均沿一条最长的 $BC$ 线变化，不再出现新的塑性变形，表现出最大的弹性行为，即达到安定状态。与此对应的虚拟应力 $\sigma_1$ 正好为 $2\sigma_y$，因此，$\sigma_1 \leqslant 2\sigma_y$ 为出现安定的条件，即为弹塑性失效设计准则。

压力管道的应力分析和压力容器的应力分析设计法，对一次应力加二次应力的限制就是采用了安定性的强度条件。

(5)疲劳失效设计准则

一般压力管道和压力容器疲劳属于低周疲劳。低周疲劳时，每次循环中材料都将产生一定的塑性应变，疲劳失效时的循环次数较低，一般在 $10^5$ 次以下。根据试验研究和理论分析结果，可以得到虚拟应力幅与许用循环次数之间的关系曲线，即低周疲劳设计曲线。由壳体应力集中部位的最大虚拟应力幅，按低周疲劳设计曲线确定许用循环次数，只要实际循环次数小于许用的循环次数，壳体就不会发生疲劳失效，这就是疲劳失效设计准则。压力容器分析设计法直接采用了这一设计准则；在压力管道规范和标准中，间接地采用了疲劳失效设计准则。

(6)蠕变失效设计准则

对于高温工况，将应力限制在由蠕变极限和持久强度确定的许用应力以内，便可防止壳体在使用寿命内发生蠕变失效，这就是蠕变失效设计准则。

(7)脆性断裂失效设计准则

脆性断裂或低应力脆断大多是由于壳体材料存在缺陷(裂纹)所致。传统的强度设计准则都是假设材料是无缺陷的均匀连续体，因而难以解释脆性断裂现象。脆性断裂属于断裂力学研究的范畴。

断裂力学认为材料中存在缺陷，研究裂纹尺寸、材料断裂韧性和结构承载能力之间的定量关系。建立不同断裂参量的断裂判据，用断裂判据和引入的安全系数作为设计和安全评定的依据，这就是脆性断裂失效设计准则。

### 5.3.2 刚度失效设计准则

在载荷作用下，要求构件的弹性位移或(和)转角不超过规定的数值，为刚度失效设计准则，亦称刚度条件。公式表示为：

$$\omega \leqslant [\omega] \tag{5-10a}$$

$$\theta \leqslant [\theta] \tag{5-10b}$$

式中 $\omega$——载荷作用下产生的位移，mm；

$[\omega]$——许用位移，mm；

$\theta$——载荷作用下产生的转角，rad；

$[\theta]$——许用转角，rad。

### 5.3.3 失稳失效设计准则

在压力容器或压力管道设计中，应防止失稳发生。对于仅承受均布外压的圆筒，设计外压力应小于周向临界压力；对于由弯矩或弯矩与压力共同引起的轴向压缩，压应力应小于轴向临界应力，这就是失稳失效设计准则。

### 5.3.4 泄漏失效设计准则

上述提及的强度、刚度和稳定失效设计准则，都是基于壳体结构完整性范畴内的失效形式而选定的设计准则。而泄漏失效不仅是由于壳体遭受机械性损伤，也是壳体结构本身或连接部件失去密封功能发生的失效形式，它是直接引发设备结构燃烧、爆炸、中毒和环境污染等事故的首要条件。

对于泄漏，常用紧密性这一概念来比较和评价密封的有效性。紧密性用被密封流体在单位时间内通过泄漏通道的体积或质量来表示，即用泄漏率表示。

压力管道和压力容器泄漏失效设计准则，是指壳体发生的泄漏率 $L$ 不超过允许的泄漏率$[L]$，即 $L \leqslant [L]$。一般根据介质的价值、对人体和设备的危害性以及环保要求，确定允许泄漏率。设计时要遵循相关法规和标准的要求。

**思考题**

1. 常用的强度理论有哪几种？
2. 压力容器与压力管道主要失效形式有哪几种类型？
3. 强度失效设计准则包括哪些设计准则？
4. 压力容器和压力管道输送介质一般具有哪些特性？
5. 什么是爆炸极限？
6. 什么是一次危险和二次危险？
7. 什么是职业性接触毒性？
8. 毒性危害程度分为哪几级？

# 6 压力容器设计概论

## 6.1 压力容器结构与分类

### 6.1.1 压力容器结构

在过程工业生产中，有各种各样的过程设备。这些设备按照它们在生产过程中的作用原理，可分为反应设备、储存设备、换热设备和分离设备，见本书第0.1.2节。这些过程设备虽然尺寸大小不一，形状结构不同，内部结构的形式更是多种多样，但其共同的特点是都有一个外壳，这个外壳总称为容器。由于这种外壳承受的载荷为压力载荷，所以又称之为压力容器。工程上，通常直接称这些承受压力载荷的过程设备为压力容器。

图6.1为一卧式储罐结构简图。储存设备基本没有内部构件，是由筒体、封头、接管、人孔、管法兰、支座等零部件组成。可见，压力容器是典型的由板、壳组合的焊接结构，一般由筒体、封头、开孔与接管、支座等部件组成。

筒体：主要受压元件之一，圆柱形、球形最常用。圆柱形(即圆筒)有单层(防腐层不包括)和多层之分。

封头：封头形式较多，主要有凸形封头(球形、椭圆形、碟形、球冠形)、锥壳、平盖等形式。

法兰连接密封装置：压力容器上需要许多密封装置，如容器封头与筒体及管口与外部管道的连接，通常采用可拆式法兰连接密封装置。它由连接件(螺栓)、被连接件(法兰)、密封件(垫片)组成。通过螺栓连接，并通过拧紧螺栓使密封元件压紧而保证密封。法兰按其所连接的部件分为容器法兰和管法兰。

开孔与接管：由于工艺要求和检修的需要，常在压力容器筒体或封头上开设各种大小的孔并安装接管。如人孔、手孔、视镜孔、物料进出口接管，以及安装压力表、液面计、安全阀、测温仪表等接管开孔。一般由接管和管法兰组成。

支座：压力容器靠支座支承并固定在基础上。随安装位置不同，容器支座分为立式容器支座和卧式容器支座。立式容器支座包括腿式支座、支承式支座、耳式支座、裙式支座等；卧式容器支座包括鞍座、圈座、支腿。

安全附件及仪表：由于压力容器的使用特点及其内部介质的化学工艺特性，往往需要在容器上设置一些安全装置和测量、控制仪表来监控工作介质的参数，以保证压力容器的使用安全和工艺过程的正常进行。安全附件主要有安全阀、爆破片装置、紧急切断阀、安全联锁装置等；仪表主要有压力表、液面计、测温仪表等。

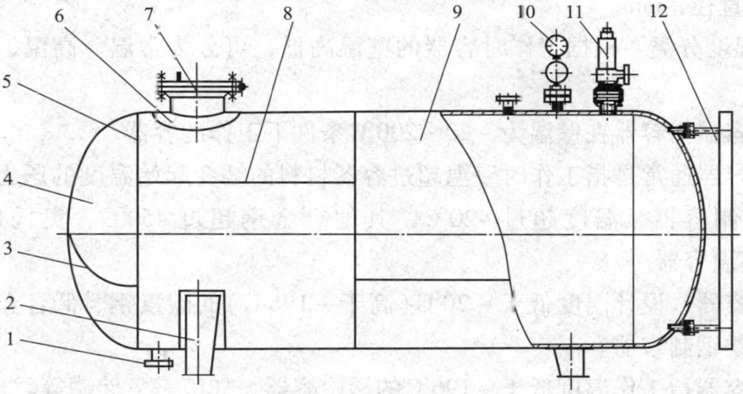


图 6.1 卧式储存容器结构组成

1—法兰；2—支座；3—封头拼接焊缝；4—封头；5—环焊缝；6—补强圈；7—人孔；8—纵焊缝；9—筒体；10—压力表；11—安全阀；12—液面计

## 6.1.2 压力容器分类

压力容器使用范围广，数量多，工作条件复杂，危险性大，因此，需要对压力容器进行合理、全面的分类。根据不同的需要，压力容器的分类方式有很多种，比较常见的有以下几种。

(1)按承压性质和能力分类。按承压性质，压力容器可分为内压容器与外压容器两类。当容器内部介质压力大于外部压力时，称为内压容器；反之，容器内部压力小于外部压力时，称为外压容器。外压容器中，当容器内部压力小于一个绝对大气压(0.1MPa)时又称为真空容器。

内压容器，按其承受压力的能力，又可按设计压力 $p$ 的大小分为四个压力等级，具体划分如下：

低压容器(代号 L)：0.1MPa $\leqslant p <$ 1.6MPa；

中压容器(代号 M)：1.6MPa $\leqslant p <$ 10.0MPa；

高压容器(代号 H)：10MPa $\leqslant p <$ 100MPa；

超高压容器(代号 U)：$p \geqslant$ 100MPa。

(2)按安装方式分为固定式、移动式。

固定式压力容器是指安装在固定位置使用的压力容器，如生产装置的储罐、塔器、反应器、换热器等。为某一特定用途，仅在装置或者场区内部搬动、使用的压力容器，以及移动式空气压缩机的储气罐按照固定式压力容器监督管理。

移动式压力容器使用时不仅承受内压或外压载荷，搬运过程中还会受到由于内部介质晃动引起的冲击力，以及运输过程带来的外部撞击和振动载荷，因而在结构、使用和安全方面均有其特殊的要求，如汽车槽车、铁路槽车、罐式集装箱、长管拖车等非气瓶类移动式容器。

(3)按容器壁厚分为薄壁容器($\delta/D_i \leqslant 0.1$ 或 $D_o/D_i = K \leqslant 1.2$)和厚壁容器($\delta/D_i > 0.1$ 或 $D_o/D_i = K > 1.2$)，其中，$\delta$ 为容器壳体壁厚，mm；$D_i$为容器(圆筒)内直径，mm；$D_o$为容器(圆筒)外直径，mm。

(4)按照温度分类。根据工作时容器的壁温高低，可分为常温、高温、低温、深冷压力容器。

常温压力容器指容器在壁温为 -20 ~200℃条件下工作的容器。

高温压力容器通常是指工作时壁温超过容器材料的蠕变起始温度的压力容器。对于碳钢或低合金钢制容器，温度超过 420℃，其他合金钢超过 450℃，奥氏体不锈钢超过 550℃，均属高温容器。

低温压力容器，设计温度低于 -20℃(高于 -196℃)的碳素钢、低合金钢、双相不锈钢和铁素体不锈钢制容器。

深冷压力容器指工作温度低于 -196℃的深冷容器，如液态氧储罐等。

(5)按安全技术管理分类

上述分类方法仅考虑了压力容器的某个设计参数或使用状况，不能综合反映压力容器面临的整体危害水平。容器的危害性主要与其设计压力 $p$、全容积 $V$ 和介质的性质有关。TSG 21—2016《固定式压力容器安全技术监察规程》(简称“固容规”)根据介质，设计压力和容积等三个因素将适用范围的压力容器分为三类。现介绍其分类方法。

①介质分组。压力容器的介质为气体、液化气体、介质最高工作温度高于或者等于其标准沸点的液体，按其毒性危害程度和爆炸危险程度分为两组。

第一组介质：毒性危害程度为极度危害、高度危害的化学介质，易爆介质，液化气体。

第二组介质：除第一组介质以外的介质。

②压力容器分类。按照介质特性，选择相应分类图，如图 6.2 和图 6.3 所示，再根据设计压力 $p$ 和容器 $V$，标出坐标点，确定容器类别。

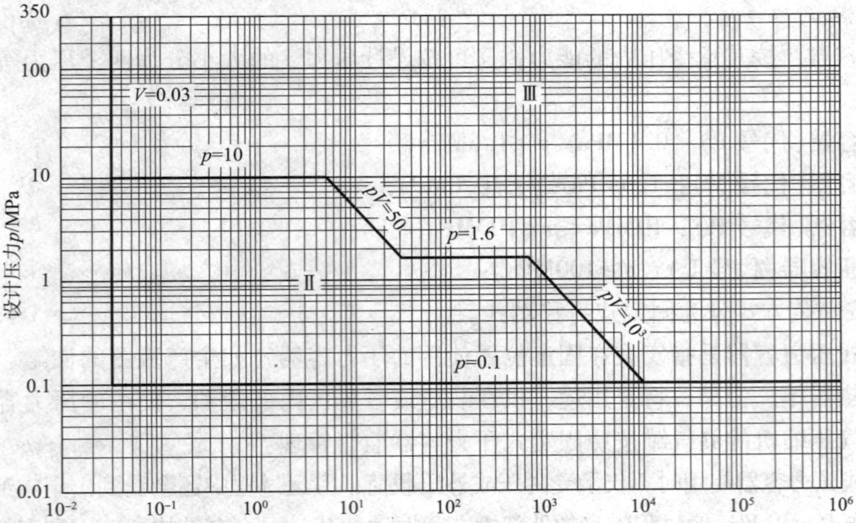


图 6.2　压力容器分类图——第一组介质

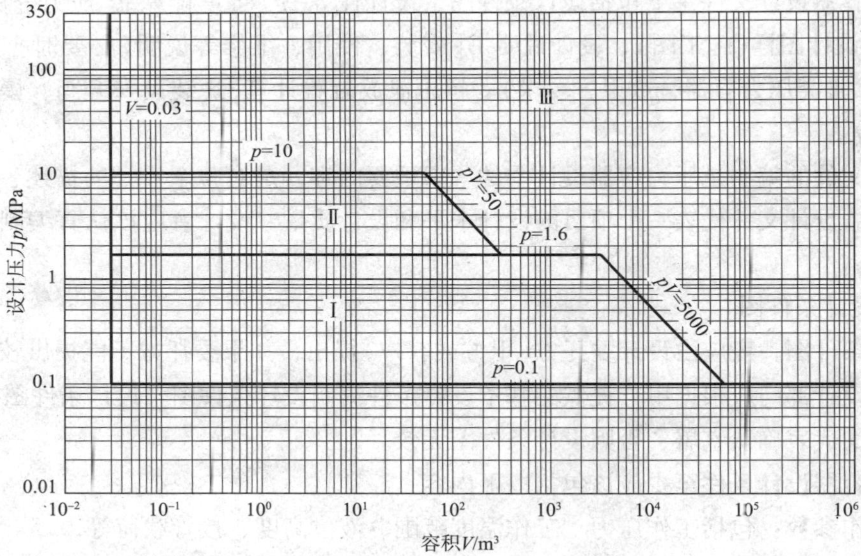


图 6.3　压力容器分类图——第二组介质

## 6.2　压力容器设计内容与基本要求

### 6.2.1　压力容器设计内容

压力容器(过程设备)设计过程不仅是壳体的设计计算问题，最终要完成的是一个完整的设备施工图设计。总体来说，压力容器设计主要包括工艺设计、强度设计、施工图设计(结构设计)。

(1)工艺设计

压力容器的工艺设计即为结构初步设计。根据工艺设计计算，选定设备的基本形式，初定主要结构尺寸；提供设计条件图、管口方位图、管口表等。

(2)强度设计

强度设计在工艺设计计算全部完成后进行，主要任务是合理选择设备各零部件材料；合理确定各零部件的强度尺寸、刚度尺寸及稳定性尺寸。

(3)施工图设计

施工图设计即为结构的详细设计过程。主要有两个任务：在设计计算完成前绘制初步结构设计图及阶段性结构设计图，供设计计算用；在设计计算完成后，根据设计计算结果和有关的标准规范绘制出完整的设备施工图，供加工制造用。

压力容器的工艺设计，一般由工艺专业来完成；强度设计和施工图设计由机械专业完成。本课程重点介绍压力容器强度设计的相关内容。

压力容器设计文件主要包括设计条件图、设计任务书、强度计算书[应力分析报告(必要时)]、设计图样(施工图)、设计说明书[安装、使用、维修等说明(必要时)]、风险评估报告(第Ⅲ类压力容器，或甲方要求)、超压泄放装置计算书(装设安全阀、爆破片的压力容器)等。

设计文件的编制是压力容器设计中的一项重要内容，是对整个设计的描述、汇总、整理和总结。设计文件代表一个项目的设计水平和设计质量，设计者应该认真编制压力容器设计文件。

(1)设计条件图

设计条件图一般应由设计委托方(甲方或客户)提出，如果委托方不能提供较为规范的条件图，设计部门应根据甲方提供的基本设计条件编制设计条件图。设计条件图(表)必须有委托方的代表确认签署，否则设计条件图无效。

压力容器设计条件至少应该包括以下内容：

①操作参数：包括工作压力、工作温度范围、液位高度、接管载荷等；

②压力容器使用地及其自然条件：包括环境温度、抗震设防烈度、风和雪载荷等；

③介质组分及特性；

④预期使用寿命；

⑤几何参数和管口方位；

⑥设计需要的其他必要条件。

(2)设计任务书

设计单位技术负责人或设计管理负责人，根据设计条件图编制设计任务书，向设计人员下达设计任务。

(3)设计图样

施工图设计图样包括：总装图(装配图)、部件图(零部件图)、零件图、管口方位图(可以在总图上，也可以单独出图)、标准图、通用图等。

压力容器的设计总图上至少应注明以下内容：

①压力容器名称、类别，设计、制造所依据的主要法规、标准；

②工作条件，包括工作压力、工作温度、介质毒性和爆炸危害程度等；

③设计条件，包括设计温度、设计载荷(包含压力在内的所有应当考虑的载荷)、介质(组分)、腐蚀余量、焊接接头系数、自然条件等，对储存液化气体的储罐应当注明装量系数，对有应力腐蚀倾向的储存容器应当注明介质的限定含量；

④主要受压元件材料牌号与材料标准；

⑤主要特性参数(如压力容器容积、换热器换热面积与程数等)；

⑥压力容器设计使用年限(疲劳容器标明循环次数)；

⑦特殊制造要求；

⑧热处理要求；

⑨耐压试验与泄漏试验要求；

⑩压力容器名牌的位置；

⑪包装、运输、现场组焊和安装要求等。

(4)强度设计计算书

压力容器的主要受压元件必须有强度计算书。强度计算可以手工计算，也可以采用计算机软件(如 SW6 等软件)进行计算。但无论是手工计算还是采用计算机软件计算，其计算结果的正确性均由设计者负责。选用标准的设备法兰、接管法兰、人孔、手孔、液面计等受压零部件可不进行强度计算。

(5)设计说明书

无特殊要求的一般压力容器，可不另编写设计说明书。对容器的制造、检验、运输、安装、运行、检修有特殊要求需说明时，由设计者决定是否单独编写设计说明书。

(6)风险评估报告

对于第Ⅲ类压力容器和用户有要求时，设计单位应当出具包括主要失效模式和风险控制等内容的风险评估报告。

## 6.2.2 压力容器设计基本要求

(1)满足使用要求

压力容器结构形式、尺寸规格、使用条件(压力、温度、介质腐蚀性)以及其他载荷条件，是由设备在工艺装置中的功能要求所决定。因此，要求设备必须能满足生产条件下处理物料的功能要求，如输送、传热、传质、分离、储存等工艺要求。

(2)安全可靠性

确保设备安全使用的基本要求，包括设备的强度、刚度、稳定性、密封性和耐蚀性。

①强度是指容器抵抗外力破坏的能力。容器及其构件应有足够的强度，以保证设备安全运行。

②刚度是指构件抵抗外力使其产生变形的能力。容器及其构件必须有足够的刚度，以防止在使用、运输或安装过程中发生过大的变形。有时设备构件的设计主要取决于刚度而不是决定于强度。

③稳定性是指容器或构件在外力作用下维持其原有形状的能力。承受外压的容器壳体或承受压力的构件，必须保证足够的稳定性，以防止被压瘪或出现褶皱。

④密封性。过程设备的密封性是一个十分重要的问题。设备密封的可靠性是安全生产的重要保证之一。过程工业生产中的物料介质很多具有易燃、易爆或有毒的特性，设备内的物料如果泄漏出来，不但会造成生产上的损失，更重要的是会污染环境，使操作人员中毒甚至引起爆炸事故。因此，过程设备必须具有可靠的密封性，以保证安全和创造良好的劳动环境以及维持正常的操作条件。

⑤腐蚀性。材料的耐蚀性对于保证承压设备的使用寿命和安全运行是极其重要的，设备的设计则应根据具体操作条件和介质腐蚀类型，选用相适应的设备材料，使其能耐所处理介质的腐蚀，或采取必要的防腐措施以及正确的施工方法。

另外，承压设备的所有零部件之间除个别螺栓连接外，基本上都是焊接连接，因此，在压力作用下，设备本体材料和焊接接头应具有足够的强度。这些焊接接头处往往具有结构不连续、受力情况复杂的特点，同时由于不免存在焊接缺陷，有可能造成这些连接部位的削弱，因此，在强度设计及制造检验过程中都应予以重视。

(3)经济合理性

压力容器设计既要安全可靠，又要经济合理。首先在保证使用寿命前提下要选材合理，在保证工艺过程要求的前提下结构要简单，并方便制造、检验、维修，最终使设备总成本尽可能降低。

## 6.3 压力容器法规、标准体系简介

为确保压力容器在设计寿命内安全可靠地运行，世界各国都制定了一系列压力容器法规和标准，给出材料、设计、制造、检验、维修和使用等方面的基本要求。随着科学技术的进步，压力容器规范标准的内容和形式不断更新，新版本实施后，老版本便自动作废。设计师需要创造性地使用规范标准，根据具体设计要求，在满足规范标准基本要求的前提下，做出最佳的设计方案。

### 6.3.1 国外主要标准规范简介

#### 6.3.1.1 ASME 规范

ASME 是美国机械工程师学会(American Society of Mechanical Engineers，简称 ASME)的英文缩写。美国机械工程师学会成立于 1880 年，在世界各地建有分部，是一个有很大权威和影响的国际性学术组织。ASME 主要从事发展机械工程及其有关领域的科学技术，发展与其他工程学会和协会的合作，开展标准化活动，制定机械规范和标准。它拥有 125000 个成员，管理着全世界最大的技术出版署，主持每年 30 个技术会议，200 个专业发展课程，并制定了许多工业和制造标准。自成立以来，ASME 领导了机械标准的发展，从最初的螺纹标准开始，到现在已发展了超过 600 多个标准。

美国是世界上最早制定压力容器规范的国家。ASME 于 1911 年成立了锅炉及压力容器委员会(BPVC)，负责制定和解释锅炉压力容器设计制造规范。1915 年春出现了世界上第一部压力容器规范，即《锅炉建造规范 · 1914 版》，这是 ASME 锅炉及压力容器规范(以下简称“ASME 规范”)各卷的开始，后来成为 ASME 规范的第Ⅰ卷《动力锅炉》。在 1914—1915 年颁布了这个规范(指令)以后，该指令又与各个州及加拿大的法律相结合。ASME 已成为主要在技术、教育及调查领域内世界性的工程学机构。此外，ASME 还是 ANSI(美国国家标准协会)五个发起单位之一。ANSI 的机械类标准主要由它协助提出，并代表美国国家标准委员会技术顾问小组参加 ISO 的活动。

目前 ASME 规范共有十二卷，包括锅炉、压力容器、核动力装置、焊接、材料、无损检测等内容，篇幅庞大，内容丰富，且修订更新及时，全面包括了锅炉和压力容器质量保证的要求。目前，ASME 规范每两年出版一个新的版本。在形式上，ASME 规范分为四个层次，即规范(Code)、规范案例(Code Case)、条款解释(Interpretation)及规范增补(Addenda)。

ASME 规范中与压力容器设计有关的主要是第Ⅱ卷《材料》、第Ⅴ卷《无损检测》、第Ⅷ卷《压力容器建造规则》、第Ⅸ卷《焊接，钎焊和粘接评定》、第Ⅹ卷《纤维增强塑料压力容器》。其中，第Ⅷ卷又分为 3 个分篇：第 1 分篇《压力容器建造规则》，第 2 分篇《压力容器建造另一规则》和第 3 分篇《高压容器建造规则》，以下分别简称为 ASME Ⅷ-1、ASME Ⅷ-2 和 ASME Ⅷ-3。1925 年首次颁布的 ASME Ⅷ-1 为常规(规则)设计标准，适用压力小于等于 20MPa；以弹性失效设计准则为依据，根据经验确定材料的许用应力，并对零部件尺寸作出一些具体规定。由于它具有较强的经验性，故许用应力较低。ASME Ⅷ-1 不包括疲劳设计，但包括静载下进入高温蠕变范围的容器设计。ASME Ⅷ-2 为分析设计标准，于 1968 年首次颁布，它要求对压力容器各区域的应力进行详细的分析，并根据应力对容器失效的危害程度进行应力分类，再按不同的安全准则分别予以限制。与 ASME Ⅷ-1 相比，ASME Ⅷ-2 对结构的规定更为详细，对材料、设计、制造、检验和验收的要求更为严格，允许采用较高的许用应力，设计出的容器壁厚较薄。ASME Ⅷ-2 包括了疲劳设计，但设计温度限制在蠕变温度以内。为解决高温压力容器的分析设计，在 1974 年后又补充了一份《规范案例 N-47》。1997 年首次颁布了的 ASME Ⅷ-3，主要适用于设计压力不小于 70MPa 的高压容器，它不仅要求对容器各零部件做详细的应力分析和分类评定，而且要作疲劳分析或断裂力学评估，是目前为止要求最高的压力容器规范。第Ⅹ卷《纤维增强塑料压力容器》，是现有 ASME 规范中唯一的非金属材料篇，该篇对纤维增强塑料压力容器的材料、设计、检验等提出了要求。

#### 6.3.1.2 欧盟压力容器规范标准

欧盟将压力容器、压力管道、安全附件、承压附件等以流体压力为基本载荷的设备统称为承压设备。随着欧盟统一市场的建立和欧元的面市，为促进承压设备在欧盟成员国内的自由贸易，尽可能地在最广泛的工业领域内实施统一的技术规范，欧盟颁布了许多与承压设备有关的 EEC/EC(欧洲经济共同体/欧盟)指令(DIRECTIVE)和协调标准(HARMONIZED STANDARDS)。

EEC/EC 指令侧重于安全管理方面的要求，只涉及产品安全、工业安全、人体健康、消费者权益保护的基本要求，是欧盟各成员国制定相关法律的指南。指令生效后，欧盟各个成员国必须把指令转化为本国监察规程或国家法律，并在指令规定的期限内强制执行。与压力容器有关的 EEC/EC 指令主要有：76/767/EEC《压力容器一般指令》、87/404/EEC《简单压力容器指令》和 97/23/EEC《承压设备指令》。76/767/EEC 为压力容器及其检验的一般规定；87/404/EEC 仅适用于介质为空气或氮气、压力(表压)超过 0.05MPa 的简单压力容器；97/23/EEC 适用于最高工作压力大于 0.05MPa 的承压设备的设计、制造和合格评估。

欧盟协调标准一般由欧洲标准化委员会(CEN)、欧洲电工标准化委员会(CENELEC)等技术组织制定，协调标准是非强制的，但企业若采用协调标准，就意味着满足了指令的基本要求。EN 13445《非火焰接触压力容器》是与 97/23/EEC 相对应的欧洲协调标准，其主要内容有：总则、材料、设计、制造、检验和试验、安全系统和铸铁容器。按照 EN 13445 规定设计、制造的压力容器，被自动认为满足 97/23/EEC 的要求。

## 6.3.2 国内主要标准规范

### 6.3.2.1 我国特种设备法规体系

我国将涉及生命安全、危害性较大的锅炉、压力容器(含气瓶)、压力管道、电梯、起重机械、客运索道、大型游乐设施和场(厂)内专用机动车辆等八大类别的设备统称为特种设备。为防止和减少事故，保障人民群众生命和财产安全，我国对特种设备实施全过程安全监察，形成了“国家法律－行政法规－部门规章－安全技术规范”四个层次的法规体系结构。

全过程包括特种设备的生产(含设计、制造、安装、改造、维修)、使用、检验检测及其监督检查等环节。实施全过程安全监察是保证设备安全的行之有效的手段。特种设备安全问题设计的因素有多方面，各个环节之间相互联系、互相影响。如设计、制造时，不但要考虑设备本身的安全要求，还要考虑安装、使用、检验等环节的要求。

(1)国家法律

需经全国人民代表大会通过、国家主席令发布的法律条文为国家法律。我国有关压力容器的第一部法律为《中华人民共和国特种设备安全法》(以下简称《特种设备安全法》)，于 2014 年 1 月 1 日正式实施。

《特种设备安全法》适用于特种设备的生产(包括设计、制造、安装、改造、修理)、经营、使用、检验、检测和特种设备安全的监督管理。

《特种设备安全法》所称特种设备，是指对人身和财产安全有较大危险性的锅炉、压力容器(含气瓶)、压力管道、电梯、起重机械、客运索道、大型游乐设施、场(厂)内专用机动车辆，以及法律、行政法规规定适用本法的其他特种设备。

《特种设备安全法》规定，国家对特种设备实行目录管理。特种设备目录由国务院负责特种设备安全监督管理的部门制定，报国务院批准后执行。

《特种设备安全法》对特种设备的生产、经营、使用，检验、检测，监督管理，事故处理，法律责任等方面作出了规定。

(2)行政法规

指由国务院发布的行政法规，如《特种设备安全监察条例》，最新版为 2009 年版。

(3)部门规章

指以国家管理部门首长签发的部门令。部门规章是将《特种设备安全法》和《特种设备安全监察条例》的各项规定和要求，从行政管理的操作层面具体化。例如《特种设备质量监督与安全监察规定》《锅炉压力容器压力管道特种设备事故处理规定》等。

(4)安全技术规范

安全技术规范是政府对特种设备安全性能和相应的设计、制造、安装、修理、改造、使用和检验检测等环节提出的一系列安全基本要求，基本也是属于部门法规，对于特种设备，安全技术规范是指规定强制执行的一系列规范性文件。其作用是把法律法规和行政规章的原则规定具体化。如《固定式压力容器安全技术监察规程》《锅炉压力容器制造许可条件》《压力容器与压力管道设计许可规则》等。

最新的部门法规，为国家市场监督管理总局于2019年5月13日颁布的TSG 07—2019《特种设备生产和充装单位许可规则》，规定了我国境内使用的特种设备的设计、制造、安装、改造、修理、充装单位的许可规则。新的许可规则将压力容器设计许可证分为三种类型：压力容器分析设计(SAD)；固定式压力容器规则设计；移动式压力容器规则设计。

下面对《固定式压力容器安全技术监察规程》进行简单介绍。

①《固定式压力容器安全技术监察规程》简称“容规”的发展过程

1981年，国家劳动总局颁发了《压力容器安全监察规程》。1990年，国家劳动部在总结执行经验的基础上，修订了1981版规程，改名为《压力容器安全技术监察规程》，并与1991年1月正式实施。1999年，国家质量技术监督局又对1991版规程进行了修订，颁布了1999版《压力容器安全技术监察规程》。

考虑到影响移动式压力容器安全的因素比固定式压力容器更加复杂，以及罐式集装箱的国际流动性，同时更好地与国际接轨，我国将固定式和移动式压力容器分开，分别制定《固定式压力容器安全技术监察规程》和《移动式压力容器安全技术监察规程》。2009年8月，由国家质量监督检验检疫总局颁布《固定式压力容器安全技术监察规程》(TSG R0004—2009)，于2009年12月执行。

2013年7月，国家质量监督检验检疫总局特种设备安全监察局下达制定《固定式压力容器安全技术监察规程》(以下简称“固容规”)的立项任务书，要求以原有的《固定式压力容器安全技术监察规程》(TSG R0004—2009)、《非金属压力容器安全技术监察规程》(TSG R0001—2004)、《超高压容器安全技术监察规程》(TSG R0002—2005)、《简单压力容器安全技术监察规程》(TSG R0003—2007)、《压力容器使用管理规则》(TSG R5002—2013)、《压力容器定期检验规则》(TSG R7001—2013)、《压力容器监督检验规则》(TSG R7004—2013)等7个规范为基础，形成关于固定式压力容器的综合规范。2016年2月22日，国家质量监督检验检疫总局(特种设备安全监察局)正式颁布了“固容规”，即《固定式压力容器安全技术监察规程》(TSG 21—2016)。

②《固定式压力容器安全技术监察规程》(TSG 21—2016)的适用范围

“固容规”适用于特种设备目录所定义的、同时具备下列条件的压力容器：

a）工作压力大于或者等于0.1MPa；

b）容积大于或者等于0.03$m^3$并且内直径（非圆形截面指面内边界最大几何尺寸）大于或者等于150mm；

c）盛装介质为气体、液化气体以及介质最高工作温度高于或者等于其标准沸点的液体。

#### 6.3.2.2 我国压力容器标准简介

（1）我国标准化体系

按照《标准化法》规定，我国标准分为四个层次：

国家标准：现行与压力容器相关的标准约有10个，如GB/T 150《压力容器》、GB/T 151《热交换器》等；

行业标准：（1987年以前称为“部标准”，1987～1991年称为“专业标准”，1991年以后称为“行业标准”）：与压力容器相关标准约有50多个。如NB/T 47041《塔式容器》、NB/T 47042《卧式容器》、JB 4732《钢制压力容器——分析设计标准》等；

地方标准：各省、市级颁布的标准；

企业标准：企业内部自行制定的产品标准。

国家标准和行业标准又分为强制性和推荐性标准两类。

（2）我国压力容器设计标准发展过程

我国压力容器行业从20世纪60年代初开始着手制定较为完整的压力容器设计规范。1967年完成了《钢制石油化工压力容器设计规定》（草案）的编制，后于1977年修订，由石油部、化工部、机械部联合颁布了《钢制石油化工压力容器设计规定》，为我国第一部压力容器设计标准。1982年，中国石化总公司、化工部、机械部联合颁布《钢制石油化工压力容器设计规定》（修订版）。内容含：壳体设计、卧式容器设计、立式容器设计、管壳式换热器管板设计、U形膨胀节设计等。1984年7月成立了“全国压力容器标准化技术委员会”（以下简称“容标委”），由容标委组织修订并颁布了1985版《钢制石油化工压力容器设计规定》。

容标委以《钢制石油化工压力容器设计规定》为基础，经充实、完善和提高，于1989年颁布了《钢制压力容器》（GB 150—1989）。这是我国第一部压力容器设计国家标准。同时，将原“设计规定”中的“管壳式换热器管板设计”内容分离出来，单独形成国家标准《钢制管壳式换热器》（GB 151—1989），并增加了“制造、检验与验收”的内容。

1998年，由国家质量技术监督局颁布了全面修订后的新版《钢制压力容器》（GB 150—1998）。将1989版中的“卧式容器、直立容器、U形膨胀节”等内容撤销，另编制国家标准或行业标准。例如NB/T 47041《塔式容器》、NB/T 47042《卧式容器》、JB 4732《钢制压力容器——分析设计标准》等。

为使GB 150满足《固定式压力容器安全技术监察规程》的规定，结合近些年有色金属压力容器的发展，对 GB 150—1998 版又进行修订，于 2011 年由国家质量监督检验检疫总局颁布了新版压力容器标准，并更名为《压力容器》，由 GB 150.1—2011《压力容器 第 1 部分：通用要求》、GB 150.2—2011《压力容器 第 2 部分：材料》、GB 150.3—2011《压力容器 第 3 部分：设计》、GB 150.4—2011《压力容器 第 4 部分：制造、检验和验收》等四部分组成。

2017 年，根据强制性标准整合精简工作结论，国家质量监督检验检疫总局、国家标准化管理委员会发布 2017 年 7 号文，将《压力容器》等强制性国家标准转化为推荐性国家标准。标准代号由 GB 改为 GB/T，标准顺序号和年代号不变(以下简称 GB/T 150)。伴随 GB/T 150 一起发展的还有 GB/T 151—2014《热交换器》。

## 6.4 压力容器设计方法概述

压力容器设计方法主要有两种：规则设计方法，也称常规设计；分析设计方法。

### 6.4.1 规则设计法简介

规则设计法的基本思想是以组成压力容器的每个元件为研究对象，采用弹性失效设计准则，对单个构件进行强度设计计算。只考虑单一的最大载荷工况，按一次施加的静力载荷处理，不考虑交变载荷，也不区分短期载荷和永久载荷，因而不涉及容器的疲劳问题。

在求解压力容器各受压元件应力时，主要采用材料力学及板壳理论(本书第 2 章、第 3 章内容)，按最大拉应力理论来推导受压元件的强度尺寸计算公式。强度校核时，大部分场合将受压元件的应力强度限制在材料的许用应力以内；对于可能导致失稳的元件，则根据所计算出的临界压力并引入必要的稳定性系数，作为其许用压力。对结构不连续处的边缘应力，采用引入各种系数来限制。

由于规则设计方法简单可靠，经历了长期的实践考验，目前仍为各国压力容器设计标准所采用。GB/T 150《压力容器》和 ASME Ⅷ-1 的设计方法都属于规则设计标准。本课程主要介绍压力容器的规则设计方法。

### 6.4.2 分析设计法简介

压力容器承受的载荷有多种多样，除了压力载荷外还有其他机械载荷，如重力载荷、支座反力载荷、风和地震载荷、热位移载荷等。规则设计法仅考虑了压力载荷，且以弹性失效设计准则为依据，不能确定局部位置的实际应力并加以限制等。可见，规则设计法是一种近似的设计方法，存在一定的局限性。为了克服规则设计法的局限性，1965 年美国颁布了首部分析设计标准(ASMEⅧ-2)，提出了分析设计的思想和方法。

分析设计主导思想是以容器整体为研究对象，以塑性失效准则、弹塑性失效准则为基础，采用精细的力学分析手段对压力容器进行设计。详细计算不同部位的应力强度值，然后根据这些应力对容器强度失效所起作用的大小，将其应力分类，再给予不同的应力限制条件。

#### 6.4.2.1 应力分类

压力容器应力分类的依据是应力对容器失效所起作用的大小。这种作用取决于两个因素：一是应力产生的原因，即应力是外载荷直接产生的还是在变形协调过程产生的，外载荷是机械载荷还是热载荷；二是应力作用区域与分布形式，即应力作用的是总体范围还是局部范围，沿厚度的分布是均匀的还是线性的或非线性的。

目前，应力分类方法是将压力容器中的应力分为三大类：一次应力、二次应力和峰值应力。

(1)一次应力 $P$

一次应力 $P$ 也称基本应力，它是由于机械外载荷的作用而在容器部件中产生的应力。一次应力必须满足外载与内力的平衡关系，即可按静力平衡条件加以确定；一次应力具有非自限性，应力随外载增加而增大，不会因达屈服而自行限制。

一次应力还分以下三种：

①一次总体薄膜应力($P_m$)：均匀分布于整个壳体及其截面上的薄膜应力。第 3 章介绍的受内压的圆筒、球壳等的薄膜应力均属此类；

②一次弯曲应力($P_b$)：沿壁厚呈线性分布，它在内、外表面上大小相等、方向相反，如由于内压作用在平盖上产生的弯曲应力，属于一次弯曲应力，当内压达到一定值时，首先是内、外表面进入屈服，其他部位仍处于弹性状态，由于这一特点，这类应力对容器的危害性没有总体膜应力 $P_m$ 那么大，允许有较高的许用应力；

③一次局部薄膜应力($P_L$)：在结构不连续区域由内压或其他机械载荷引起的薄膜应力和结构不连续效应产生的薄膜应力统称为一次局部薄膜应力，它的作用范围是局部区域，由于包含了结构不连续效应产生的薄膜应力，它还具有一些自限性，表现出二次应力的一些特征，从保守角度考虑，仍将它划为一次应力。如筒体和封头连接处的薄膜应力、在容器的支座或接管处由外部力或力矩引起的薄膜应力。

(2)二次应力($Q$)

由于容器部件的自身约束或相邻部件的约束而产生的正应力或剪应力称为二次应力。二次应力有以下两个特性：

①变形协调性：二次应力不是外载荷直接引起的，其作用不是平衡外载荷，而是使结构在受载时变形协调，即为了满足变形协调所引起的应力。

②具有自限性：当局部范围内的材料产生屈服或小量变形(塑性流动)时，相邻部分之间的约束便得到缓和，使变形趋向协调不再继续发展，应力则自动地限制在一定范围内不再继续增长。

(3)峰值应力($F$)

峰值应力是由局部结构不连续和局部热应力的影响而叠加到一次和二次应力之上的

应力增量。或者说峰值应力是指在局部应力集中处的总应力(最大应力)中，扣除一次和二次应力后多出的应力值。如壳体和接管连接处(接管根部)，结构上的小半径过渡圆角，未焊透、未熔合、咬边、裂纹等缺陷处，都会引起应力集中，在这些部位存在峰值应力。

峰值应力的基本特征是：应力分布区域很小，不会引起整个结构的任何明显变形，而只是导致容器产生疲劳破坏或脆性断裂的可能根源，因此，在一般设计中不予考虑，只是在疲劳设计时加以限制。

#### 6.4.2.2 应力强度及其许用值

第5章介绍的弹性失效准则中有四种强度理论，对于复杂应力状态，各强度理论所得的相当应力即为应力强度。

分析设计中划分了五类基本应力强度：一次总体薄膜应力强度 $S_{\mathrm{I}}=P_{\mathrm{m}}$；一次局部薄膜应力强度 $S_{\mathrm{II}}=P_{\mathrm{L}}$；一次薄膜加一次弯曲应力强度 $S_{\mathrm{III}}=P_{\mathrm{m}}(P_{\mathrm{L}})+P_{\mathrm{b}}$；一次加二次应力强度：$S_{\mathrm{IV}}=P_{\mathrm{m}}(P_{\mathrm{L}})+P_{\mathrm{b}}+Q$；峰值应力强度：$S_{\mathrm{V}}=P_{\mathrm{m}}(P_{\mathrm{L}})+P_{\mathrm{b}}+Q+F$。

综合上述分析，各类应力强度的限制条件如下：

(1)一次总体膜应力强度限制条件：

$$S_{\mathrm{I}}\leqslant KS_{\mathrm{m}} \tag{6-1}$$

(2)一次局部膜应力强度限制条件：

$$S_{\mathrm{II}}\leqslant 1.5KS_{\mathrm{m}} \tag{6-2}$$

(3)一次薄膜应力加一次弯曲应力强度条件：

$$S_{\mathrm{III}}\leqslant 1.5KS_{\mathrm{m}} \tag{6-3}$$

(4)一次应力加二次应力强度条件：

$$S_{\mathrm{IV}}\leqslant 3S_{\mathrm{m}} \tag{6-4}$$

(5)峰值应力强度条件：由于峰值应力同时具有局部性和自限性，它不会引起总体的明显变形，其危害在于可能导致疲劳失效或脆性断裂。按照疲劳设计准则，峰值应力强度应由疲劳设计曲线所确定的许用应力幅 $S_{\mathrm{a}}$进行评定，即：

$$S_{\mathrm{V}}\leqslant S_{\mathrm{a}} \tag{6-5}$$

式中 $K$——载荷组合系数，$K=1\sim1.25$；

$S_{\mathrm{m}}$——设计应力强度(即许用应力)，MPa；

$S_{\mathrm{a}}$——许用应力幅，MPa。

应力分析设计法经过50多年的发展，其内涵不断得到扩充和调整，已经成为通用的、成熟的压力容器设计方法。世界很多国家都建立了以分析设计方法为依据的压力容器设计标准。我国于1995年首次颁布了压力容器分析设计标准，即《钢制压力容器——分析设计标准》(JB 4732—1995)。

## 思考题

1. 何为压力容器？
2. 按照压力等级，内压容器分为几种？
3. 按照安全管理分类，压力容器分几类？哪类最危险？
4. 压力容器设计包括哪些内容？
5. 压力容器设计文件包括哪些内容？
6. 我国特种设备法规体系包括哪几个层次？
7. 什么是压力容器规则设计法？
8. 什么是一次应力？
9. 什么是二次应力？
10. 应力分析设计法的主导思想是什么？

# 7 压力容器规则设计

根据第6章介绍，压力容器规则设计方法是仅考虑压力载荷，以弹性失效设计准则为依据，进行压力容器各个受压元件的强度设计。本章结合 GB/T 150《压力容器》，重点介绍内压圆筒和外压圆筒的设计计算、封头设计计算、法兰连接设计、开孔补强设计等内容。

## 7.1 内压薄壁圆筒设计计算

### 7.1.1 内压圆筒体强度设计计算公式

规则设计采用弹性失效设计准则。对于薄壁容器，按第一强度理论得到强度条件，即：

$$\sigma_{eq} = \sigma_1 \leqslant [\sigma]^t \tag{7-1}$$

对于承受均匀内压作用的薄壁圆筒，由第3章无力矩理论知，容器器壁中产生的两向薄膜应力按公式(3-8)计算，即：

经向(轴向)应力：
$$\sigma_{\varphi} = \frac{pR}{2\delta}$$

周向(切向)应力：
$$\sigma_{\theta} = \frac{pR}{\delta}$$

$\sigma_{\theta} > \sigma_{\varphi}$，将 $\sigma_{\theta} = \sigma_1$ 代入式(7-1)得：

$$\sigma_1 = \sigma_{\theta} = \frac{pR}{\delta} = \frac{pD}{2\delta} \leqslant [\sigma]^t \tag{7-2}$$

式中 $R$——筒体中间面半径，mm；

$D$——筒体中间面直径，mm；

$\delta$——筒体的壁厚，mm；

$[\sigma]^t$——筒体材料在设计温度下材料的许用应力，MPa。

因为一般由钢板卷制的圆筒体的公称直径为内径，所以，在容器设计中，一般只给出内径 $D_i$，则 $D = D_i + \delta$；考虑到焊缝缺陷对容器强度的影响，在许用应力项引入焊缝系数 $\varphi$ ($\varphi \leqslant 1$)，代入式(7-2)并整理，则圆筒体壁厚计算公式为：

$$\delta = \frac{p_c D_i}{2[\sigma]^t \phi - p_c} \tag{7-3}$$

此外，考虑容器内部盛装介质及周围环境对容器元件的腐蚀作用，引入腐蚀余量 $C_2$，得到圆筒的设计厚度计算公式：

$$\delta_d = \frac{p_c D_i}{2[\sigma]^t \varphi - p_c} + C_2 \tag{7-4}$$

再考虑供货钢板厚度的负偏差 $C_1$ 等因素，并将计算值向上圆整至钢板标准值，则筒体名义壁厚设计为：

$$\delta_n = \delta_d + C_1 + \Delta \tag{7-5}$$

式中 $\delta$——计算厚度，mm；

$\delta_d$——设计壁厚，mm；

$\delta_n$——名义厚度，mm；

$D_i$——筒体内径，mm；

$p_c$——计算压力，MPa；

$C$——壁厚附加量，$C = C_1 + C_2$，mm；

$\Delta$——壁厚圆整量，mm；

$\varphi$——焊接接头系数；

其余符号意义同前。

公式(7-3)为第一强度理论的中径公式，公式适用于范围为 $p \leqslant 0.4[\sigma]^t\phi$，相当于 $K = D_o/D_i \leqslant 1.5$。注意：按照无力矩理论，适用范围为 $K \leqslant 1.2$，此处适用范围扩大到1.5是工程设计所接受的。详细分析见参考文献[10]。

当已知圆筒尺寸 $D_i$、$\delta_n$ 或 $\delta_e$ 时，由公式(7-3)得强度校核公式(7-6)和最大允许工作压力公式(7-7)，即：

$$\sigma^t = \frac{p_c(D_i + \delta_e)}{2\delta_e} \leqslant [\sigma]^t \varphi \tag{7-6}$$

$$[p_w] = \frac{2\delta_e[\sigma]^t \varphi}{D_i + \delta_e} \tag{7-7}$$

式中 $\delta_e$——有效厚度，mm；

$[p_w]$——圆筒的最大允许工作压力，MPa

$\sigma^t$——设计温度下圆筒的计算应力，MPa。

### 7.1.2 设计参数的确定

(1)厚度

计算厚度 $\delta$。按强度条件厚度公式计算得到的厚度。需要时，还应计入其他载荷所需厚度。对于外压元件，系指满足稳定性要求的最小厚度。

设计厚度 $\delta_d$。计算厚度与腐蚀裕量 $C_2$ 之和为设计厚度。

名义厚度 $\delta_n$。设计厚度加上材料厚度负偏差 $C_1$ 后向上圆整至材料标准规格的厚度。名义厚度为图样标注厚度。

有效厚度 $\delta_e$。在容器使用寿命周期内能够承受内压的厚度为有效厚度，等于名义厚度

减去厚度附加量 $C$。即：

$$\delta_e = \delta_n - C_2 - C_1 = \delta_n - C \quad (7-8)$$

最小厚度。不包括腐蚀裕量的最小厚度 $\delta_{min}$，为刚度条件。碳素钢、低合金钢制容器不小于 3mm；高合金钢制容器，一般应不小于 2mm。

各厚度关系如图 7.1 所示。

还要注意：封头最小厚度；换热器壳体最小厚度；换热器管板最小厚度；塔壳圆筒为不包括腐蚀裕量的最小厚度；塔器裙座圆筒为包括腐蚀裕量的最小厚度等。

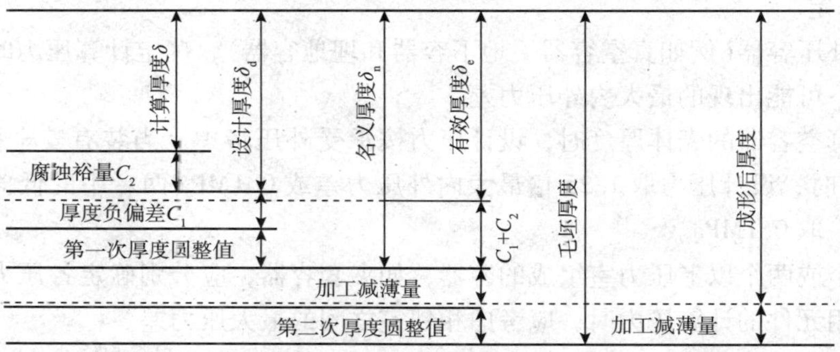


图 7.1 厚度关系示意图

（2）厚度附加量

厚度附加量由两部分组成：钢板或钢管的厚度负偏差 $C_1$（mm）；腐蚀裕量 $C_2$（mm）。

$$C = C_1 + C_2 \quad (7-9)$$

管板或钢管厚度负偏差 $C_1$ 应按相应钢材标准的规定选取。GB 150.1 规定，当钢材的厚度负偏差不大于 0.25mm，且不超过名义厚度的 6% 时，可取 $C_1 = 0$。GB/T 713《锅炉和压力容器用钢板》和 GB/T 3531《低温压力容器用钢板》中列举的压力容器专用钢板的厚度负偏差按 GB/T 709 中的 B 类要求，即 Q245R、Q345R 和 16MnDR 等压力容器用钢板的负偏差均为 -0.30mm。

为防止容器受压元件由于腐蚀、机械磨损而导致厚度削弱减薄，应考虑腐蚀裕量。对有均匀腐蚀或磨损的元件，应根据预期的容器设计使用年限和介质对金属材料的腐蚀速率（及磨蚀速率）确定腐蚀裕量，即：

$$C_2 = K_a B \quad (7-10)$$

式中 $K_a$——年腐蚀速率，可由材料腐蚀手册查得或由试验确定，mm/a；

$B$——容器的设计寿命，a（年）。

一般容器的设计寿命，除有特殊要求外，塔、反应器等主要容器一般不应少于 15 年；一般换热器等应不少于 8 年。

容器各元件受到的腐蚀程度不同时，可采用不同的腐蚀裕量。

介质为压缩空气、水蒸气或水的碳素钢或低合金钢制容器，腐蚀裕量不小于 1mm。对不锈钢，当介质腐蚀性极微小时，可取 $C_2 = 0$。

（3）压力

在压力容器设计中，压力如果没有特别指明，通常是指表压力，即指该容器的内部压力与环境大气压力的差值。

工作压力 $p_w$。在正常工作情况下，容器顶部可能达到的最高压力。一般情况下，最高工作压力由工艺专业提出，作为容器设计的基础数据。

设计压力 $p$。设定的容器顶部的最高压力，与相应的设计温度一起作为设计载荷条件，其值不低于工作压力。

①对于盛装液化气体的容器，如果具有可靠的保冷设施，在规定的装量系数范围内，设计压力应根据工作条件下容器内介质可能达到的最高温度确定，具体按“固容规”3.1.9.3 条确定。

②对于外压容器(例如真空容器、地下容器和埋地容器)，确定计算压力时应考虑在正常工作情况下可能出现的最大内外压力差。

③确定真空容器的壳体厚度时，设计压力按承受外压考虑。当装有安全控制装置(如真空泄放阀)时，设计压力取 1.25 倍最大内外压力差或 0.1MPa 两者中的低值；当无安全控制装置时，取 0.1MPa。

④由两个或两个以上压力室组成的容器，如夹套容器，应分别确定各压力室的设计压力。确定公用元件的计算压力时，应考虑相邻室之间的最大压力差。

⑤容器装有泄放装置时，一般以容器的设计压力作为超压限度的起始压力。具体按下述规定。

当容器(或管道)上装有安全阀时，容器的设计压力按以下步骤确定：

a)根据容器的工作压力 $p_w$，确定安全阀的整定压力(动作压力) $p_s$，一般 $p_s=(1.05\sim1.1)p_w$；当 $p_s<0.18\text{MPa}$ 时，可适当提高 $p_s$ 相对于 $p_w$ 的比值；

b)取容器的设计压力 $p$ 等于或稍大于整定压力 $p_s$，即 $p\geq p_s$。

当容器(或管道)装有爆破片安全装置时，容器的设计压力按以下步骤确定：

a)根据容器的工作压力 $p_w$，确定爆破片的最低标定爆破压力 $p_{smin}$，根据不同形式的拱形金属爆破片，推荐的 $p_{smin}$ 值如表 7.1 所示；

**表 7.1　最低标定爆破压力 $p_{smin}$**

| 爆破片形式 | 载荷性质 | $p_{smin}$/MPa |
|---|---|---|
| 普通正拱形 | 静载荷 | $\geq1.43p_w$ |
| 开缝正拱形 | 静载荷 | $\geq1.25p_w$ |
| 正拱形 | 脉动载荷 | $\geq1.7p_w$ |
| 反拱形 | 静载荷、脉动载荷 | $\geq1.1p_w$ |

b)选定爆破片的制造范围，爆破片的制造范围见表 7.2；

c)计算爆破片的设计爆破压力 $p_b$，$p_b$ 等于 $p_{smin}$ 加上所选爆破片制造范围的下限(按 $p_{smin}$ 查表 7.1，并取绝对值)；

d)管道的设计压力 $p$ 应不小于 $p_b$ 加上所选爆破片制造范围的上限。

表 7.2 爆破片的制造范围 MPa

| 爆破片类别 | 设计爆破压力 | 全范围 | | 1/2 范围 | | 1/4 范围 | | 0 范围 | |
|---|---|---|---|---|---|---|---|---|---|
| | | 上限(正) | 下限(负) | 上限(正) | 下限(负) | 上限(正) | 下限(负) | 上限 | 下限 |
| 正拱形 | >0.30~0.40 | 0.045 | 0.025 | 0.025 | 0.015 | 0.010 | 0.010 | 0 | 0 |
| | >0.40~0.70 | 0.055 | 0.035 | 0.030 | 0.020 | 0.020 | 0.010 | 0 | 0 |
| | >0.70~1.00 | 0.085 | 0.045 | 0.040 | 0.020 | 0.020 | 0.010 | 0 | 0 |
| | >1.00~1.40 | 0.110 | 0.065 | 0.060 | 0.040 | 0.040 | 0.020 | 0 | 0 |
| | >1.40~2.50 | 0.160 | 0.085 | 0.080 | 0.040 | 0.040 | 0.020 | 0 | 0 |
| | >2.50~3.50 | 0.210 | 0.105 | 0.100 | 0.050 | 0.040 | 0.025 | 0 | 0 |
| | >3.50 | 6.0% | 3.0% | 3.0% | 1.5% | 1.5% | 0.8% | 0 | 0 |
| 反拱形 | ≥0.1 | 0 | 10.0% | 0 | 5.0% | — | — | 0 | 0 |

注：对于正拱形爆破片，当设计爆破压力小于0.3MPa时，可由制造单位和使用单位(或设计单位)协商确定一个双方都能接受的较大的制造范围。

计算压力 $p_c$。在相应设计温度下，用以确定元件厚度的压力，其中包括液柱静压力等附加载荷。

$$p_c = p + \rho g h \times 10^{-6} \tag{7-11}$$

式中 $p_c$——计算压力，MPa；

$p$——设计压力，MPa；

$\rho$——液体密度，$kg/m^3$；

$h$——液面高度，m；

当壳体各部位或元件所承受的液柱静压力 $\rho gh$ 小于5%设计压力时，可忽略液体静压力，取 $p_c \approx p$。

装有超压泄放装置的压力容器，超压泄放装置的动作压力不得高于压力容器的设计压力；设计图样中注明最高允许工作压力的压力容器，超压泄放装置的动作压力不得高于该压力容器的最高允许工作压力。详细见 GB/T 150.1 附录 B.3.2 条规定。

最高允许工作压力。在指定的相应温度下，容器顶部所允许承受的最大压力。该压力是根据容器各受压元件的有效厚度，考虑了该元件承受的所有载荷而计算得到的，且取最小值。当压力容器的设计文件没有给出最高允许工作压力时，则可以认为该容器的设计压力即是最高允许工作压力。

试验压力。进行耐压试验或泄漏试验时，容器顶部的压力。

(4)温度

设计温度。容器在正常工作情况下，设定的元件的金属温度(沿元件金属截面的温度平均值)。设计温度与设计压力一起作为设计载荷条件。设计温度虽不直接反映在上述设计公式中，但它是设计中选择材料和确定许用应力时不可缺少的一个基本参数。容器的壁温可由实测类似设备获得，或由传热过程计算确定，当无法计算或实测壁温时，应按下列原则确定：

①设计温度不得低于元件金属在工作状态可能达到的最高温度。对于0℃以下的金属

温度，设计温度不得高于元件金属可能达到的最低温度；

②容器各部分在工作状态下的金属温度不同时，可分别设定每部分的设计温度；

③元件的金属温度通过以下方法确定，传热计算求得，在已使用的同类容器上测定，根据容器内部介质温度并结合外部条件确定。

最低设计金属温度。设计时，容器在运行过程中预期的各种可能条件下各元件金属温度的最低值。在确定最低设计金属温度时，应当充分考虑在运行过程中，大气环境低温条件对容器壳体金属温度的影响，尤其是常温储存压力容器。大气环境低温条件系指历年来月平均最低气温(指当月各天的最低气温值之和除以当月天数)的最低值。

试验温度。进行耐压试验或泄漏试验时，容器壳体的金属温度。

(5)焊接接头系数

焊接接头系数 $\phi$ 与焊接接头形式和无损检测比例有关。

①焊接接头分类

容器受压元件之间的焊接接头分为 A、B、C、D 四类，如图 7.2 所示。

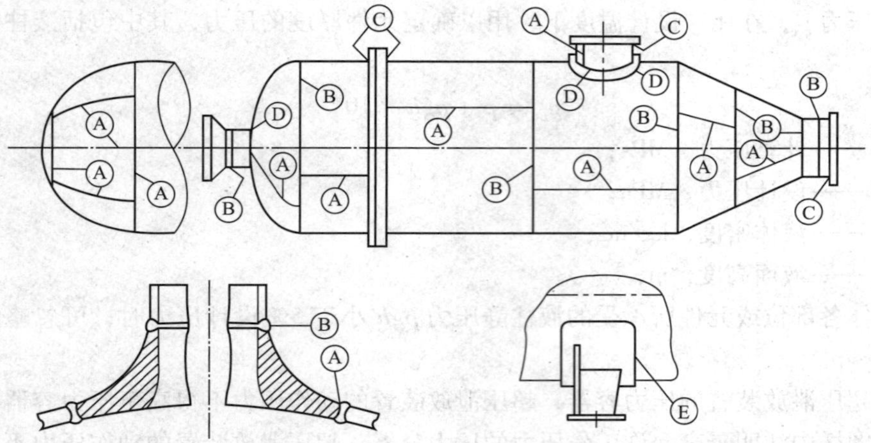


图 7.2　焊接接头分类

圆筒部分(包括接管)和锥壳部分的纵向接头(多层包扎容器层板层纵向接头除外)、球形封头与圆筒连接的环向接头、各类凸形封头和平封头中的所有拼焊接头和嵌入式的接管或凸缘与壳体对接连接的接头，属 A 类焊接接头。

壳体部分的环向接头、锥形封头小端与接管连接的接头、长颈法兰与壳体或接管连接的接头、平盖或管板与圆筒对接连接的接头以及接管间的对接环向接头，均属 B 类焊接接头，但已规定为 A 类的焊接接头除外。

球冠形封头，平盖、管板与圆筒非对接连接的接头，法兰与壳体或接管连接的接头，内封头与圆筒的搭接接头以及多层包扎容器层板层纵向接头，均属 C 类焊接接头，但已规定为 A 类、B 类的焊接接头除外。

接管(包括人孔圆筒)、凸缘、补强圈等与壳体连接的接头，均属 D 类焊接接头，但已规定为 A 类、B 类、C 类的焊接接头除外。

非受压元件与受压元件的连接接头，均属于 E 类焊接接头。

②焊接接头系数的确定

通过焊接制成的容器，焊缝中可能存在夹渣、未熔透、裂纹、气孔等焊接缺陷，且在焊缝的热影响区很容易形成粗大晶粒而使母材强度和塑性有所减低，因此焊缝往往称为容器强度比较薄弱的环节。焊接接头系数表示焊缝金属与母材强度的比值，反映容器强度受削弱的程度。焊接接头系数影响因素较多，但主要与焊接接头形式和焊缝无损检测的要求及长度比例有关，可按表7.3选取。

表7.3　钢制压力容器的焊接接头系数

| 焊接接头形式 | 无损检测比例 | $\phi$值 | 焊接接头形式 | 无损检测比例 | $\phi$值 |
|---|---|---|---|---|---|
| 双面焊对接接头和相当于双面焊的全熔透对接接头 | 100% | 1.00 | 单面焊对接接头(沿焊缝根部全长有紧贴基本金属的垫板) | 100% | 0.90 |
| | 局部 | 0.85 | | 局部 | 0.80 |

(6)许用应力和安全系数

许用应力是容器壳体、封头等受压元件所用材料的许用强度，许用应力的选择是强度计算的关键，为材料强度失效判据的极限值与安全系数之比，即：

$$[\sigma]^t = \frac{极限应力(\sigma^0)}{安全系数(n)} \tag{7-12}$$

材料强度失效极限值主要考虑屈服极限 $\sigma_s$、强度极限 $\sigma_b$、持久极限 $\sigma_D$、蠕变极限 $\sigma_n$。

安全系数为用于确定材料许用应力和容器在特定失效模式条件下的安全裕度，是一个综合指标，与国家的综合技术能力及压力容器的建造历史有关，安全系数代表技术的先进水平。主要有以下影响因素：压力容器材料的技术水平和供应稳定状况、强度设计准则和设计计算方法的可靠性、压力容器建造的技术能力、压力容器建造的质量管理方式和管理水平、压力容器使用管理的水平、其他未知因素等。

对应极限应力的安全系数有 $n_b$、$n_s$、$n_D$、$n_n$。我国"固容规"规定的规则设计法安全系数如表7.4所示。

表7.4　规则设计方法的安全系数

| 材　料<br>(板、锻件、管) | 安全系数 | | | |
|---|---|---|---|---|
| | 室温下的抗拉强度 $R_m$ | 设计温度下的屈服强度 $R_{eL}^t(R_{p0.2}^t)$ | 设计温度下持久强度极限平均值 $R_D^t$ | 设计温度下蠕变极限平均值(每1000h蠕变率为0.01%)$R_n^t$ |
| 碳素钢和低合金钢 | $n_b \geq 2.7$ | $n_s \geq 1.5$ | $n_D \geq 1.5$ | $n_n \geq 1.0$ |
| 高合金钢 | $n_b \geq 2.7$ | $n_s \geq 1.5$ | $n_D \geq 1.5$ | $n_n \geq 1.0$ |
| 钛及钛合金 | $n_b \geq 2.7$ | $n_s \geq 1.5$ | $n_D \geq 1.5$ | $n_n \geq 1.0$ |
| 镍及镍合金 | $n_b \geq 2.7$ | $n_s \geq 1.5$ | $n_D \geq 1.5$ | $n_n \geq 1.0$ |
| 铝及铝合金 | $n_b \geq 3.0$ | $n_s \geq 1.5$ | — | — |
| 铜及铜合金 | $n_b \geq 3.0$ | $n_s \geq 1.5$ | — | — |
| 锆及锆合金 | $n_b \geq 3.0$ | $n_s \geq 1.5$ | — | — |

**例题 7.1** 已知某内压圆筒的设计条件为：设计压力 $p_c = 0.8\text{MPa}$，设计温度 $t = 100℃$，圆筒体内径 $D_i = 1000\text{mm}$，工作介质具有轻微腐蚀性。请选用筒体材料并设计筒体壁厚。

**解：** 由于工作介质腐蚀性很小，故圆筒材料可选用碳钢或低合金钢，焊缝采用双面对接焊缝，局部无损探伤。取腐蚀裕量 $C_2 = 2\text{mm}$，焊接接头系数 $\phi = 0.85$。

圆筒体材料采用 Q345R，查得设计温度 $t = 100℃$下，许用应$[\sigma]^t = 189\text{MPa}$，则筒体计算厚度为：

$$\delta = \frac{p_c D_i}{2[\sigma]^t \phi - p_c}$$

于是
$$\delta = \frac{0.8 \times 1000}{2 \times 189 \times 0.85 - 0.8} = 2.50\text{mm}$$

由于
$$\delta + C_1 = 2.50 + 0.3 = 2.80\text{mm} < \delta_{min} = 3\text{mm}$$

因此
$$\delta_n = \delta_{min} + C_2 + \Delta = 3.0 + 2 + \Delta = 5\text{mm}$$

内压圆筒材料若采用 Q345R，其名义壁厚可取 5mm。

## 7.2 外压圆筒设计

在过程工业生产中，除承受内压的容器和管道外，还有的容器和管道承受外压，如真空储罐、减压蒸馏塔、蒸发器、蒸馏塔所用的真空冷凝器等，以及真空设备连接的管道、带夹套的管道等。这类圆筒的共同特点是壳体外部压力大于其内部压力。壳体在承受均布外压作用时，壳壁中产生压缩薄膜应力，大小与受相等内压时的拉伸薄膜应力相同。在外压作用下，圆筒壳体可能产生两种失效形式：一种是所受压缩应力达到材料的屈服强度或抗压强度，产生强度失效；另一种是当外压载荷增大到某一值时，壳体会突然失去原有形状，被压扁或出现波纹，载荷卸去后，壳体无法恢复原状，这种现象称为外压壳体的屈曲(Buckling)或失稳(Instability)，即产生失稳失效。对于外压壳体，往往是强度还足够时就已经发生了失稳，即外压容器或管道主要是稳定性设计问题(强度设计与内压圆筒相同)。

### 7.2.1 外压圆筒失稳的概念

当圆筒壳体受外压作用达某一临界值时，壳体横截面突然失去原几何形状，被压扁或出现波纹，这种现象称为失稳。

圆筒形壳体的失稳主要有三种形式。

(1)周向(侧向)失稳：壳体受均匀周向外压引起的失稳。周向失稳时壳体断面由原来的圆形被压瘪而呈现波形，其波形数可能为 2，3，4……$n$，如图 7.3 所示。

(2)轴向失稳：若一薄壁圆筒承受轴向压力，当载荷达到某一临界值时，圆筒也能失去稳定性。失稳时，它仍具有圆形的环截面，但母线的直线性被破坏，产生了波形，即圆筒发生了褶皱，如图 7.4 所示。

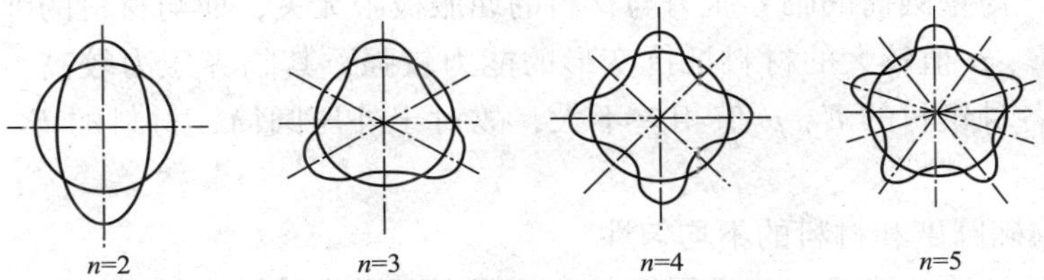


图 7.3 外压容器失稳后的形状

(3)局部失稳：圆筒形容器或管道在支座或其他支承处以及在安装运输中由于过大的局部外压引起的局部失稳。本课程主要介绍受均匀周向外压的圆筒以及封头的稳定性设计。

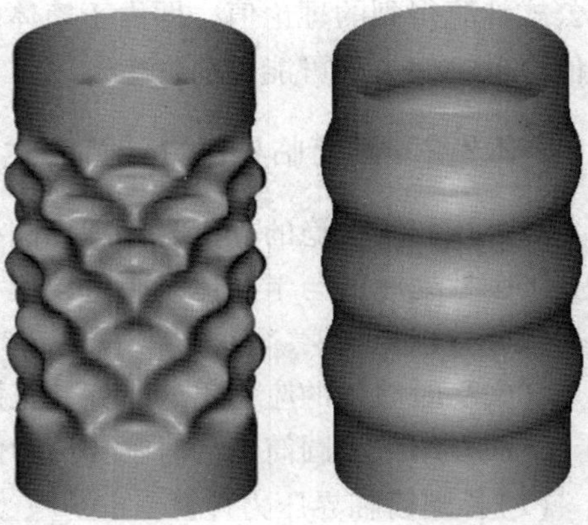


图 7.4 轴向压缩圆筒失稳后的形状

## 7.2.2 外压圆筒的临界压力

使外压圆筒产生失稳时的临界外压称为该筒体的临界压力，以 $p_{cr}$ 表示。临界压力是表征外压圆筒抵抗失稳能力的重要参数。圆筒壳体在临界压力作用下，筒壁内的周向压缩应力称为临界应力，以 $\sigma_{cr}$ 表示。壳体所受外压低于 $p_{cr}$ 时，产生的变形在压力卸除后能恢复原来的形状，即发生弹性变形；当外压达到或高于 $p_{cr}$ 时，产生的变形将不可恢复，即发生失稳失效。临界压力的大小与筒体几何尺寸、材料性能以及筒体椭圆度等因素有关。

### 7.2.2.1 临界压力的影响因素

(1)圆筒壳体的几何尺寸

外压圆筒的临界压力和筒体的长度与直径之比 $L/D$，以及筒体有效厚度与直径之比 $\delta_e/D$ 有关。工程上，根据失稳时出现不同的波形数，将圆筒壳体分为长圆筒、短圆筒和刚性圆筒。

①长圆筒。筒体的 $L/D_o$ 和 $D_o/\delta_e$ 值较大，筒体两端边界的影响可以忽略，筒体本身刚性差。失稳时 $p_{cr}$ 仅与 $D_o/\delta_e$ 有关，而与 $L/D_o$ 无关，失稳时波形数 $n = 2$。

②短圆筒。筒体的 $L/D_o$ 和 $D_o/\delta_e$ 值较小，两端约束或刚性构件对筒体变形的支持作用比较显著，壳体刚性较大，失稳时会出现两个以上的波形数，即失稳时 $n > 2$。圆筒的 $L/D_o$ 和 $D_o/\delta_e$ 越小，失稳时出现的波形数也越多。临界压力 $p_{cr}$ 与 $L/D_o$ 和 $D_o/\delta_e$ 均有关。

③刚性圆筒。筒体的 $L/D_o$ 和 $D_o/\delta_e$ 值很小，壳体刚性很大，此时筒体失效形式已不是失稳而是压缩强度破坏。

（2）筒体的材料性能

实验表明，薄壁圆筒的临界压力与材料的屈服极限无关，而与材料的弹性模量 $E$ 和泊松比 $\mu$ 有关。$E$、$\mu$ 值较大的材料抵抗变形的能力较强，其临界压力较高。但压力管道和压力容器所用各种钢材的 $E$、$\mu$ 值相差不大，故对于外压圆筒，材料的 $E$、$\mu$ 值对其临界压力影响很小。

（3）筒体的椭圆度和材料的不均匀性

临界压力的计算公式是在假设圆筒截面是规则圆形及材料均匀的情况下得到的。而实际使用的筒体不可能是绝对圆的，存在一定的椭圆度，所以实际筒体的临界压力值将低于由公式计算得到的理论值，即由于筒体的椭圆度与材料的不均匀性致使圆筒的临界压力的数值降低，使失稳可能提前发生。

### 7.2.2.2 圆筒临界压力计算公式

对外压圆筒失稳的分析是以理想圆柱壳小挠度理论为基础，此理论有两个基本假设：

①圆柱壳厚度与半径比是小量，位移与壁厚比是小量，从而可得到用位移表示的线性平衡微分方程；

②失稳时筒体的应力仍处于弹性范围。

下面介绍三类圆筒失稳时临界压力的计算方法。

（1）长圆筒临界压力计算

长圆筒的失稳不受筒端的约束作用，其临界压力计算式为：

$$p_{cr} = \frac{2E}{1-\mu^2}\left(\frac{\delta_e}{D}\right)^3 \tag{7-13}$$

式中 $p_{cr}$——临界压力，MPa；

$\delta_e$——圆筒的有效厚度，mm；

$D$——圆筒的中间面直径，近似取圆筒外径，$D \approx D_o$，mm；

$E$——圆筒材料的弹性模量，MPa。

对于钢质圆筒，取 $\mu = 0.3$，式（7－13）可改写为：

$$p_{cr} = 2.2E\left(\frac{\delta_e}{D_o}\right)^3 \tag{7-14}$$

由于仅受侧向均布外压作用，壳体处于单向应力状态，所以临界压力在圆筒壁中仅引起周向压缩应力，称为临界应力，由中径公式得：

$$\sigma_{cr} \approx \frac{p_{cr}D_o}{2\delta_e} = 1.1E\left(\frac{\delta_e}{D_o}\right)^2 \tag{7-15}$$

（2）短圆筒临界压力计算

由于短圆筒两端约束或刚性构件对筒体变形的支持作用比较显著，它在失稳时会出现两个以上的波形，圆筒的 $L/D_o$ 和 $D_o/\delta_e$ 越小，失稳时出现的波形也越多，故稳定性计算较长圆筒复杂。工程上采用 Mises 临界压力的近似公式，取最小临界压力计算式为：

$$p_{cr} = 2.59E\left(\frac{\delta_e}{D_o}\right)^{2.5}\frac{D_o}{L} \tag{7-16}$$

式中 $L$——圆筒计算长度，mm；

其他符号意义同前。

(3)刚性圆筒临界压力计算

受外压短而厚的刚性圆筒，其破坏是由于圆筒壁的压缩应力超过材料设计温度下的屈服极限，不存在稳定性问题。为统一概念，可以由刚性筒的强度条件导出一个临界压力计算式。按照强度校核公式：

$$\sigma_{cr} = \frac{p_{cr}D_o}{2\delta_e} \leqslant [\sigma]^t \tag{7-17}$$

由式(7－17)得到刚性筒的临界压力计算式为：

$$p_{cr} = \frac{2\delta_e[\sigma]^t}{D_o} \tag{7-18}$$

式中 $[\sigma]^t$——材料在设计温度下的许用应力，MPa；

其他符号意义同前。

## 7.2.3 临界长度与计算长度

(1)临界长度

区分上述不同类型圆筒的特征长度称为临界长度。当一个已知的圆筒，分别按长圆筒和短圆筒计算其临界压力，所得结果完全一致时，该圆筒所具有的长度就是长圆筒和短圆筒的分界限，用“$L_{cr}$”表示。

令式(7－15)和式(7－16)相等，即 $2.2E\left(\frac{\delta_e}{D_o}\right)^3 = 2.59E\left(\frac{\delta_e}{D_o}\right)^{2.5}\frac{D_o}{L}$，式中的 $L$ 即为 $L_{cr}$。由此得：

$$L_{cr} = 1.17D_o\sqrt{\frac{D_o}{\delta_e}} \tag{7-19}$$

同样，短圆筒与刚性筒的临界长度可设式(7－16)和式(7－18)相等，解得短圆筒和刚性圆筒的临界长度 $L'_{cr}$，即：

$$L'_{cr} = \frac{1.3E\delta_e}{\sigma_s^t\sqrt{\frac{D_o}{\delta_e}}} \tag{7-20}$$

(2)计算长度

计算长度 $L$ 是指圆筒上相邻两刚性构件(如封头或支座圈、法兰、加强圈等)之间的距离。但先决条件是此“刚性构件”必须有足够的稳定性，在外压力作用下不失稳。

①如图7.5(a)所示，当圆筒部分没有加强圈(或可作为加强的构件)时，则取圆筒的总长度加上每个凸形封头曲面深度的1/3。

②如图7.5(c)所示，当圆筒部分有加强圈(或可作为加强的构件)时，则取相邻加强圈中心线间的最大距离。

③如图7.5(d)所示，取圆筒第一个加强圈中心线至圆筒与封头连接线间的距离加上

凸形封头曲面深度的1/3。

④如图7.5(b)、(e)、(f)所示，当圆筒与锥壳(变径连接)相连接，若连接处可作为支承线时，取此连接处与相邻支承线之间的最大距离。

⑤如图7.5(g)中所示，对带夹套的圆筒，则取承受外压的圆筒长度；若带有凸形封头，还应加上封头曲面深度的1/3；若有加强圈(或可作为加强的构件)时，则按②、③计算其计算长度。

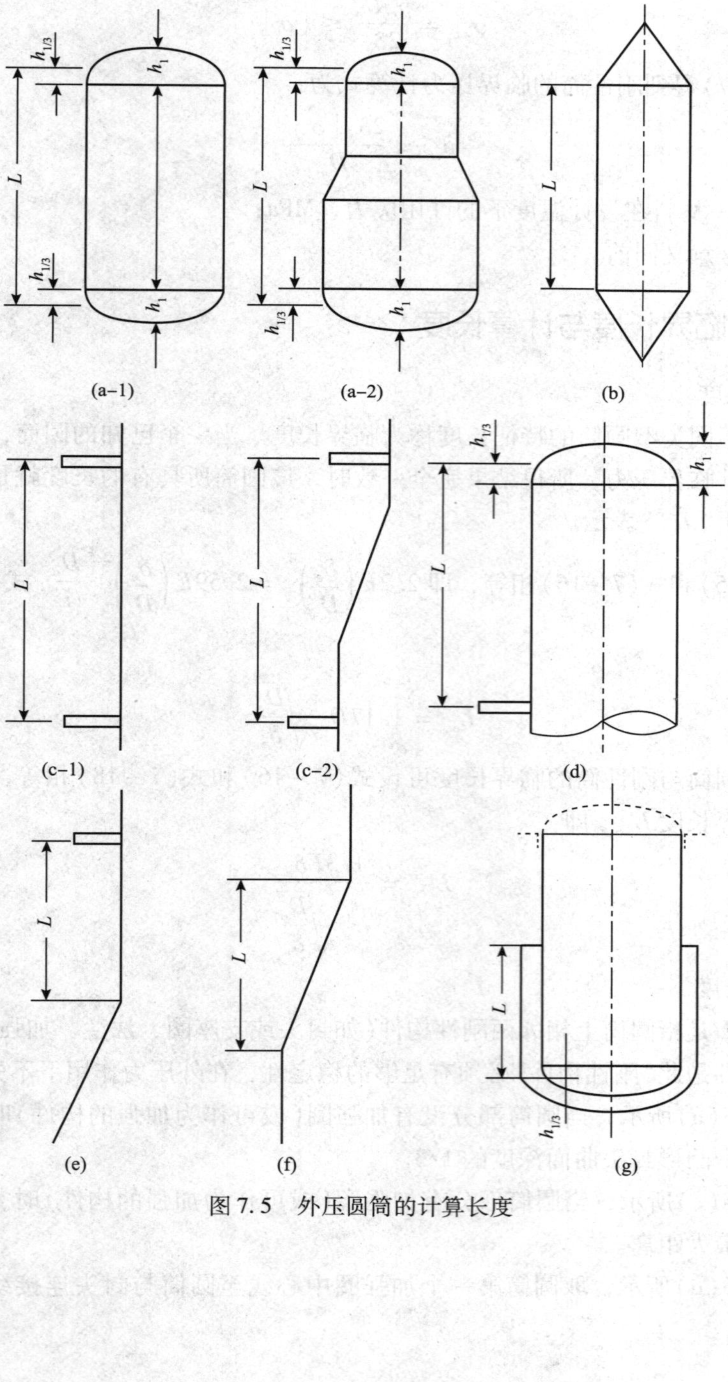


图7.5　外压圆筒的计算长度

在确定了圆筒的计算长度和临界长度后，就可按以下方法来判定其圆筒的类型：

当 $L \geqslant L_{cr}$ 时，为长圆筒；

当 $L_{cr} \geqslant L \geqslant L'_{cr}$ 时，为短圆筒；

当 $L \leqslant L'_{cr}$ 时，为刚性圆筒。

## 7.2.4 外压圆筒的稳定性设计

### 7.2.4.1 稳定性设计准则

从理论上讲，当圆筒实际承受的外压力小于其本身所具有的临界压力时，圆筒就不会失稳。但在工程实际中，由于存在制造误差、材料也非绝对均匀，所以许多长圆筒或管子的一般压力达到临界压力的1/2～1/3时，就被压瘪而发生失稳失效，即实际的临界压力低于理论值。另外，工程设计中也不允许圆筒（管道或容器）在接近极限载荷下运行，要留有一定的安全裕度，故引入稳定系数，得到圆筒的稳定条件为：

$$p_c \leqslant [p] = \frac{p_{cr}}{m} \tag{7-21}$$

式中 $p_c$——计算外压力，MPa；

$[p]$——许用外压力，MPa；

$m$——稳定安全系数。

稳定安全系数 $m$ 的大小取决于圆筒形状的准确性、载荷的对称性、材料的均匀性、制造方法以及设备在空间的位置等许多因素。GB/T 150.3—2011 规定，对圆筒、锥壳，取 $m = 3$。

计算外压力一般取设计压力 $p$。外压圆筒设计压力的选取应符合下列规定：

（1）外压圆筒。取不小于正常工作过程中可能产生的最大内、外压力差。

（2）真空圆筒。无夹套，设有安全装置时，取1.25倍最大内、外压力差或0.1MPa两者中的较小值；无夹套，未设置安全装置时，取0.1MPa；带夹套，夹套内为内压，取无夹套真空圆筒的设计压力，再加上夹套内的设计压力；带夹套，夹套内为真空，按无夹套真空圆筒的规定选取。

### 7.2.4.2 外压圆筒稳定性设计方法

（1）解析法

用解析法求取外压圆筒许用外压力的步骤如下：

①假设圆筒（直管段）的名义厚度 $\delta_n$；

②按式（7-8）计算筒体的有效厚度 $\delta_e$；

③根据式（7-19）计算临界长度 $L_{cr}$，根据实际结构确定计算长度 $L$，比较计算长度 $L$ 与临界长度 $L_{cr}$，判断圆筒属于长圆筒还是短圆筒；

④根据圆筒类型，选用相应公式计算临界压力 $p_{cr}$；

⑤选取合适的稳定性安全系数 $m$，计算许用外压 $[p]$；

⑥比较计算外压 $p_c$ 和许用外压 $[p]$ 的大小，若 $p_c \leqslant [p]$，且较为接近，则假设的名义厚度 $\delta_n$ 符合要求，否则应重新假设 $\delta_n$，重复以上步骤，直到满足要求为止。

式(7－14)和式(7－16)仅当临界应力 $\sigma_{cr}$ 小于材料的屈服强度(比例极限)才适用，即仅适用于弹性失稳。当临界应力超过屈服强度时，应力与应变不再呈线性关系，筒体将发生非弹性失稳或塑性屈服失效。非弹性失稳的机理及计算相当复杂，即用解析法求取外压圆筒的许用外压是比较烦琐的，工程上为避免计算的麻烦，常采用图算法。目前，各国压力容器设计规范和标准均推荐采用 ASME Ⅷ－1 给出的图算法进行外压容器的设计，GB/T 150.3 也是采用了图算法进行外压容器的设计。

(2)图算法

图算法的基础是解析法，将解析法的相关公式经过分析整理，绘制成两张图。一张图反映圆筒受外压力后，变形与几何尺寸之间的关系，称为外压应变系数 $A$ 曲线图，如图 7.6 所示；另一张图反映不同材质的圆筒在不同温度下，所受外压力与变形之间的关系，称为外压应力系数 $B$ 曲线图，如图 7.7 所示。

利用两个算图进行外压圆筒设计的步骤如下：

①假设圆筒的名义厚度 $\delta_n$，计算得有效厚度 $\delta_e = \delta_n - C$。

②计算 $\frac{L}{D_o}$ 和 $\frac{D_o}{\delta_e}$ 的值。

③在图 7.6 左侧找到 $\frac{L}{D_o}$ 值，过此点沿水平方向右移与 $\frac{D_o}{\delta_e}$ 线相交(遇中间值用内插法)；若 $\frac{L}{D_o} > 50$，则用 $\frac{L}{D_o} = 50$ 查图，若 $\frac{L}{D_o} < 0.05$，则用 $\frac{L}{D_o} = 0.05$ 查图；过此交点沿垂直方向下移，在图的下方得到外压应变系数 $A$ 值。

④根据圆筒所用材料，选取对应的外压应力系数 $B$ 曲线图，如图 7.7 所示。在图的横坐标上找出系数 $A$ 值，由 $A$ 值查取 $B$ 值(遇中间温度值用内插法)。若 $A$ 值超出设计温度曲线的最大值，则对应温度曲线右端点的纵坐标值为 $B$ 值；若 $A$ 值小于设计温度曲线的最小值，则按式(7－22)计算 $B$ 值：

$$B = \frac{2AE^t}{3} \tag{7-22}$$

式中　$E^t$——设计温度下材料的弹性模量。

⑤根据 $B$ 值，按式(7－23)计算许应外压力 $[p]$：

$$[p] = B\frac{\delta_e}{D_o} \tag{7-23}$$

⑥比较计算外压 $p_c$ 和许用外压 $[p]$ 的大小。若 $p_c \leqslant [p]$，且较为接近，则假设的名义厚度 $\delta_n$ 符合要求；否则应重新假设 $\delta_n$，重复以上步骤，直到满足要求为止。

算图的由来参见文献[10]，详细的 $B$ 曲线图及图算法的应用见 GB/T 150.3。

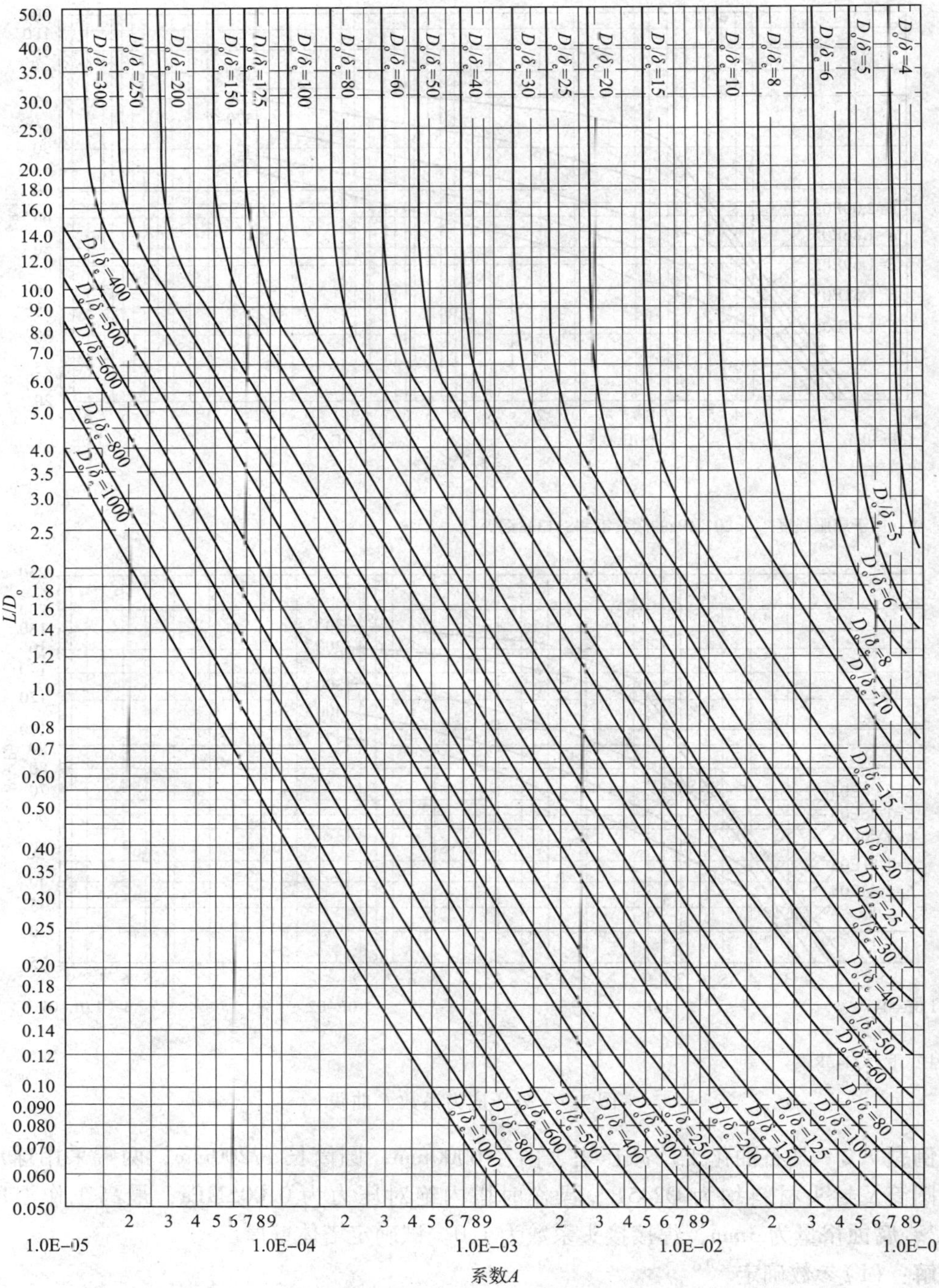


图 7.6 外压应变系数 A 曲线

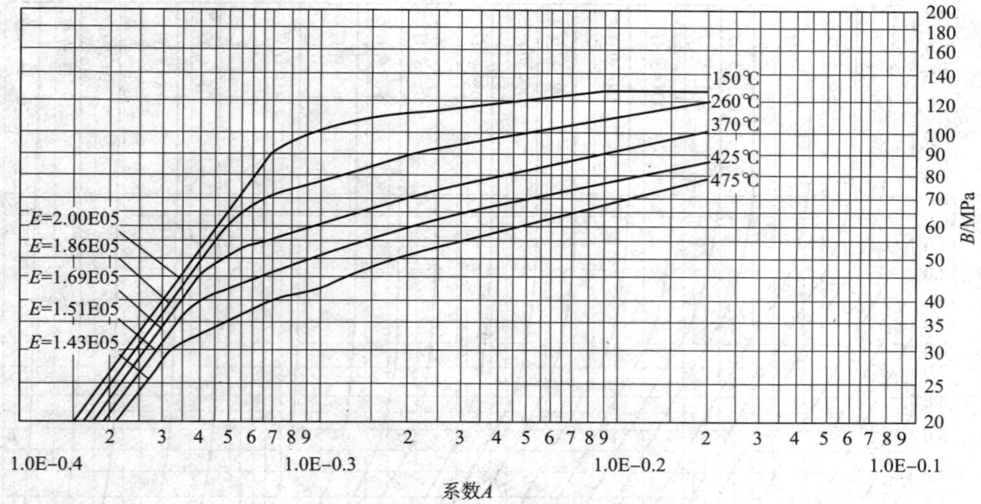


注：用于屈服强度$R_{eL}$<207MPa的碳素钢和S11348钢等。

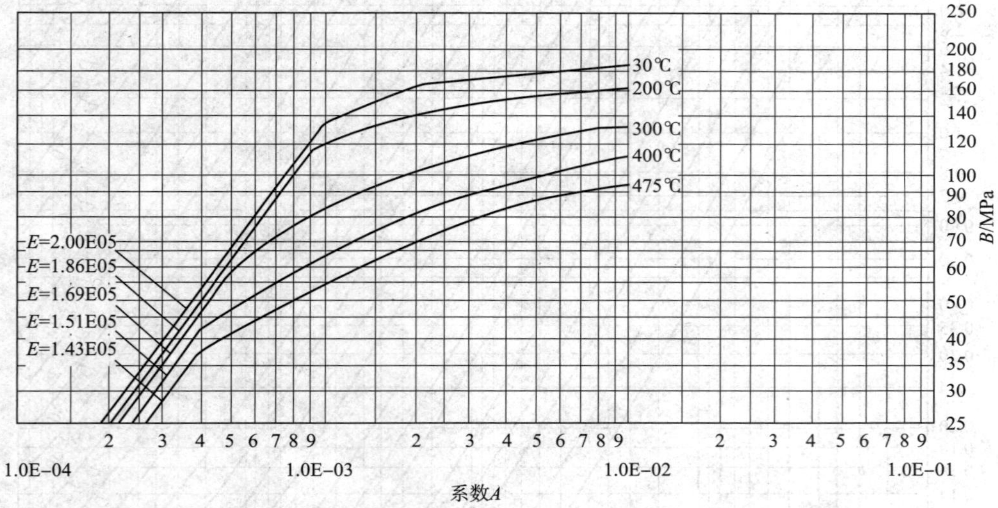


注：用于Q345R钢。

图 7.7　外压应力系数 B 曲线

**例题 7.2**　某石油化工厂减压塔，内径 6000mm，圆筒长 17200mm，两端采用球形封头，圆筒及封头材料均为 Q245R，操作时塔内绝对压力为 0.005MPa，最高工作温度为 425℃，腐蚀裕量为 3mm，焊接接头系数为 1.0。试确定塔体壁厚。

**解**：(1)参数确定。

该减压塔属真空容器，且无安全控制装置，故取其设计外压力为 $p=0.1$MPa，计算外压力 $p_c = p = 0.1$MPa，设计温度 $t=425$℃，材料的弹性模量 $E=1.57\times10^5$MPa。不设加强圈时的计算长度为：

$$L = 17200 + 2 \times \frac{1}{3} \times 3000 = 19200\text{mm}$$

(2)圆筒厚度确定。

不设加强圈时(用解析法):

①假设圆筒名义厚度 $\delta_n = 40mm$，按 GB/T 709《热轧钢板和钢带的尺寸、外形、重量及允许偏差》的规定，Q245R 的钢板负偏差 $C_1 = 0.30mm$，$C = C_1 + C_2 = 0.3 + 3 = 3.3mm$，$\delta_e = \delta_n - C = 40 - 3.3 = 36.7mm$，$D_o = D_i + 2\delta_n = 6000 + 2 \times 40 = 6080mm$，425℃时许用应力 $[\sigma]^t = 53.3MPa$

②计算临界长度并判定类型

$$L_{cr} = 1.17D_o\sqrt{D_o/\delta_e} = 1.17 \times 6080 \times \sqrt{6080/36.7} = 91561mm$$

$$L'_{cr} = \frac{1.3E\delta_e}{R_{eL}^t\sqrt{D_o/\delta_e}} = \frac{1.3 \times 1.57 \times 10^5 \times 36.7}{80 \times \sqrt{6080/36.7}} = 7274mm$$

$7274mm < 19200mm < 91561mm$，即 $L'_{cr} < L < L_{cr}$，所以属于短圆筒。

③计算许用外压力和临界应力

$$[p] = \frac{p_{cr}}{m} = 2.59E\frac{(\delta_e/D_o)^{2.5}}{3L/D_o} = \frac{2.59 \times 1.57 \times 10^5}{3}\left(\frac{36.7}{6080}\right)^{2.5} \times \frac{6080}{19200} = 0.12MPa$$

$$\sigma_{cr} = \frac{p_{cr}D_o}{2\delta_e} = \frac{3[p]D_o}{2\delta_e} = \frac{3 \times 0.12 \times 6080}{2 \times 36.7} = 29.8MPa$$

④比较：$[p] = 0.12MPa > p_c = 0.1MPa$，$\sigma_{cr} = 29.8MPa < 53.3MPa$，所以 $\delta_n = 40mm$ 满足要求。

### 7.2.5 提高外压圆筒临界压力的措施

根据长圆筒和短圆筒的临界压力计算公式可知，在设计外压圆筒时，若许用外压力小于计算外压力，则可通过增加圆筒的厚度或缩短圆筒的计算长度的方法来提高临界压力，从而提高圆筒承受外压的能力。很显然，在外压圆筒的内部或外部设置加强圈可以减小圆筒的计算长度，这种方法比增加筒体壁厚更加经济合理，不仅可以节省材料，还可以减轻筒体质量。尤其当外压圆筒由不锈钢或其他贵重金属制成时，在圆筒外部设置碳钢制加强圈，可以减少贵重金属消耗量，更有经济意义。此外，加强圈还可以减少大直径薄壁圆筒形状缺陷的影响，提高筒体的刚度。因此，加强圈结构在外压圆筒设计中得到了广泛的应用。

加强圈通常采用扁钢、角钢、槽钢、工字钢或其他型钢制成，因为型钢截面惯性矩较大，刚性好，便于成形，可设置在圆筒内部或外壁，并应整圈围绕在圆筒的圆周上。加强圈应与圆筒壁面紧密连接，形成一个整体，以提高圆筒承受外压力。圆筒上设置加强圈以及加强圈的设计计算应根据 GB/T 150.3 规定的方法进行。

## 7.3 封头设计

容器封头又称端盖，按其形状可分为三类：凸形封头、锥形封头和平板封头。其中凸形封头包括半球形封头、椭圆形封头、碟形封头（带折边的球形封头）和球冠形封头（无折边的球形封头）四种。

## 7.3.1 半球形封头（球形容器）设计

### 7.3.1.1 内压半球形封头（球形容器）设计

半球形封头是由半个球壳构成，结构如图7.8所示。设计计算公式与球形容器完全相同。球形容器强度设计计算公式的推导过程与圆筒相同（此处不再赘述）。由此可得半球形封头的设计计算公式如下。

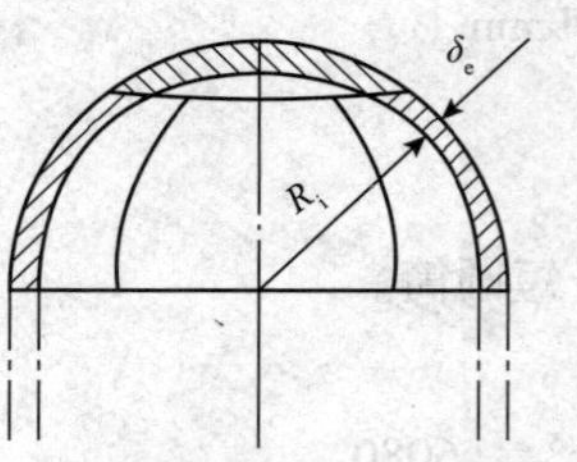


图7.8 半球形封头结构

厚度计算公式为：

$$\delta = \frac{p_c D_i}{4[\sigma]\phi - p_c} \qquad (7-24)$$

强度校核计算公式为：

$$\sigma^t = \frac{p_c(D_i + \delta_e)}{4\delta_e} \leqslant [\sigma^t]\phi \qquad (7-25)$$

最大允许工作压力计算公式为：

$$[p_w] = \frac{4\delta_e[\sigma]^t\phi}{D_i + \delta_e} \qquad (7-26)$$

上述公式的适用范围 $p_c \leqslant 0.6[\sigma]^t\phi$，即 $K \leqslant 1.33$。式中符号意义同前。

上述公式就是球形容器的设计计算公式，球形容器广泛应用于作液化气、液氨或其他气态物料的储罐，最大直径可达20m以上。与圆筒形容器相比，当体积相同时，球形容器表面积最小，占地面积最小；当压力和直径相同时，球形容器的计算厚度仅为圆筒形容器的一半左右，可节省材料。但球形容器制造、组装困难。

### 7.3.1.2 外压半球形封头（球形容器）设计

（1）解析法

受外压钢制半球形封头临界压力为：

$$p_{cr} = 1.21E\left(\frac{\delta_e}{R_o}\right)^2 \qquad (7-27)$$

引入稳定性安全系数 $m = 14.52$，许用外压力为：

$$[p] = \frac{p_{cr}}{14.52} = \frac{0.0833E}{(R_o/\delta_e)^2} \qquad (7-28)$$

比较 $p \leqslant [p]$，且较接近为合格。

（2）图算法

先假定名义厚度 $\delta_n$，令 $\delta_e = \delta_n - C$，由 $\delta_e$ 根据式（7－29）计算出 $A$，然后根据所用材料查外压应力系数 $B$ 曲线图，由 $A$ 查取 $B$，再按式（7－30）计算许用外压力 $[p]$。若所得 $A$ 值落在设计温度下材料线的左方，则直接用式（7－28）计算 $[p]$。若 $[p] \geqslant p_c$，且较接近，则该封头厚度合理；否则应重新假设 $\delta_n$，重复上述步骤，直到满足要求为止。

$$A = \frac{0.125}{(R_o/\delta_e)} \tag{7-29}$$

$$[p] = \frac{B}{(R_o/\delta_e)} \tag{7-30}$$

## 7.3.2 椭圆形封头设计

(1)受内压的椭圆形封头设计

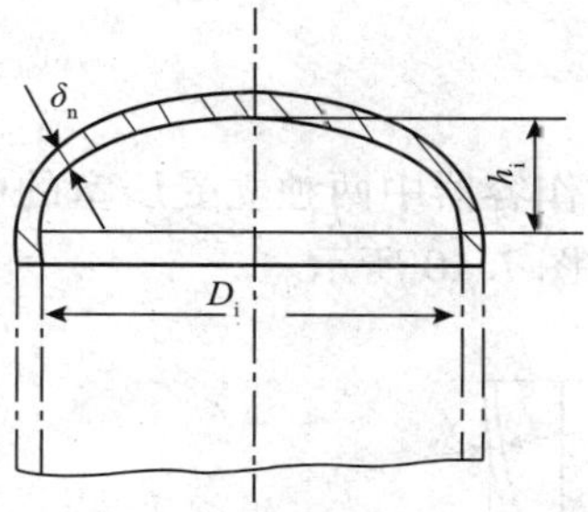

图 7.9 椭圆形封头结构

椭圆形封头是由半个椭球壳和一圆筒直边段(短圆筒)组成，结构如图 7.9 所示。直边的作用是避免筒体与封头连接的焊缝处出现径向曲率半径突变，以改善焊缝的受力状况。

由椭球壳的应力分析可知，当椭球壳的长短半轴之比 $D_i/2h_i>2$ 时，椭球壳赤道上出现很大的环向压应力，其绝对值远大于顶点的应力。考虑这种应力变化对椭圆封头强度的影响，引入形状系数 $K$。

受内压(凹面受压)的椭圆形封头的名义厚度计算按式(7-31)计算：

$$\delta_n = \frac{Kp_cD_i}{2[\sigma]^t\phi - 0.5p_c} + C \tag{7-31}$$

式中，$K=\frac{1}{6}[2+(\frac{D_i}{2h_i})^2]$，是一经验关系式，其值如表 7.5 所示，$K$ 为椭圆形封头的形状系数，又称应力增强系数。

**表 7.5 椭圆封头形状系数**

| $\frac{D_i}{2h_i}$ | $K$ | $\frac{D_i}{2h_i}$ | $K$ | $\frac{D_i}{2h_i}$ | $K$ | $\frac{D_i}{2h_i}$ | $K$ |
|---|---|---|---|---|---|---|---|
| 2.6 | 1.46 | 2.1 | 1.07 | 1.6 | 0.76 | 1.1 | 0.53 |
| 2.5 | 1.37 | 2.0 | 1.00 | 1.5 | 0.71 | 1.0 | 0.50 |
| 2.4 | 1.29 | 1.9 | 0.93 | 1.4 | 0.66 | | |
| 2.3 | 1.21 | 1.8 | 0.87 | 1.3 | 0.61 | | |
| 2.2 | 1.14 | 1.7 | 0.81 | 1.2 | 0.57 | | |

工程上将 $D_i/2h_i=2$，即椭圆封头的长轴是短轴的 2 倍称为标准椭圆形封头。由表 7.5 可查 $K=1.0$，于是得到标准椭圆形封头的名义厚度计算公式：

$$\delta_n = \frac{p_cD_i}{2[\sigma]^t\phi - 0.5p_c} + C \tag{7-32}$$

由薄膜理论可知，椭球壳赤道处存在周向压应力，在强度足够时，也存在失稳问题，这方面计算较为复杂。工程设计一般采用限制几何条件，即刚度条件(最小壁厚条件)，对于 $D_i/2h_i\leqslant2$ 的椭圆封头的有效厚度应满足：

$$\delta_e \geqslant 0.15\% D_i \qquad (7-33a)$$

对于 $D_i/2h_i > 2$ 的椭圆封头有效厚度应满足：

$$\delta_e \geqslant 0.30\% D_i \qquad (7-33b)$$

（2）受外压的椭圆形封头设计

方法与半球相同，但要将公式及算图中的球面外半径 $R_o$ 用当量半径代替，即：$R_o = K_1 D_o$，$K_1$ 值查 GB/T 150.3—2011 中表 5－2。

## 7.3.4 球冠形封头设计

球冠形封头又称无折边球形封头。可用作端封头，也可用作容器中两独立受压室的中间封头。由于边缘应力较大，一般采用加强段结构。其形式如图 7.10 所示。

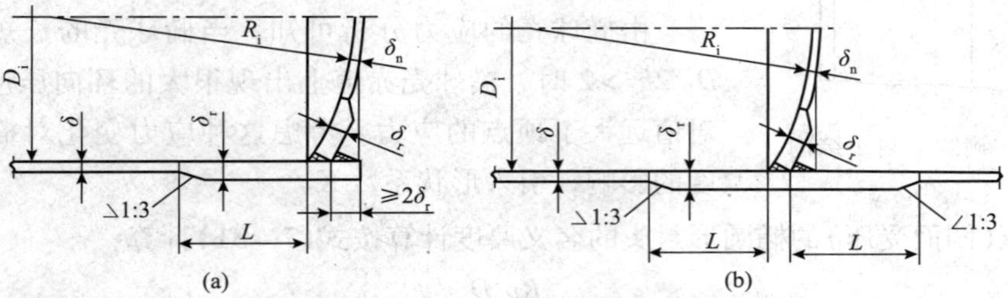


图 7.10　无折边球形端封头与中间封头的结构形式

（1）球冠形封头厚度计算

受内压（凹面受压）球冠形封头的计算厚度 $\delta$ 按球形壳体的厚度计算公式（7－24）计算；受外压（凸面受压）球冠形封头的计算厚度按外压球壳计算。对于中间封头，应考虑封头两侧最苛刻的压力组合工况。如能保证在任何情况下封头两侧的压力同时作用，可以按封头两侧的压力差进行计算。

（2）球冠形端封头加强段厚度计算

加强段厚度按式（7－34）计算：

$$\delta_r = Q\delta \qquad (7-34)$$

式中　$\delta$——相连接的筒体计算厚度，mm；

$Q$——应力增强系数，查 GB/T 150.3—2011 中图 5.5。

要求与封头连接的圆筒端部厚度不得小于球冠形封头加强段厚度，否则应在圆筒端部设置加强段过渡连接。圆筒加强段计算厚度一般取封头加强段计算厚度，封头加强段长度和圆筒加强段长度 $L$ 均应不小于 $2\sqrt{0.5D_i\delta}$，如图 7.11 所示。

## 7.3.5 锥形封头设计

锥形封头广泛应用于多种化工设备（如蒸发器、喷雾器、结晶器及沉降器等）的底盖或料斗，它的优点是便于收集与卸除设备中的固体物料。此外，锥形封头也常用于塔设备上、下直径不同时的连接，这时的锥形封头称为变径段。

### 7.3.5.1 锥形封头结构设计

锥形封头包括无折边锥形封头和折边锥形封头两种形式，具体结构形式如图 7.11 所示。

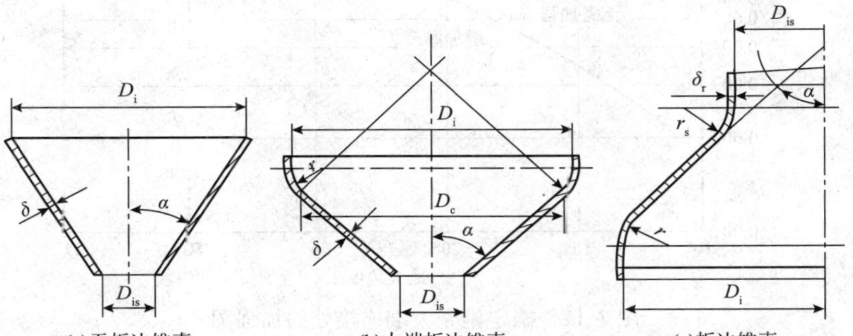


图 7.11 锥形壳体结构形式

结构设计按 GB 150.3—2011 规定：

（1）锥壳大端。当锥壳半顶角 $\alpha \leqslant 30°$ 时，锥壳大端可以采用无折边结构；当 $\alpha > 30°$ 时，应采用带过渡段的有折边结构；大端折边锥壳过渡段转角半径 $r \geqslant 10\% D_i$，且 $r \geqslant 3\delta$。

（2）锥壳小端。$\alpha \leqslant 45°$ 时，可采用无折边结构；$\alpha > 45°$ 时，应采用有折边结构；小端折边过渡段 $r_s \geqslant 5\% D_{is}$，且 $r_s \geqslant 3\delta$。

（3）当 $\alpha > 60°$ 时，厚度按平盖计算。

在任何情况下，过渡段或加强段的厚度不得小于与其连接的锥壳厚度并不小于圆筒内直径的 0.3%。

### 7.3.5.2 锥形封头厚度设计

（1）受内压锥壳基本厚度

按照无力矩理论和第一强度理论，可得锥壳基本厚度计算公式为：

$$\delta_c = \frac{p_c D_c}{2[\sigma]^t \phi - p_c} \cdot \frac{1}{\cos\alpha} \tag{7-35}$$

式中 $D_c$——锥体计算内直径，mm。

$\alpha$——锥壳半顶角；

$\delta_c$——锥壳基本计算厚度，mm。

（2）受内压无折边锥壳大端厚度

锥体的大端与圆筒相连接处，曲率半径发生突变，同时两壳体的经向内力不能完全平衡，锥壳将附加给圆筒壳边缘一横向推力。由于连接处的几何不连续和横向推力的存在，使得两壳体连接边缘产生很大的边缘应力。因边缘应力具有自限性，根据应力分析设计原则，此边缘应力可以 $3[\sigma]^t$ 作为最大应力强度的极限值。按此条件可求得 $p_c/([\sigma]^t\phi)$ 和半顶角 $\alpha$ 之间的关系，如图 7.12 所示。

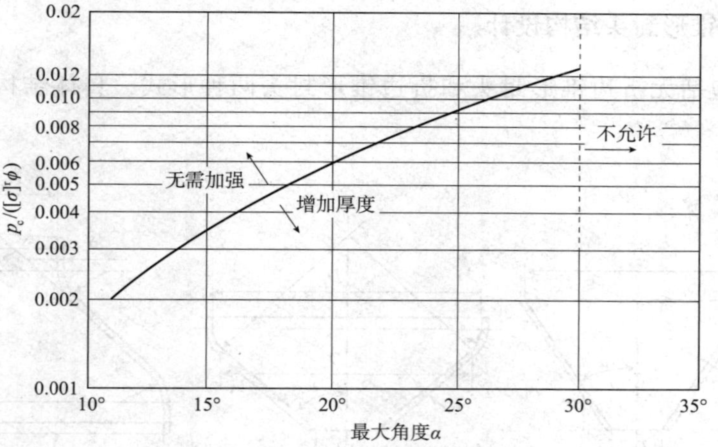


图 7.12　确定锥壳大端连接处的加强图

无需加强时，锥壳大端厚度按公式(7－35)计算。

需要增加厚度即需要加强时，应在锥壳与筒体之间设置加强段。锥壳加强段与筒体加强段应具有相同的厚度 $\delta_r$，并应按式(7－36)计算：

$$\delta_r = Q_1\delta \tag{7-36}$$

式中　$\delta$——与锥壳相连接筒体的计算厚度，mm；

$Q_1$——大端应力增值系数，由图 7.13 查取。

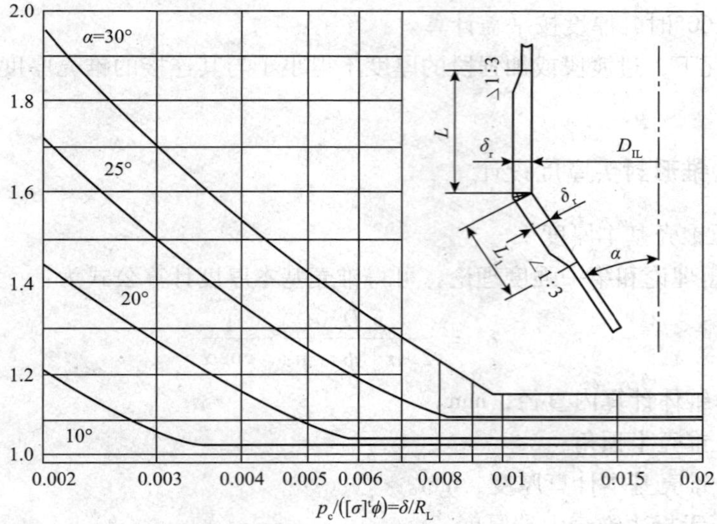


图 7.13　锥壳大端与圆筒体连接处的 $Q_1$ 值图

在任何情况下，加强段的厚度不得小于相连接的锥壳厚度。锥壳加强段的长度 $L_1$ 应不小于 $2\sqrt{\dfrac{0.5D_i\delta_r}{\cos\alpha}}$；圆筒加强段的长度 $L$ 应不小于 $2\sqrt{0.5D_i\delta_r}$。

(3)受内压无折边锥壳小端厚度

对于锥壳小端，当锥壳半顶角 $\alpha \leqslant 45°$ 时，可以采用无折边结构。受内压无折边锥壳小端厚度设计计算过程与大端相同，详见 GB/T 150.3—2011 的5.6.4.2 条规定。

(4)受内压折边锥壳

采用带折边锥壳作封头或变径段，可以降低转角处的应力集中。大端折边锥壳的过渡段的过渡转角内半径 $r$ 应不小于封头大端内直径 $D_i$ 的 10%，且不小于该过渡段厚度的 3 倍。

小端折边锥壳的过渡段的过渡转角内半径 $r$ 应不小于封头小端内直径 $D_{is}$ 的 5%，且不小于该过渡段厚度的 3 倍。

受内压折边锥壳厚度的具体计算方法，见 GB/T 150.3—2011 的 5.6.5 条规定。

### 7.3.6 平板封头

平板封头也称平盖，是压力容器和压力管道常用的一种封头。几何形状有椭圆形、圆形、长圆形、矩形、方形等，最常用的是圆形平盖。

(1)圆形平盖厚度

圆形平盖厚度，按式(7－37)计算：

$$\delta_p = D_c \sqrt{\frac{Kp_c}{[\sigma]^t \phi}} \tag{7-37}$$

(2)非圆形平盖厚度

非圆形平盖计算厚度按式(7－38)计算：

$$\delta_p = a \sqrt{\frac{KZp_c}{[\sigma]^t \phi}} \tag{7-38}$$

式中 $D_c$——平盖计算直径，mm；

$K$——结构特征系数，查 GB/T 150.3—2011 中表 5－9；

$a$——非圆形平盖的短轴长度，mm；

$Z$——非圆形平盖的形状系数，$Z = 3.4 - 2.4a/b$，且 $Z \leqslant 2.5$；

$b$——非圆形平盖的长轴长度，mm；

封头的结构形式是由工艺过程、承载能力、制造技术方面的要求而决定，其选用主要根据设计对象的要求。总之，从受力情况来看，半球形封头最好，椭圆形、蝶形次之，球冠形、锥形更次之，而平板封头最差。从制造工艺角度来看，平板最容易，球冠形、锥形次之，蝶形、椭圆形更次之，半球形最难制造。就使用而言，锥形封头有特色，用于压力不高的过程设备上；椭圆形封头从制造和受力两方面都居中，所以应用最广泛；平板封头用作常压或直径不大的高压容器和管道；球冠形封头用作压力不高的场合或容器(管道)中两独立受压室的中间封头；半球形封头一般用于大型储罐或高压容器的封头。

**例题 7.3** 某化工厂欲设计一台石油气分离用乙烯精馏塔。工艺参数为：塔体内径 $D_i = 600\text{mm}$，名义厚度 $\delta_n = 7\text{mm}$，计算压力 $p_c = 2.2\text{MPa}$，工作温度为 $-3 \sim 20℃$，焊接接头系数 $\phi = 0.8$，壁厚附加量 $C = 2\text{mm}$，材质为 Q345R。试确定该精馏塔封头形式与尺寸。

**解：** 从工艺操作要求来看，封头形状无特殊要求，现按凸形封头作一计算，以便比较。材质为 Q345R，查得设计温度 $t = 100℃$ 下，许用应 $[\sigma]^t = 189\text{MPa}$。

(1)若采用半球形封头，其计算壁厚为：

$$\delta = \frac{p_c D_i}{4[\sigma]\phi - p_c} = \frac{2.2 \times 600}{2 \times 189 \times 0.85 - 2.2} = 2.4\text{mm}$$

由于 $\delta + C_1 = 2.4 + 0.3 = 2.7\text{mm} < \delta_{min} = 3\text{mm}$

因此 $\delta_n = \delta_{min} + C_2 + \Delta = 3.0 + 2 + \Delta = 5\text{mm}$

(2)若采用标准椭圆形封头，其计算壁厚为：

$$\delta = \frac{p_c D_i}{2[\sigma]\phi - 0.5p_c}$$

式中因椭圆封头整体冲压，焊接接头系数 $\phi = 1.0$，则：

$$\delta = \frac{2.2 \times 600}{2 \times 189 \times 1.0 - 0.5 \times 2.2} = 3.5\text{mm}$$

于是 $\delta_n = \delta + C_1 + C_2 + \Delta = 3.5 + 0.3 + 2 + \Delta = 6\text{mm}$

由名义厚度值及封头制造的难易程度比较可知，本精馏塔以采用椭圆形封头为宜。

## 7.4 压力容器零部件设计

容器零部件是压力容器中不可缺少的组成部分，必须予以足够的重视。压力容器的主要零部件包括容器与管道的法兰连接装置、高压设备的密封构件、容器的支座、人孔和手孔、安全装置以及容器的开孔补强结构等。

### 7.4.1 密封装置(法兰连接)设计

#### 7.4.1.1 法兰密封概述

由于生产操作、制造、运输、安装、检修等原因，压力容器和压力管道往往采用可拆卸连接。压力容器的可拆密封结构形式有多种，而应用最广泛的是螺栓法兰连接。螺栓法兰连接由一对法兰、垫片和螺栓组成，通过螺栓预紧力把两部分设备连在一起，同时压紧垫片使其密封。所以，螺栓法兰连接不是独立的承载部件，而是包含了一个“法兰 - 螺栓 - 垫片的密封系统”。法兰连接一般由法兰 1、垫片或垫环 2(密封元件)和螺栓 3(紧固件)等三部分组成，如图 7.14 所示。

(1)法兰连接设计基本要求

法兰连接的失效主要为泄漏，所以对于螺栓法兰连接的设计，不仅要确保螺栓法兰各零件有一定的强度，还要求在工作条件下，螺栓、法兰、垫片整个系统有足够的刚度，以达到“紧密不漏”，保证生产长周期安全运转。同时，也要求其结构简单、拆装方便等。为此，在法兰连接设计中主要应满足如下要求：

①密封可靠，特别是在操作压力及温度波动，介质有腐蚀性情况下，仍能保证密封，所以必须根据操作条件的要求，合理选取法兰的类型和压紧面形式，采用合适的垫片，确定螺栓载荷并进行螺栓的设计；

②法兰强度，确定法兰的强度尺寸，以保证法兰有足够的强度和刚度；

③在一定的温度范围内能正常地工作，能迅速并多次重复装拆；

④经济合理，要求成本低廉，适合于大批量地制造。

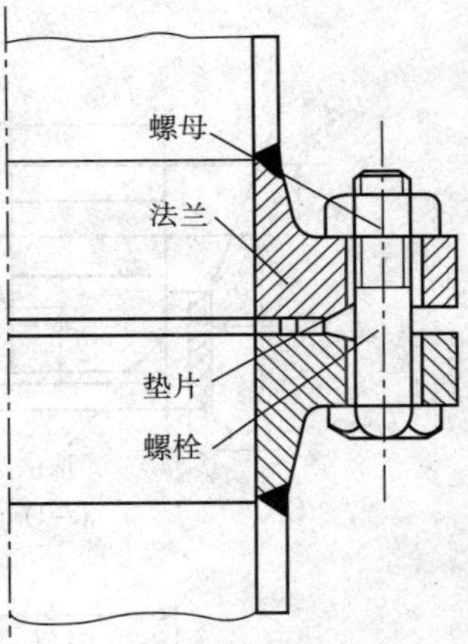


图 7.14 螺栓法兰连接结构

(2)法兰连接设计的基本问题

法兰连接设计包括两个基本问题：

①密封设计，选择法兰类型、压紧面形式和垫片形式，确定螺栓载荷和尺寸；

②法兰强度计算，初定法兰尺寸，对法兰进行受力分析、应力校核，以确定法兰的厚度。

### 7.4.1.2 法兰结构类型与分类

按照用途分为设备法兰和管法兰。用于容器的筒体与封头(包含换热器管箱与管板等)连接的法兰为设备法兰，也称压力容器法兰；用于管子与管子连接的法兰称为管法兰。管法兰将在本书第 9 章“管道材料设计”中介绍，本章主要介绍设备法兰的结构类型。

按接触面形式分为窄面法兰和宽面法兰。

窄面法兰与垫片的整个接触面积都位于螺栓孔包围的周围范围内，如图 7.15(a)所示。宽面法兰与垫片接触面积位于法兰螺栓中心圆的内外两侧，如图 7.15(b)所示。

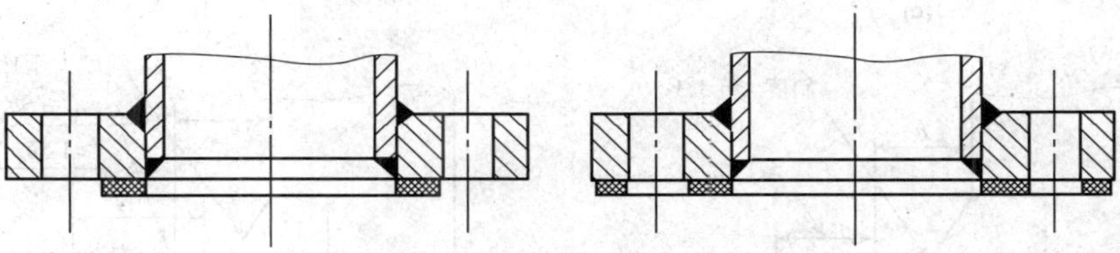

(a)窄面法兰　　(b)宽面法兰

图 7.15 窄面法兰与宽面法兰

按法兰整体性程度分为松式法兰、整体法兰和任意式法兰。

①松式法兰(也称活套法兰)。法兰不直接固定在壳体上，如活套法兰、螺纹法兰、搭接法兰等，如图 7.16(a)、(b)所示。

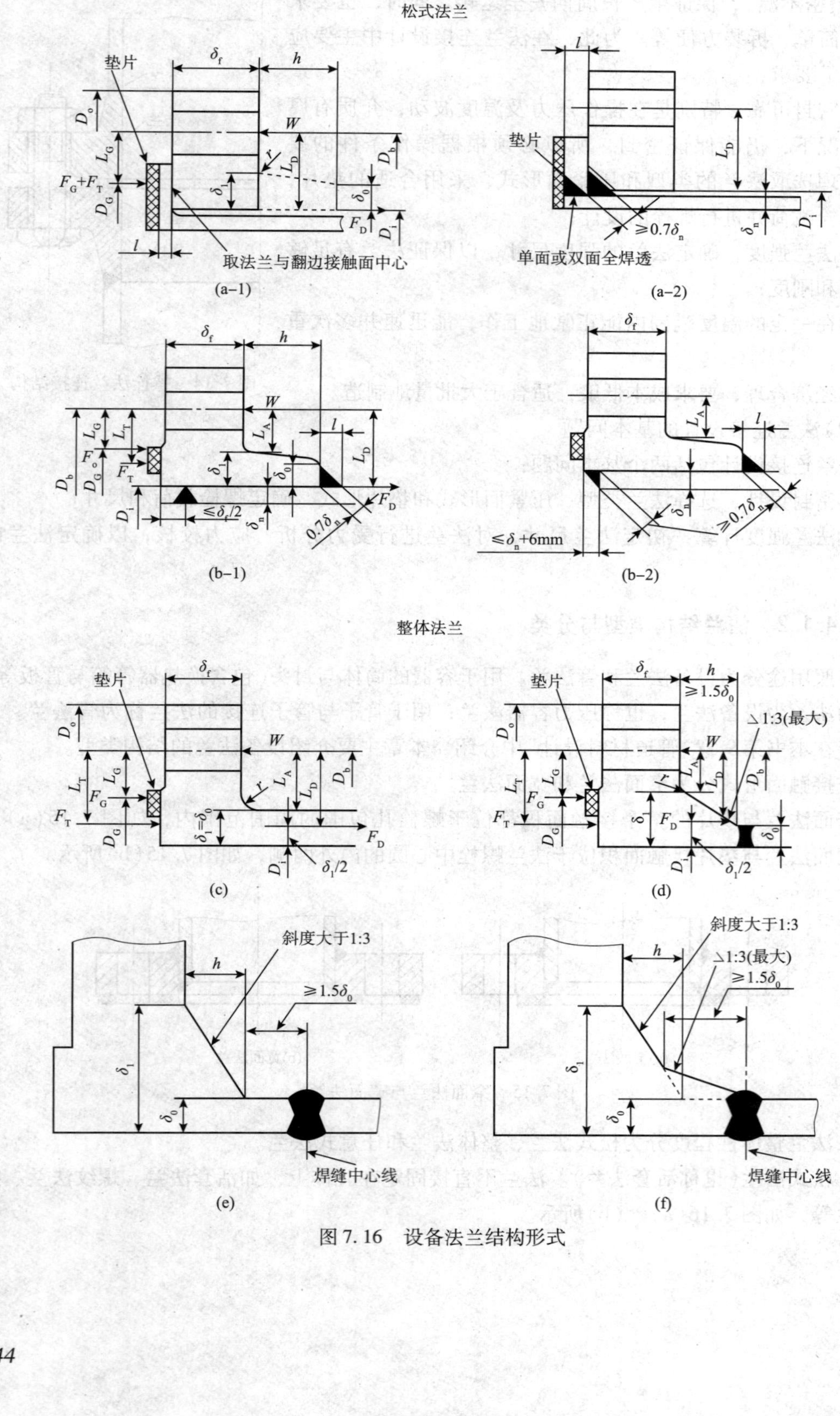


图 7.16　设备法兰结构形式

任意式法兰

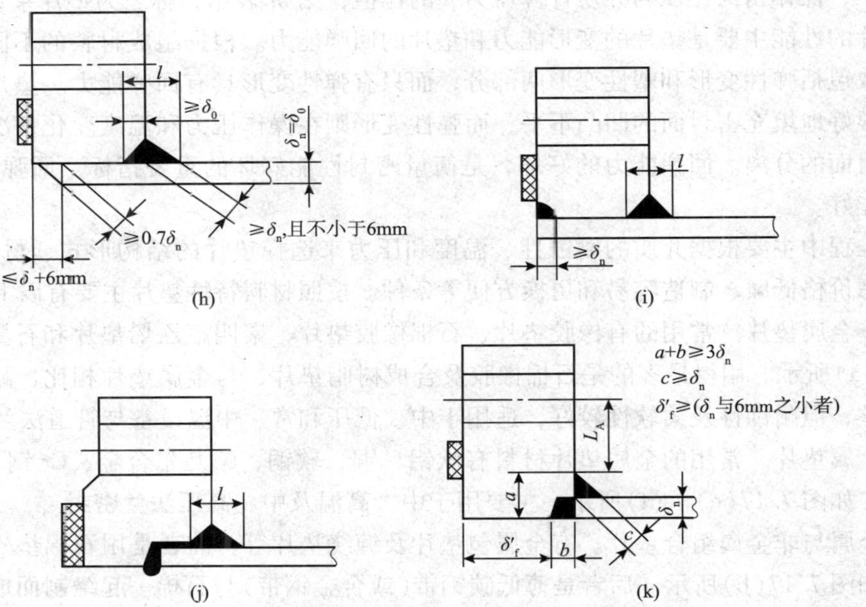


图 7.16　设备法兰结构形式(续)

②整体法兰。法兰与壳体锻或铸成一体或全焊透结构，如图 7.16(c)、(d)、(e)、(f)所示。

③任意式法兰。法兰与壳体连在一起，刚性比整体法兰差，如图 7.16(h)、(i)、(j)、(k)所示。

### 7.4.1.3　影响法兰密封的主要因素

影响法兰密封的因素是多方面的，现就几个主要因素予以归纳讨论。

(1)螺栓预紧力

螺栓预紧力是影响密封的一个重要因素。预紧力必须使垫片压紧并实现初始密封条件；内压升起后，垫片上也必须留有足够的螺栓预紧力，以保证密封不泄漏。提高预紧力，可以提高工作密封比压。但预紧力也不能过大，否则将使垫片被压坏或挤出。

预紧力是通过法兰压紧面传给垫片的，要达到良好的密封，必须使预紧力均匀地作用于垫片上。因此，当密封所需要的预紧力一定时，采取减小螺栓直径，增加螺栓个数的办法对密封是有利的。采用标准法兰时，螺栓的个数是给定的。

(2)垫片性能

垫片是组成密封的重要元件，密封效果的好坏取决于垫片的密封性能。垫片有两个特性参数：垫片比压力和垫片系数(其值由试验测定，应用时可查 GB/T 150.3—2011 中的表 7-2)。

①垫片比压力 $y$。亦称预紧密封比压。指预紧工况时，迫使垫片变形与压紧面密合，

以形成初始密封条件，此时垫片所必需的单位面积上的最小压紧力(单位 MPa)。

②垫片系数 $m$。在操作工况时，达到密封不漏，必须在垫片上施加的压应力称为操作密封比压，操作密封比压与介质计算压力 $p$ 的比值，用 $m$ 表示，称之为垫片系数。

垫片的性能主要是垫片的变形能力和垫片的回弹能力。根据组成材料的不同，垫片的变形多数包括弹性变形和塑性变形两部分，而只有弹性变形具有回弹能力。垫片的塑性变形可以很好地填充密封面的凹凸不平，而弹性变形则在操作压力和温度变化情况下，适应法兰密封面的分离。回弹能力的好坏，是衡量密封性能好坏的重要指标。回弹能力大的，密封性能好。

在工程中主要根据介质的腐蚀性、温度和压力来选择垫片的结构形式、材料和尺寸，同时考虑价格低廉、制造容易和更换方便等条件。按照材料特性垫片主要有以下三种。

①非金属垫片。常用的有橡胶垫片、石棉橡胶垫片、聚四氟乙烯垫片和石墨垫片，如图 7.17(a)所示。用得最多的是石棉橡胶及合成树脂垫片，与金属垫片相比，耐温和耐压性能较差，但耐蚀性及柔软性较好，适用于中、低压和常、中温设备与管道法兰的密封。

②金属垫片。常用的金属垫片材料有软铝、铜、软铜、蒙乃尔合金、Cr 钢、18－8 不锈钢等，如图 7.17(e)、(f)所示。主要用于中、高温及中、高压法兰密封。

③金属与非金属组合垫片。有金属包垫片及缠绕垫片等，前者是用石棉垫外包以金属薄片，如图 7.17(b)所示。后者是薄低碳钢带(或合金钢带)与石棉一起绕制而成，这种垫片有不带定位圈和带定位圈的两种，如图 7.17(c)、(d)所示。以上两种垫片较单纯的非金属垫片的性能好，适用的温度与压力范围较高。

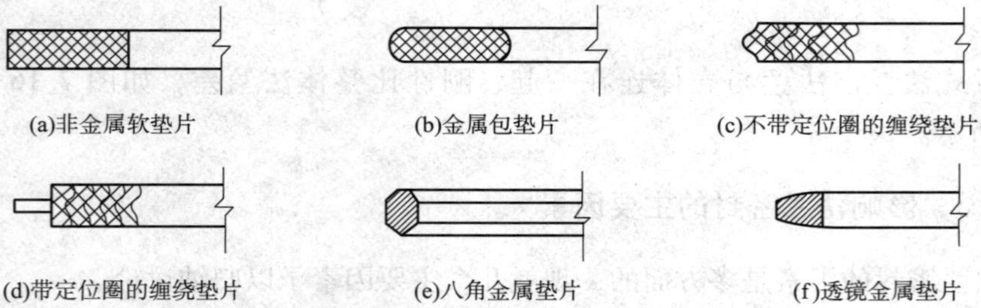


图 7.17　垫片结构形式

(3)压紧面(密封面)形式

法兰密封面直接与垫片接触，它既传递螺栓力使垫片变形，同时也是垫片变形的表面约束。减小密封面与垫片的接触面积，可以有效地降低螺栓预紧力，但若减得过小，则易压坏垫片。要保证法兰连接的紧密性，必须合理地选择密封面形式。

法兰密封面的形式，主要应根据工艺条件(压力、温度、介质等)、密封口径以及准备采用的垫片等进行选择。压力容器和管道中常用的法兰密封面形式如图 7.18 所示。

①平面型密封面。密封面的表面是一个光滑的平面或开有三角槽，如图 7.18(a)、(b)所示。平面密封面结构简单、加工方便、造价低，且便于进行防腐衬里，适用于中、低压密封，应用范围较广。

②凹凸型密封面。密封面是由一个凹面和一个凸面配合而成，如图 7.18(c)所示。在

凹面便于放置垫片，其优点是便于对中，垫片不易被内压挤出。但密封面与垫片接触面积仍较大，仍需较大的螺栓预紧力，法兰尺寸也较大。可用于压力较高的场合。

③榫槽型密封面。密封面是由一个榫和一个槽所组成，如图7.18(d)所示。垫片置于槽中，不与介质接触，不会被挤入设备或管道内。垫片较窄，压紧垫片所需的螺栓力相对较小；但拆卸比较困难，垫片被挤压在槽内不易清除。这种密封面适用于易燃、易爆、有毒的介质以及压力较高的场合。

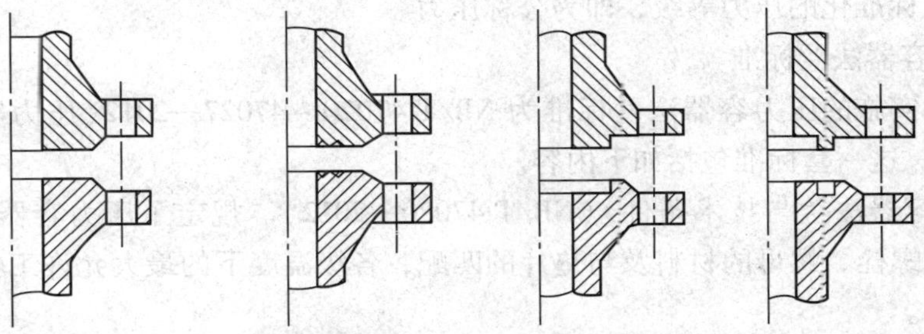

图7.18 法兰密封面形式

(4)法兰刚度的影响

法兰刚度不足会产生过大翘曲变形，导致密封失效。这也是常见的密封失效原因之一。

影响法兰刚度的因素很多，其中增加法兰厚度、减小螺栓力作用的力臂、增大法兰盘外径，都能提高法兰的抗弯刚度；对于长颈的整体法兰，增大长颈部分尺寸，能显著提高法兰刚度。但是提高法兰的刚度，将使法兰笨重，会使法兰造价提高。

(5)操作条件的影响

操作条件即压力、温度及介质的物理化学性质。单纯的压力或介质因素对泄漏的影响并不是主要的，只有和温度联合作用时，问题才显得严重。

高温介质黏度小，渗透性大，易渗漏。介质在高温下对垫片和法兰的溶解与腐蚀作用加剧，增加了产生泄漏的因素。高温下，法兰、螺栓、垫片可能发生蠕变和应力松弛，使密封比压下降。一些非金属垫片在高温下，会加速老化变质而破坏。在温度和压力联合作用下，密封组合件各部分温度不同，变形不同，更增加了泄漏的可能性。尤其当温度和压力发生反复剧烈变化时，更容易产生密封失效。

由于操作条件是给定的，为补偿这种影响，只能从密封组合件的结构和材料上加以解决。

### 7.4.1.4 法兰标准及其选用

法兰已经标准化，以增加其互换性，降低成本，设计时要尽量选择标准法兰，特殊情况需设计计算。当选用标准法兰时，不需进行强度设计和应力校核。

(1)公称压力和公称直径

标准法兰选择主要依据两个参数：公称压力和公称直径。

①公称直径。法兰的公称直径是指与之相配的管子或容器筒体的公称直径。壳体公称直径 *DN*：内压容器指内直径，外压容器指外直径。管子的公称直径 *DN*：既不是内径，也不是外径，而是一个与外径有关的直径。

②公称压力 *PN*。在制定零部件标准时，仅有公称直径这一个参数是不够的，因为即使是公称直径相同的筒体、封头或法兰，只要它们的工作压力不同，它们的几何尺寸也不相同，因此还需要把承受的压力分成若干个压力等级。在相应设计温度下，按最大工作压力而划分的、标准化的压力等级，即为公称压力。

(2)压力容器法兰标准

目前我国实施的压力容器法兰标准为 NB/T 47020～47027—2012《压力容器法兰、垫片、紧固件》。这一套标准包括如下内容。

①《压力容器法兰与技术条件》(NB/T 47020—2012)。规定了压力容器法兰的分类、规格，法兰、螺栓、螺母的材料及与垫片的匹配，各级温度下的最大允许工作压力、技术要求以及标记。

②《甲型平焊法兰》(NB/T 47021—2012)。结构如图 7.19 所示。适用于公称压力为 0.25～1.6MPa、工作温度高于 -20～300℃的钢质压力容器甲型平焊法兰连接。

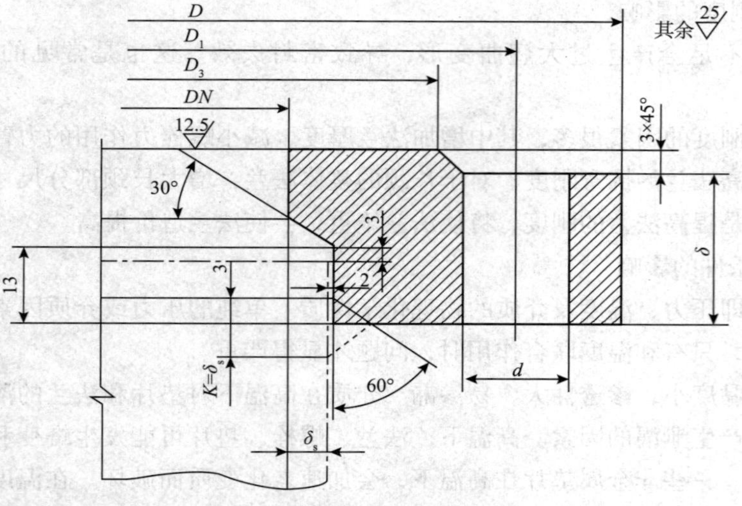


图 7.19　甲型平焊法兰

③《乙型平焊法兰》(NB/T 47022—2012)。结构如图 7.20 所示。适用于公称压力为 0.25～4.0MPa、工作温度高于 -20～350℃的钢质压力容器乙型平焊法兰连接。

④《长颈对焊法兰》(NB/T 47023—2012)。结构如图 7.21 所示。适用于公称压力为 0.6～6.4MPa、工作温度高于 -70～450℃的钢质压力容器长径对焊法兰连接。

⑤《非金属软垫片》(NB/T 47024—2012)。规定了压力容器法兰用非金属垫片的形式、尺寸、标记和技术要求。

⑥《缠绕垫片》(NB/T 47025—2012)。规定了压力容器法兰用缠绕垫片的尺寸和技术要求。

⑦《金属包垫片》(NB/T 47026—2012)。规定了压力容器法兰用金属包垫片的尺寸和

技术要求。

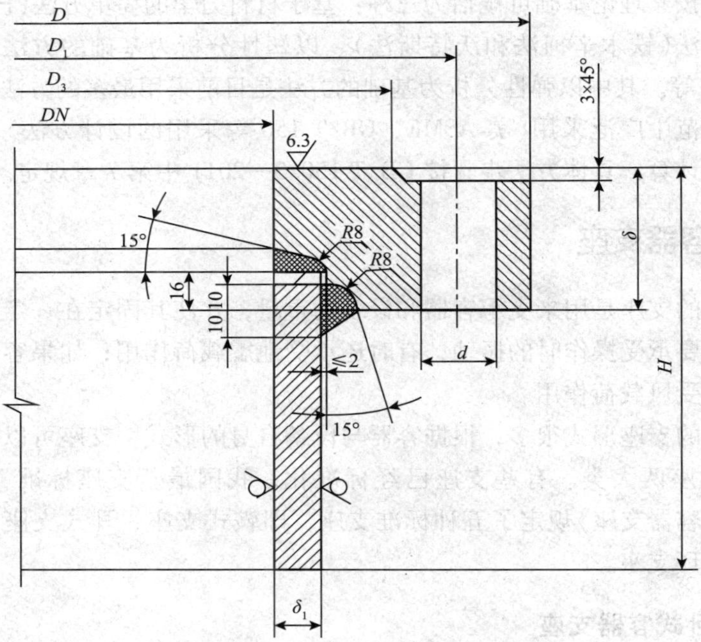


图 7.20　乙型平焊法兰

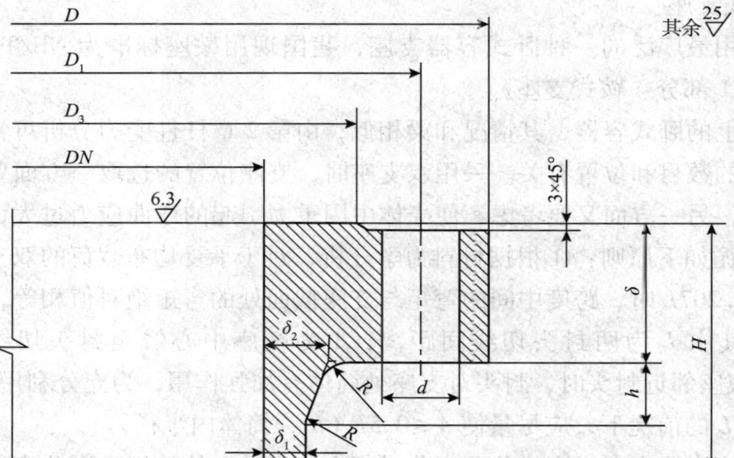


图 7.21　长径对焊法兰

⑧《等长双头螺柱》(NB/T 47027—2012)。规定了压力容器法兰用紧固件的形式与尺寸、技术要求、检验、验收和包装、标记等。

### 7.4.1.5　法兰强度设计问题

法兰结构虽然简单，但对它进行强度研究却曾经是个热门课题，经近一个多世纪的研究发展，有关法兰的分析设计方法已有十多种，但尚未有一种方法被认为是最完善、最精确的。这些方法按其理论基础可概括为三种：基于材料力学的简单方法(巴赫法)、以弹性分析为基础的方法(铁木辛柯法和沃特斯法)、以塑性分析为基础的方法(德国 DIN2505、AD 规范的方法)等。其中以弹性分析为基础的方法是目前采用最多的方法，尤其是 Waters 法在世界各地规范中广泛采用(美 ASME、GB/T 150 等采用的设计方法)。对于非标准法兰需要进行设计计算，具体方法步骤按 GB/T 150.3—2011 中第 7 章规定。

## 7.4.2 容器支座

容器和设备的支座是用来支承容器和设备的重量，并使其固定在一定的位置上。在某些场合下支座还要承受操作时的振动，有时还承受地震载荷作用；如果容器和设备放在室外，支座还要承受风载荷作用。

容器和设备的支座形式很多，根据容器与设备自身的形式，支座可以分成卧式容器支座和立式容器支座两大类。有些支座已经标准化，我国最新支座标准 NB/T 47065.1～47065.5—2018《容器支座》规定了五种标准支座，即鞍式支座、耳式支座、腿式支座、支承式支座、刚性环支座。

### 7.4.2.1 卧式容器支座

卧式容器的支座有三种：鞍座、圈座和支腿，如图 7.22 所示。

(1)双鞍式支座

鞍座是应用最广泛的一种卧式容器支座，我国现用鞍座标准为 NB/T 47065.1—2018《容器支座 第 1 部分：鞍式支座》。

置于支座上的卧式容器，其情况和梁相似，由第 2 章杆件受力分析可知，梁弯曲产生的应力与支点的数目和位置有关。采用双支座时，支座位置的选取一方面要考虑到利用封头的加强效应，另一方面又要考虑不使壳体中因重力引起的弯曲应力过大，所以选取支座位置 $A$ 值应遵循如下原则：①根据材料力学分析，对于承受均布载荷的双支点外伸梁，当外伸长度 $A=0.207L$ 时，跨度中间的弯矩与支座截面处的弯矩绝对值相等，所以一般近似取 $A \leqslant 0.2L$，其中 $L$ 为两封头切线间距离，$A$ 为鞍座中心线至封头切线间距离(见图 7.22)；②当鞍座邻近封头时，封头对支座处筒体有加强作用，为充分利用这一加强效应，在满足 $A \leqslant 0.2L$ 的前提下，应尽量使 $A \leqslant 0.5R_i$($R_i$为筒体内半径)。

此外，卧式容器由于温度或载荷变化时都会产生轴向的伸缩，因此容器两端的支座不能都固定在基础上，必须有一端能在基础上滑动，以免产生过大的附加应力。通常的做法是将一个支座上的地脚螺栓孔做成长圆形，并且螺母不上紧，使其成为活动支座，而另一支座仍为固定支座(见图 7.23)。

鞍座的结构设计及其相关尺寸的确定，按 NB/T 47065.1—2018 的规定执行。

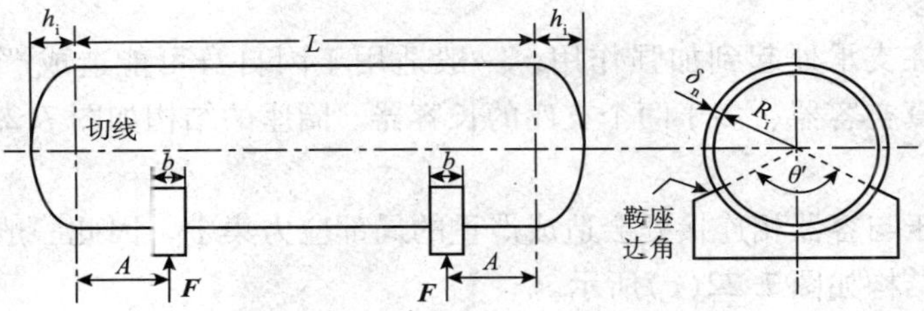


(a)鞍座

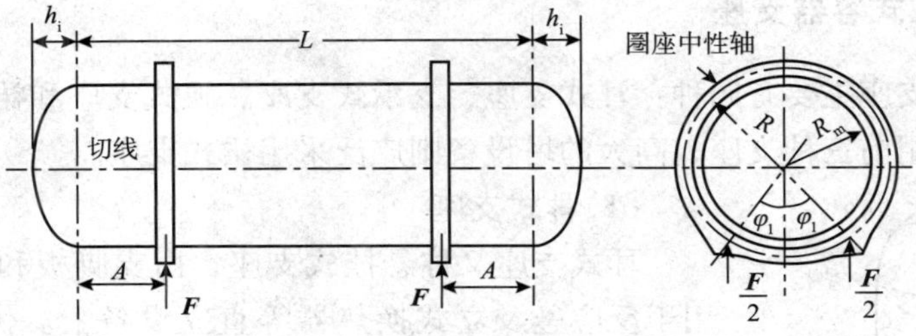


(b)圈座

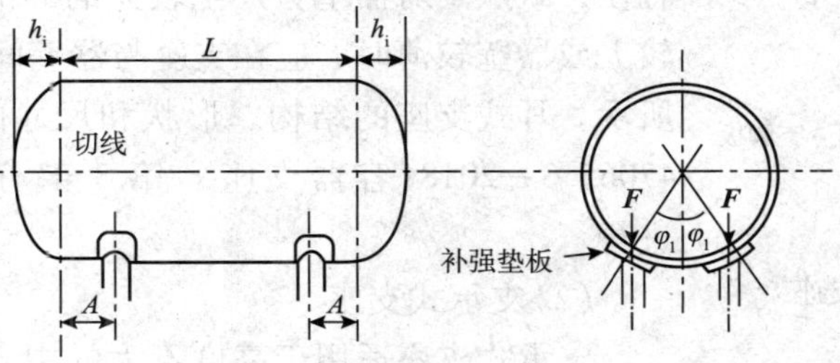


(c)支腿

图 7.22　卧式容器支座

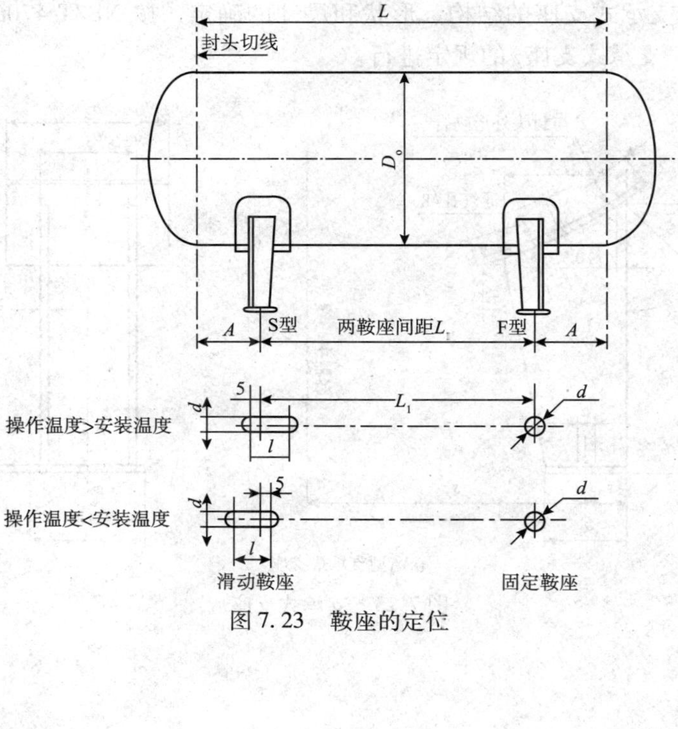


图 7.23　鞍座的定位

(2)圈式支座

圈座对筒体在支承处起到加强作用，一般适用于因自身可能造成严重挠曲的薄壁容器、某些外压或真空容器、多于两个支座的长容器。圈座的结构如图 7.22(b)所示。

(3)支腿

这种支座由于与容器相连接处会造成严重的局部应力集中，因此一般只适用于小直径的容器。支腿的结构如图 7.22(c)所示。

### 7.4.2.2 立式容器支座

立式容器的支座主要有四种：耳式支座、支承式支座、腿式支座和裙式支座。中、小型直立容器常采用前三种支座，高大的塔设备则广泛采用裙式支座。

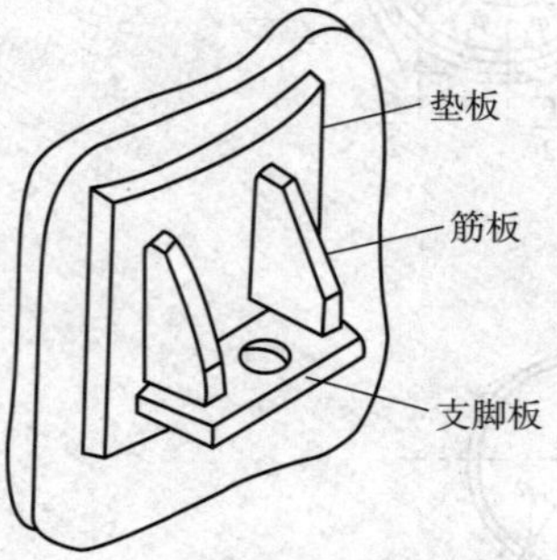


图 7.24　耳式支座

(1)耳式支座

耳式支座又称悬挂式支座，由支脚板和筋板组成，广泛用于反应釜及立式换热器等直立设备上。优点是结构简单、轻便；缺点是对器壁会产生较大的局部应力。因此，当设备较大或器壁较薄时，应在支座与器壁间加一垫板，如图 7.24 所示。耳式支座的结构、形状和尺寸的确定，按标准 NB/T 47065.3—2018《容器支座　第 3 部分：耳式支座》的规定进行。

(2)支承式支座

支承式支座适用于高度不大的中、小型设备。支承式支座已经标准化，它分为 A、B 两种形式，A 型由钢板拼焊而成，B 型由钢管制作，两种类型均带垫板，如图 7.25 所示。A 型适用于 $DN800 \sim DN3000$ 的容器，B 型适用于 $DN800 \sim DN4000$ 的容器。支承式支座的结构、形状和尺寸的确定，按 NB/T 47065.4—2018《容器支座　第 4 部分：支承式支座》的规定进行。

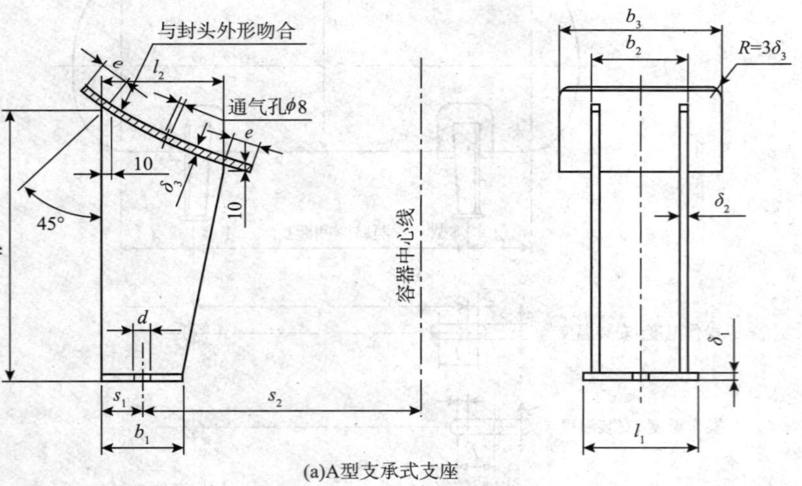


(a)A型支承式支座

图 7.25　支承式支座

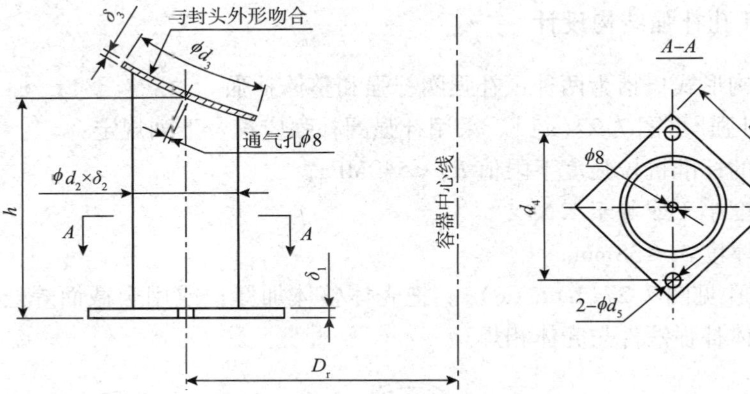


(b)B型支承式支座

图 7.25 支承式支座(续)

(3)腿式支座

腿式支座与支承式支座的最大区别在于：腿式支座是支承在容器的圆柱体部分(见图 7.26)，而支承式支座是支承在容器的封头上。腿式支座也已经标准化，分为 A 型、AN 型、B 型、BN 型四种形式。具体结构形式、尺寸及其选用按 NB/T 47065.2—2018《容器支座 第 2 部分：腿式支座》的规定进行。

(4)裙式支座

裙式支座是高大的塔设备采用最为广泛的一种支座。它与前三种立式支座不同，目前尚无标准。它的各部分尺寸均需要通过计算或实践经验确定。有关裙式支座的结构及其设计计算可参见 NB/T 47041—2014《塔式容器》。

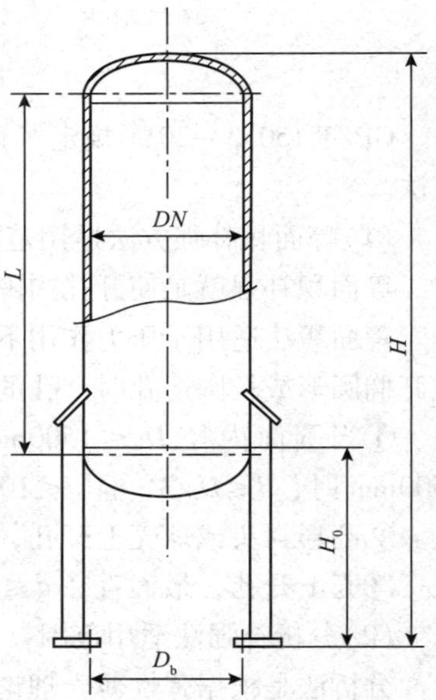

图 7.26 腿式支座

## 7.4.3 容器的开孔补强

由于生产工艺的需要，压力容器中不可避免地需要在壳体上开孔，并往往接有管子或凸缘。在开孔部位，不但会削弱容器强度，而且由于结构连续性受到破坏，壳体和接管变形不一致，在开孔和接管处将产生较大的附加内力，其影响最大的是附加弯曲应力，局部地区的应力可达器壁基本应力的 3 倍以上，产生应力集中现象。再加上作用于接管上的各种载荷所产生的应力、温差造成的温差应力，以及容器材质和焊接缺陷等因素的综合作用，使容器开孔接管处往往成为容器的破坏源，特别是在有交变应力及腐蚀的情况下变得更为严重。为降低开孔处的应力集中程度，在压力容器设计中应考虑开孔补强问题。

#### 7.4.3.1 开孔补强结构设计

开孔补强结构形式概括为两种：补强圈补强和整体补强。

(1)补强圈补强[见图7.27(a)]。采用补强圈补强应符合下列规定：

①低合金钢的标准抗拉强度下限值 $R_m < 540$MPa；

②补强圈厚度小于或等于 $1.5\delta_n$；

③壳体名义厚度 $\delta_n \leqslant 38$mm。

(2)整体补强[见图7.27(b)、(c)]。把壳体整体加厚，或用全截面焊透的结构形式将厚壁接管或整体补强锻件与壳体相焊。

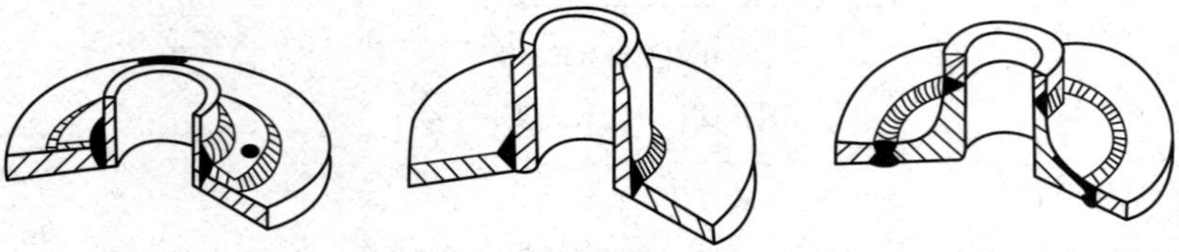


图7.27 补强结构基本形式

GB/T 150.3—2011 规定了两种开孔补强设计方法，即等面积补强方法和分析补强方法。

(1)等面积补强方法适用范围

等面积补强就是使开孔周围补强金属的截面积等于或大于开孔所削弱的金属截面积。

等面积法适用于压力作用下壳体和平封头上的圆形、椭圆形或长圆形开孔。当在壳体上开椭圆形或长圆形孔时，孔的长轴和短轴之比应不大于2.0。本法适用范围：

①当圆筒内径 $D_i \leqslant 1500$mm 时，开孔最大直径 $d \leqslant D_i/2$，且 $d \leqslant 520$mm；当 $D_i > 1500$mm 时，$d \leqslant D_i/3$，且 $d \leqslant 1000$mm；

②凸形封头或球壳上开孔，开孔最大直径 $d \leqslant D_i/2$；

③壳上开孔，最大直径 $d \leqslant D_i/3$，$D_i$ 为开孔中心处的锥壳内直径。

(2)分析补强法适用范围

分析法是根据弹性薄壳理论得到的应力分析法，用于内压作用下具有径向接管圆筒的开孔补强设计。适用范围为开孔最大直径 $d \leqslant 0.9D_i$，且接管有效厚度与壳体有效厚度应满足 $\max[0.5,\ d/D] \leqslant \delta_{et}/\delta_e \leqslant 2$。

(3)不另行补强的最大开孔直径

壳体开孔满足下列全部要求时，允许不另行补强：

①设计压力 $p \leqslant 2.5$MP；

②两相邻开孔中心的间距应不小于两孔直径之和，对于3个或3个以上相邻开孔，任意两孔中心距应不小于该两孔直径之和的2.5倍；

③接管外径不大于89mm；

④接管壁厚满足表7.6要求，表中接管壁厚的腐蚀裕量为1mm，需加大腐蚀裕量时，应相应增加壁厚；

⑤开孔不得位于 A、B 类焊接接头上；

⑥钢材的标准抗拉强度下限值 $R_m \geqslant 540$MPa 时，接管与壳体的连接宜采用全焊透的结构形式。

**表 7.6 不另行补强的接管外径与壁厚** mm

| 接管外径 | 25 | 32 | 38 | 45 | 48 | 57 | 65 | 76 | 89 |
|---|---|---|---|---|---|---|---|---|---|
| 最小壁厚 | 3.5 | | | 4.0 | | 5.0 | | 6.0 | |

### 7.4.3.2 等面积法开孔补强设计计算

(1)所需最小补强面积(开孔削弱的金属截面积)$A$

内压容器(圆筒、球壳、锥壳、凸形封头等)：

$$A = d\delta + 2\delta\delta_{et}(1 - f_r) \quad (7-39)$$

外压容器：

$$A = 0.5[d\delta + 2\delta\delta_{et}(1 - f_r)] \quad (7-40)$$

(2)有效补强范围(见图 7.28)

①有效宽度：$B = 2d$，或 $B = d + 2\delta_n + 2\delta_{nt}$，取大值。

②外侧有效高度：$h_1 = (d\delta_{nt})^{1/2}$，或 $h_1$ = 接管实际外伸高度，取小值。

③内侧有效高度：$h_2 = (d\delta_{nt})^{1/2}$，或 $h_2$ = 接管内伸高度，取小值。

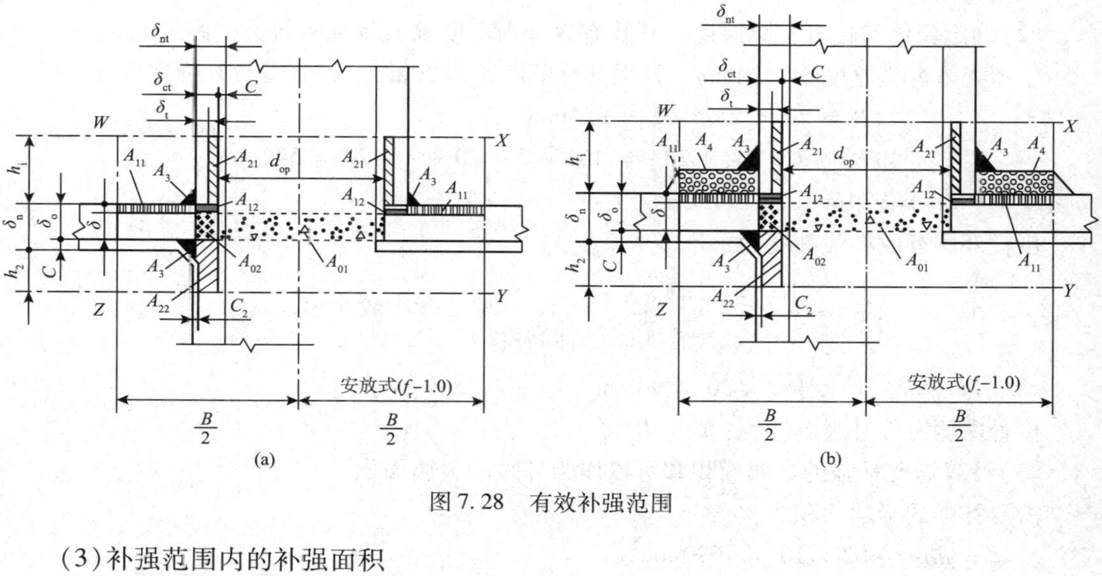


图 7.28 有效补强范围

(3)补强范围内的补强面积

①壳体有效厚度之外多余的金属面积：

$$A_1 = (B - d)(\delta_e - \delta) - 2\delta_{et}(\delta_e - \delta)(1 - f_r) \quad (7-41)$$

②接管多余金属面积：

$$A_2 = 2h_1(\delta_{et} - \delta_t)f_r + 2h_2(\delta_{et} - C_2)f_r \quad (7-42)$$

③焊缝金属截面积 $A_3$。

④需另外补强的面积：

$$A_e = A_1 + A_2 + A_3 \tag{7-43}$$

如果 $A_e \geqslant A$，则开孔后可不另行补强；若 $A_e < A$，则需另外补强，所需另补面积：

$$A_4 \geqslant A - A_e \tag{7-44}$$

式中，分析法补强设计按 GB/T 150.3—2011 第6.6条规定。

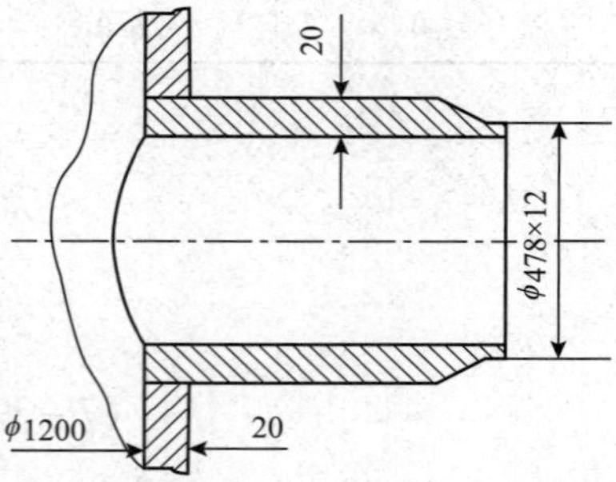


图7.29　例题7.4图

**例题7.4**　某水管式高压废热锅炉，壳体上高温气体出口采用如图7.29所示的外加强平齐接管形式的补强结构。已知壳体计算厚度 $\delta = 10$mm，名义厚度 $\delta_n = 20$mm，接管为 $\phi$478mm × 12mm 的无缝钢管，补强部分厚度 $\delta_{nt} = 20$mm，壳体与接管材质均为 18MnMoNbR，计算压力为 $p_c = 3.4$MPa，设计温度 400℃，材料在设计温度下的许用应力 $[\sigma]^t = 197$MPa，焊接接头系数 $\phi = 1.0$，壳体与接管的厚度附加量取 $C = 4$mm，腐蚀余量 $C_2 = 4$mm。试校核此开孔强度是否够用。

**解**：(1)确定壳体与接管的计算厚度及开孔直径。

由已知条件知，壳体计算厚度 $\delta = 10$mm。接管计算厚度为：

$$\delta_t = \frac{p_c D_o}{2[\sigma]^t \phi - p_c} = \frac{3.4 \times 478}{2 \times 197 \times 1.0 - 3.4} = 4.1\text{mm}$$

开孔直径为：　$d = d_1 + 2C = (478 - 12 \times 2) + 2 \times 4 = 462\text{mm}$

(2)确定壳体和接管实际厚度、开孔有效补强宽度 $B$ 及外侧有效补强高度 $h_1$。

已知壳体名义厚度 $\delta_n = 20$mm，补强部分厚度 $\delta_{nt} = 20$mm。接管有效补强宽度为：

$$\begin{cases} B = 2d = 2 \times 462 = 924\text{mm} \\ B = d + 2\delta_n + 2\delta_{nt} = 462 + 2 \times 20 + 2 \times 20 = 542\text{mm} \end{cases} \quad \text{取二者的大者}$$

$\therefore B = 2d = 924\text{mm}$

接管外侧有效补强高度为：

$$\begin{cases} h_1 = \sqrt{d\delta_{nt}} \\ h_1 = \text{接管实际外伸高度} \end{cases} \quad \text{取二者中较小值}$$

$\therefore h_1 = \sqrt{d\delta_{nt}} = \sqrt{462 \times 20} = 96\text{mm}$

接管内侧有效补强高度为：$h_2 = 0$

(3)计算需要补强的金属面积和可以作为补强的金属面积。

需要补强的金属面积为：

$\therefore A = d\delta = 462 \times 10 = 4620\text{mm}^2$

可以作为补强的金属面积为：

$$A_1 = (B - d)(\delta_e - \delta) - 2\delta_{et}(\delta_e - \delta)(1 - f_r)$$

$\because$ 壳体与接管材质相同，$\therefore f_r = 1.0$

$$\delta_e = \delta_n - C = 20 - 4 = 16\text{mm}$$

$\therefore A_1 = (B - d)(\delta_e - \delta) = (924 - 462) \times (16 - 10) = 2772\text{mm}^2$

$\therefore A_2 = 2h_1(\delta_{et} - \delta_t)f_r = 2 \times 96 \times (16 - 4.1) \times 1.0 = 2285\text{mm}^2$

$\therefore A_e = A_1 + A_2 = 2772 + 2285 = 5057\text{mm}^2$

$\because A_e > A$，同时考虑接管与壳体焊缝面积 $A_3$ 后，该开孔接管补强的强度足够。

即开孔无需另加补强。

# 7.5 压力容器耐压试验与泄漏试验

## 7.5.1 压力容器的耐压试验

压力容器制造完毕后或定期检验时，都要进行耐压试验。耐压试验是在超过设计压力下进行的液压(或气压)试验。耐压试验的目的：

(1)对内压容器其目的是考核压力容器在超设计压力下缺陷是否会快速扩展造成破坏或开裂造成泄漏，检验密封结构的密封性能；

(2)对外压容器，用相等的压力做内压试验，其目的是进行“试漏”，检查是否存在穿透性缺陷。

### 7.5.1.1 耐压试验基本要求

耐压试验包括：液压试验、气压试验和气液组合试验。一般采用液压试验；对于不适宜进行液压试验的容器，可采用气压试验或气液组合试验。

耐压试验的种类、试验压力、介质和温度要求等应由设计者在设计图样上注明。

外压容器以内压进行耐压试验。

对于由 2 个或 2 个以上压力室组成的多腔容器，每个压力室的试验压力按其设计压力确定，各压力室分别进行耐压试验。另应注意校核公用元件在试验压力下的稳定性，如果不能满足稳定性要求，则应先进行泄漏检查，合格后进行耐压试验。在进行试验时，相邻压力室内保持一定压力，以使整个试验过程中的任一时刻，各压力室的压力差不超过允许压差，图样上应注明这一要求和允许压差值。

### 7.5.1.2 耐压试验压力

(1)内压容器耐压试验压力

液压试验：

$$p_T = 1.25p\frac{[\sigma]}{[\sigma]^t} \tag{7-45}$$

气压试验或气液组合试验：

$$p_T = 1.10p\frac{[\sigma]}{[\sigma]^t} \tag{7-46}$$

式中 $p_T$——试验压力，MPa；

$p$——容器的设计压力，MPa；

$[\sigma]$——容器材料在常温下的许用应力，MPa；

$[\sigma]^t$——容器材料在设计温度下的许用应力，MPa。

(2)外压容器耐压试验压力

液压试验：
$$p_T = 1.25p \tag{7-47}$$

气压试验或气液组合试验：
$$p_T = 1.1p \tag{7-48}$$

(3)耐压试验压力的最低值

对于立式容器采用卧式放置进行液压试验时，在上述计算的试验压力值应加上立置试验时的液柱静压力。

(4)其他要求

①容器名牌上规定有最高允许工作压力时，公式中应以最高允许工作压力代替设计压力 $p$。

②容器各主要受压元件，如圆筒、封头、接管、设备法兰(或人、手孔法兰)及其紧固件等所用材料不同时，应取各元件材料的$[\sigma]/[\sigma]^t$比值中最小者。

③$[\sigma]^t$不应低于受抗拉强度和屈服强度控制的许用应力最小值。

在耐压试验前，应校核各受压元件在试验压力下的应力水平，对壳体元件应校核最大总体薄膜应力 $\sigma_T$。

校核筒体膜应力：
$$\sigma_T = \frac{p_T(D_i + \delta_e)}{2\delta_e} \tag{7-49}$$

液压试验时：
$$\sigma_T \leqslant 0.9\sigma_s\phi \tag{7-50}$$

气压试验或气液组合试验时：
$$\sigma_T \leqslant 0.8\sigma_s\phi \tag{7-51}$$

式中 $D_i$——容器筒体内径，mm；

$\delta_e$——容器筒体有效厚度，mm；

$\sigma_s$——容器材料常温下的屈服强度，MPa；

$\phi$——容器筒体纵向焊接接头系数。

不能按上述规定进行耐压试验的容器，设计单位应提出在确保容器安全运行的前提下，免除耐压试验所应采取的安全措施，经设计单位技术负责人批准后在图样上注明。

### 7.5.2 压力容器的泄漏试验

对于盛装毒性程度为极度、高度危害介质或设计上不允许有微量泄漏的压力容器，在耐压试验合格后，应当进行泄漏试验。

(1)泄漏试验

泄漏试验包括气密性试验、氨检漏试验、卤素检漏试验、氦检漏试验等。

(2)泄漏试验相关要求

①设计单位应当提出容器泄漏试验的方法和技术要求。

②需要进行泄漏试验时，泄漏试验的介质、试验压力和相应的检验要求等，由设计者提出，并应在设计图样上和设计文件中注明。

③设计图样要求做气压试验的压力容器，是否需要再做泄漏试验，设计者应当在设计图样上规定。

④采用气密性泄漏试验方法时，气密试验压力等于设计压力，即 $p_T = p$。

⑤铸造压力容器盛装气态介质时，应当在设计图样上提出气密性试验的要求。

⑥带有安全阀、爆破片等超压泄放装置的压力容器，如果设计时提出气密性试验要求，则设计者应当给出该容器的最高允许工作压力。

## 思考题

1. 内压圆筒计算厚度公式的适用范围是什么？
2. 名义厚度与计算厚度是什么关系？
3. 超压泄放装置动作压力与工作压力和设计压力的关系？
4. 焊接接头系数与哪些因素有关？
5. 何为外压圆筒的计算长度？
6. 外压圆筒分为哪几种形式？几种圆筒有什么区别？
7. 提高外压圆筒临界压力的措施是什么？
8. 封头主要有几种形式？从受力和制造两方面比较，哪一种封头比较好？
9. 压力容器法兰有哪几种形式？
10. 垫片的两个参数是什么？
11. 开孔补强有哪几种结构形式？
12. 何为等面积补强方法？
13. 耐压试验的目的是什么？
14. 耐压试验压力如何确定？
15. 压力容器泄漏试验有哪几种方法？

## 习题

1. 有一 $DN$2000 的内压薄壁圆筒，壁厚 $\delta_n = 22$mm，承受的最大气体工作压力 $p_w = 2$MPa，容器上装有安全阀，焊接接头系数 $\phi = 0.85$，厚度附加量为 $C = 2$mm，试求筒体的最大工作应力。

2. 某球形内压薄壁容器，内径 $D_i = 10$m，厚度 $\delta_n = 22$mm，若令焊接接头系数 $\phi = 1.0$，厚度附加量为 $C = 2$mm，试计算该球形容器的最大允许工作压力。已知钢材的许用应力 $[\sigma]^t = 147$MPa。

3. 化工厂反应釜，内径为 $D_i = 1600$mm，工作温度为 5～105℃，工作压力为 1.6MPa，附体材料选用 06Cr19Ni10Ti，采用双面焊接接头，局部无损检测，凸形封头上装有安全阀，试确定釜体计算厚度。

4. 有一圆筒形乙烯罐，内径 $D_i = 1600$mm，厚度 $\delta_n = 16$mm，计算压力为 $p_c = 2.5$MPa，工作温度为 −3.5℃，材料为 Q345R，采用双面焊接接头，局部无损检测，厚度附加量取 $C = 3$mm，试校核储罐强度。

5. 今欲设计一台高温变换炉，炉内最高温度为 550℃，炉内加衬保温砖及火砖后，最高壁温为450℃，工作压力为1.8MPa，炉体(圆筒)内径为$D_i=3000$mm，采用双面焊接接头，100%无损探伤，试用Q245R和Q345R两种材料分别设计炉体厚度，并作分析比较。

6. 今欲设计一台内径为$D_i=1200$mm的圆筒形容器，工作温度10℃，最高工作压力为1.6MPa，筒体采用双面焊接接头，局部无损检测，采用标准椭圆形封头，并用整板冲压成形，容器装有安全阀，材质Q235C，$\sigma_b=375$MPa，$\sigma_s=235$MPa，容器为单面腐蚀，腐蚀速度为0.2mm/a，设计年限为15a，试设计该容器筒体及封头厚度。

7. 某工厂脱水塔塔体内径$D_i=700$mm，厚度$\delta_n=12$mm，温度180℃，最高工作压力2MPa，材质为Q345R时，其200℃时，$\sigma_b=402.2$MPa，$\sigma_s=206$MPa，塔体采用带垫板的单面焊对接接头，局部无损检测，厚度附加量$C=2$mm，试校核塔体工作应力和水压试验强度。

8. 设计容器筒体和封头厚度。已知内径$D_i=1400$mm，计算压力1.8MPa，设计温度40℃，材料为15CrMoR，介质无大腐蚀性，双面焊接接头，100%无损检测，封头按半球形封头、标准椭圆形封头设计，根据相关因素，确定此容器的最佳设计方案。

9. 一减压塔，内径$D_i=2400$mm，壁厚附加量$C=2$mm，筒体长度24600mm，塔内真空度为30mmHg，设计温度为150℃，塔壁材料为Q235A，$E^{150℃}=2\times10^5$MPa，试问当塔的有效壁厚$\delta_e=8$mm时，塔体和封头稳定性是否满足要求？

10. 今需制作一台分馏塔，塔的内径为2000mm，塔身(包括两端椭圆形封头的直边)长度为6000mm，封头(不包括直边)深度500mm。分馏塔在370℃及真空条件下操作。现存9mm、12mm、14mm厚的Q245R钢板。问能否用这三种钢板来制造这台设备？

11. 有一容器，内径为$D_i=3500$mm，工作压力为$p_w=3$MPa，工作温度为140℃，厚度$\delta_n=40$mm，在此容器上开一个的人孔$\phi450$，试选配人孔法兰，并进行开孔补强设计，容器材质Q345R。

# 8 压力管道设计概论

过程工业是加工流程性材料产品的现代国民经济的支柱产业之一，成套过程装备则是组成过程工业的工作母机群，它通常是由一系列的过程机器和过程设备、按一定的流程方式用管道、阀门等连接起来的一个独立的密闭连续系统，再配以必要的控制仪表和设备。可见，管道是过程装备的重要组成部分。

管道是由管道组成件装配而成，用以输送、分配、混合、分离、排放、计量或截止流体流动的管状设备。为实现输送流体的目的，就必须借助于一定的压力，当压力达到一定数值，超过管道组成件的承受能力时，就有可能因超压而引起管道的破坏。另外，管道内输送的流体介质，一般都具有可燃、易爆、有毒、腐蚀等特性，一旦泄漏就有可能发生火灾爆炸、人身伤亡事故或污染环境。因此，为了保证压力管道的安全运行，防止各种事故发生，保护人民生命和财产的安全，世界各国对压力管道的设计、制造、安装、检验、运行和修理改造等都制定了相应的法规和标准。

在压力管道的设计、制造、安装、检验、运行和修理改造等环节中，设计是最基本也是最重要的环节。因此，要求压力管道设计人员不仅要具有相应的理论知识、相关的专业水平和实践经验，还要掌握国家相关法规和标准，以保证压力管道的设计质量和设计水平。

## 8.1 压力管道特点与设计基本要求

### 8.1.1 压力管道的特点

压力管道与压力容器等其他特种设备相比较，主要具有以下特点。

(1)应用广泛，种类繁多，数量巨大；设计、制造、安装、使用、检验和维护管理环节多。压力管道的设计、制造、安装使用等环节越多，出现问题的概率就越高；环节越多，影响因素就越多，从而造成压力管道安全管理的多元性和复杂性。

(2)长径比大，跨越空间大，边界条件复杂。压力管道的强度计算除利用公式计算外，还应考虑与它相连的机械设备对它的要求、中间支承条件的影响、自身热胀冷缩和振动的要求等。因此，在管道布置设计时除应满足工艺流程要求外，还应综合考虑各相关设备、支承条件、地理条件(对长输管道)、城市整体规划(对城市公用管道)等因素的影响。

(3)现场安装工作量大，工作条件较差。压力容器基本上是在工厂制造的，其制造环境条件和制造设备保证均较好。而压力管道现场安装工作量大，环境条件较差，因此保障安装质量相对较难，从而要求投入更多的管理精力。

(4)管道组成件种类及材料繁多，各有各的特点和技术要求，选用复杂。压力容器用得较多的是板材和锻材，而且也比较成熟。压力管道除用到板材和锻材之外，还经常配套用到管材和铸件。在一些操作工况下要想配齐这些材料是比较困难的，也就是说，对于某一介质环境而选定的合适材料，板材和锻材有时容易获得，而铸件就不那么容易获得，反之亦然。另外，因为设备长径比较小，它可以采用复合板材或堆焊层来解决防腐问题，而管道则不易做到。有时，同一根管道可能同时连接两个或两个以上的不同操作条件的设备，因此管道选材要考虑对各设备的材料都能适应等。

(5)管道上的可能泄漏点多，管道在布置、安装和检验方面要求复杂。

(6)压力管道及其组成件的标准多，各相关标准中有重复的内容，也有不同的内容和要求，设计选用时要注意其区别。

(7)在多数情况下管道设计必须由多人合作，共同完成；且涉及专业面广，如工艺专业、材料专业、机械专业、仪表及自动控制专业等。

### 8.1.2 压力管道设计基本要求

压力管道设计的基本要求是保证安全性和经济性。首先要保证其安全性，即要保证管道操作运行的风险小、安全系数大，不至于因失效而产生重大事故；保证平稳运转，避免跑、冒、滴、漏现象，不会因其故障而造成整个装置的不正常停车。其次要考虑经济性，经济性是指压力管道的一次性投资费用和操作维护费用的综合指数。对于一个设计良好的压力管道还应满足一些其他要求，如：必须满足工艺要求；应进行标准化、系列化设计；布局美观、合理，便于操作和维护；便于制造、安装施工等。

## 8.2 压力管道设计内容与设计规定

压力管道设计主要包括管道布置设计、管道材料设计、管道机械设计三大基本任务。管道材料设计是基础，管道布置是目的，管道机械设计是保障，这三部分既相互独立又相互联系。

### 8.2.1 压力管道设计基本内容

(1)压力管道布置设计

压力管道布置设计包括装置布置设计和管道布置设计两部分内容。

装置布置设计是指将一个过程生产装置中所用的机械、设备、建筑物、构筑物等按一定的规则进行定位的设计过程。它涉及工艺流程要求，生产操作和检修要求，与四邻关系的要求，所在地形、地貌和面积大小的要求，自然环境和生活环境的要求等。装置布置的好坏直接影响到装置的操作、检修、安全、美观和经济性，它对管道总体设计起宏观控制的作用。

管道布置通过图纸来表示出管道位置、走向、支承等状况，并能满足工艺流程的要求；满足管道强度、刚度的要求；满足操作、维护、消防的要求等。最后给出管道及其元件的用量。

(2)压力管道材料设计

管道材料设计是整个管道设计过程中的基础部分，它直接影响到压力管道的可靠性和经济性。压力管道选用的材料应根据所输送流体的设计温度和压力确定，并满足装置生产全过程配管的各种操作工况的要求，确保安全连续生产，安全可靠无事故。

管道材料设计的内容包括：管道组成件材料的选用、管道组成件标准(体系)的选用、管道组成件规格尺寸的确定等。

(3)压力管道机械设计

管道机械设计的核心是管道的机械强度和刚度问题，它包括管道及其元件的强度、刚度是否满足要求，管道对相连机械设备的附加载荷是否满足要求等。通过对管系应力、管道机械振动等内容的力学分析，适当改变管道的走向和管道的支承条件，以达到满足管道机械强度和刚度要求的目的。可以说，管道机械设计进行的好坏，直接影响到管系的安全可靠性。

管道机械设计包括三部分：管道元件的强度设计、管道系统的应力分析和柔性设计、管道支吊架的设计。管道元件的强度设计主要是依据管道承受的压力载荷确定管道元件的壁厚等级、公称压力等级；管道应力分析是对整个管道系统在压力载荷和其他外加载荷作用下的应力校核分析设计和柔性分析设计；管道支吊架设计包括支吊架位置的确定、支吊架结构形式的选择、支吊架强度设计等内容。

管道布置设计的内容在“化工工艺管道设计”等工艺设计的课程中介绍，本书主要介绍管道材料设计和管道机械设计的相关内容。

### 8.2.2 压力管道设计文件内容及编制

设计文件的编制是压力管道设计中的一项重要内容，是对整个设计的描述、汇总、整理和总结。设计文件代表一个项目的设计水平和设计质量。

压力管道设计文件资料应包括资料图纸目录、管道设计说明书、管道表、管道等级表、管段材料表、管道材料表、管道设备规格表、管道设备规格书、管道支吊架汇总表、PID 图、设备布置图、管道布置图、管道轴测图、非标管道设备图、非标支吊架图、压力管道强度计算书、压力管道应力分析报告等。

(1)图纸目录

资料图纸目录分区域目录和装置目录两种。如果该装置不分区，可只编装置目录。资料图纸目录应包括该装置(项目)中的所有工程图纸、表格等文件资料，复用(图)设计文件资料，设计说明书等资料的目录，并按照文字资料、图纸、复用文件的先后顺序编排。

(2)设计说明书

管道设计说明书应包括管道的设计依据、设计原则、设计思路、执行规范、典型配管研究、典型的管道柔性设计数据、与仪表专业的分工、识图方法(图例)、施工要求、采购要求、其他要说明的问题等。

①设计依据

设计依据是说明施工图设计的任务来源和设计要求。包括施工图设计的委托书、合同、技术协议等有关文件，初步设计的审批文件和修改文件，设计所依据的法规、标准和技术规范等相关设计依据的文件。

②工艺及系统说明

施工图设计中对初步设计作的修改和调整部分的工艺及系统说明，与工艺有关的施工说明和装置开、停车的原则性说明。

③设计范围

负责设计的范围，如合作设计或出口项目的设计范围应加以说明，装置设计的组成及单元或工程名称及代号。

④设备布置设计说明

分区或图号规定、设备施工安装依据的施工安装及验收规范、设备安装的注意事项、大型设备吊装需说明的问题、设备进入厂房或框架的特殊安装要求(如可拆梁、墙上留洞等)、设备附件说明、设备支架说明(哪些设备位号有支架，有何安装技术要求等)。

⑤管道布置设计说明

a)说明管道介质名称、最高工作压力与温度、设计压力与设计温度；说明压力管道的类别和级别。

b)管道元件供应情况说明。如引进装置，应说明买卖双方管道元件与材料供应的范围，国内采购的划分，管道元件的技术条件、执行的技术标准等。

c)管道预制及安装要求。管道施工规范的标准号、管道等级与分类；管道焊接的附加要求，如预热、焊后热处理等；管道安装的特殊要求，如冷紧、螺纹封焊、临时用垫片等有关注意事项；伴热系统的安装；特殊件的安装要求，如膨胀节、临时过滤器等；管道检验与试验要求；埋地管线要求等。

d)管道支吊架说明。采用的管道支吊架标准、工厂预制件、小管道支吊架安装注意事项。

⑥静电接地说明

管道静电接地范围、静电接地连接方式、静电接地连接要求。

⑦管道脱脂、吹扫、清洗说明

管道脱脂、吹扫、清洗的范围，管道脱脂、吹扫、清洗介质的组成及温度压力参数等。

⑧绝热、隔声设计说明

a)选用的绝热材料：主绝热材料名称及相关要求，外保护层材料名称、材质、厚度，隔声材料。

b)工程中遇到的绝热等级，如隔热、防烫、保冷等具体要求。

c)采用的绝热、隔声结构及标准。

d)施工要求。施工时注意防雨要求，保冷层是否现场发泡，阀门绝热的要求等。

⑨防腐设计说明

a)涂漆的范围：设备及管道外部涂漆；

b)采用的涂料名称(包括底漆和面漆)；

c)施工要求：底漆和面漆应配套、涂漆前的表面清理、涂漆的层数等。

d)涂漆的颜色；

e)埋地管道的外防腐。

⑩采用的国家标准或地方标准

列出标准名称及标准号，说明哪些标准应由管道安装施工单位自备。

(3)首页图

将设计中所采用的部分规定以图表形式绘制成首页图。首页图包括如下内容：

①管道及仪表流程图中所采用的图例、符号、物料代号和管道编号、管道等级等；

②自控专业在工艺过程中所采用的检测和控制系统的图例、符号、代号等；

③其他有关需说明的事项。

首页图图幅大小可根据内容而定，一般为A1图幅，特殊情况可采用A0图幅。

(4)管道数据表等表格

①管道数据表

管道数据表的内容应包括管道类别、级别、介质名称、工作参数(表压和温度)、设计参数(表压、温度)、试验参数(试验介质、试验压力、试验温度)、管道规格、管道长度、管道材料、各种元件(如阀门、法兰)、保温材料、管道起止点以及执行标准(材料标准、元件的标准和设计标准)等内容。

②管道材料等级表

管道材料等级表是针对一系列介质条件而编制的管道器材应用明细表。它包括管道设计条件(设计压力、设计温度和介质)、管道公称压力等级、管道壁厚等级、管道元件材料、管道元件形式、管道元件应用标准和材料标准等内容。

③管段材料表

管段材料表是对应于管道平面图的一个设计文件资料。当该装置采用“平面图+管段图”的出图方式时，该文件直接出现在管段图上而不需要另出文件资料；当该装置采用“平面图+详图”的出图方式时，则对应于每一张平面图应有一组管段材料表。平面图上的每一个具有独立管号的管段，它所需要的所有管道器材元件(包括管子、管件、阀门、隔热材料、防腐材料等)的数量及其属性都应在管段材料表上一一给出。管段材料表是管道施工的重要文件之一。

④管道支吊架汇总表

管道支吊架汇总表是将装置中采用的支吊架进行分类汇总的一个设计文件，它为支吊架的采购和工厂预制提供方便。

⑤管道综合材料表

管道综合材料表是管道材料表的分类汇总，是采购和备料的重要设计文件。主要包括了管子、弯头、三通、大小头、管帽、加强管嘴、加强管接头、异径短节、螺纹短节、管箍、仪表管嘴、漏斗、快速接头、法兰、垫片、螺栓/螺母、限流孔板、盲板、法兰盖等管道元件的分类汇总。还包括了阀门、过滤器、疏水器、视镜、弹簧支吊架等管道器材元件的分类汇总。

完整的描述应包括管道元件名称、结构形式、规格、数量、压力等级(或壁厚等级)、连接方式、材料、材料规范、应用标准及其他需要说明的属性等内容。

⑥特殊阀门和管道附件数据表

特殊阀门包括安全阀、疏水阀、减压阀、呼吸阀及其他一些特殊阀门。特殊管道附件包括管道过滤器、爆破片、消声器、金属波纹管或软管、阻火器等一些特殊管道组成件。

(5)非标管道设备图和非标支吊架图

非标管道设备图和非标支吊架图是针对标准之外的管道设备和支吊架而绘制的制造详图。这一类图纸不宜太多，换句话说，应鼓励选用标准的管道设备和支吊架，这样做有利于降低工程投资，加快设计、制造、施工等各阶段的进度。

(6)强度设计计算书

强度设计计算书的格式并没有标准要求，一般应包括下列内容。

①强度计算书组成

强度计算书由封面页、目录页、正文页、封底页组成，均为 A4 幅面。

封面页：文件名填写压力管道强度计算书，封面列有设计、校核、审核、审定人员(签字)。

正文页：以受压元件为单元页。

②计算书正文内容

强度计算书正文至少应包括设计条件所用标准、材料腐蚀裕度、计算厚度、名义厚度、计算应力等，具体应包括：所计算受压元件名称、计算条件、计算公式、计算公式中符号的意义及采取的数值、计算的结果数值、最后采用的数值等，必要的说明及其他；采用计算机计算时，应将输入数据和打印结果作为计算文件，并应说明计算程序所遵循的标准及程序编制发行单位等。

(7)压力管道应力分析报告

管道应力分析要用计算机程序软件进行分析计算，应力分析报告内容一般应包括主要输入数据，管道一次应力的校核结果，管道二次应力的校核结果，管道端点和各约束点、与机器设备的连接点、固定点、支吊点、限位点和导向点以及位移给定点处的安装状态和操作状态的受力，各节点处安装状态和操作状态的位移和转角，转动机器(离心式压缩机、离心泵、汽轮机)的受力校核结果，往复式压缩机、往复泵管系的固有频率，经分析计算最终得到的管道三维轴测图(包括支吊架的位置及形式、膨胀节位置等信息)。

# 8.3 压力管道法规和标准简介

为了保证压力管道在设计寿命内安全可靠地运行，世界各工业国家都制定了一系列压力管道的法规和标准，给出材料、设计、制造、检验及运行维护等方面的基本要求。压力管道的设计必须满足这些要求，否则就要承担相应的后果。

## 8.3.1 国外主要压力管道标准简介

### 8.3.1.1 美国 ASME B31 压力管道标准简介

(1) ASME B31 压力管道系列标准的发展

美国是世界上最早制定压力管道标准的国家。1926 年，美国标准协会(American Standards Association)为开发管道规范设立了一个 B31 项目(Project B31)，当时 ASME 是唯一的主管机构(administrative sponsor)。这部标准的首次发行是在 1935 年，名称为《美国压力管道试行标准规范》(American Tentative Standard Code for Pressure Piping)。从 1942 年到 1955 年，这部标准就以 ASA B31.1《美国压力管道标准规范》(American Standard Code for Pressure Piping)的名称出版了。那时，这部标准是由适用于不同行业的几个独立的篇(Sections)构成的。

从 1955 年开始，上述几个独立的篇分离出来，首先出版了 ASA B31.8《气体输送和分配管道系统》。到 1959 年，又出版了 ASA B31.3《石油炼厂管道规范》。此后，大多数独立编写的篇陆续出版。其编号如下：

B31.1 动力管道

B31.2 燃气管道[1988 年撤销]

B31.3 工艺管道

B31.4 烃类、液态石油气、无水氨和酒精的液体输送管道系统

B31.5 制冷管道和传热部件

B31.6 化工厂管道[从未出版]

B31.7 核管道[移入 ASME 锅炉压力容器规范第Ⅱ卷]

B31.8 气体输送和分配管道系统

B31.9 建筑用管道

B31.10 深冷管道[从未出版]

B31.11 浆液管道

虽然在 1974 年化工厂管道 B31.6 这一卷的草稿已经完成，但当时决定把这一卷并入 B31.3，因为这两卷关系太密切了，于是在 1976 出版了一本联合在一起的标准，叫作《化工厂和石油炼厂管道》。此时，许多概念被引入到 B31.3，例如：流体工况类别(fluid service category)、非金属管道(nonmetallic piping)、安全保护(safe guarding)等；1980 年，把

B31.3 标准中的非金属管道部分并为单独的一章，即第Ⅷ章。

专业委员会 ASME B31.10 曾经编写了一部《深冷管道规范草案》，在 1981 年准备呈报批准。但由于其内容与 ASME B31.3 重叠甚多，故决定把两个专业委员会合并，两个标准也并为一个，合并后的标准在 1984 年出版。同年，在 ASME B31.3 中增加了另一个有影响力的独立规范，把它作为该标准的第Ⅸ章，即“高压管道”。

在 B31 系列标准的封面上，B31 前面的缩写，几经改变，从 ASA 到 ANSI 再到 ASME。最初的 ASA，是美国标准协会的缩写。1967 年到 1969 年间，ASA 首次改名为美国标准学会(United States of America Standards Institute)，后来又改名为美国国家标准学会(ANSI)。1978 年，管道标准委员会又改组为在 ASME 下面运作的一个委员会。到目前一直把这些标准定名为 ASME B31。这些变化并没有改变管道委员会的组织结构，也没有使管道标准有所改变。

(2)ASME B31.3《工艺管道》简介

在 ASME B31 压力管道系列标准中，ASME B31.3《工艺管道》最具有代表性。ASME B31.3 是被全球普遍接受的工艺管道标准。实际上，这部标准是石油、石油化工和化工行业的标准。ASME B31.3 涵盖范围极其广泛，其包含的流体从水到毒性危害性极大的气体，如芥子气；其适用温度范围从深冷工况到高温 815℃ 以上；压力范围从真空、常压到 340MPa，甚至更高。

ASME B31.3 现行(2018)版共由 10 章内容构成。

第Ⅰ章　范围和定义。规定了业主、设计者、制造商、检验师的各自责任；明确了规范适用于所有流体的管道。这一章对管道流体工况进行了分类，给出 6 种流体工况定义，提供了辨别管道可能发生的危险性级别的方法。

D 类流体工况：危险性比较低的工况，它指的是工作压力低于 1.035MPa、工作温度 -29 ~ 186℃，无毒、非易燃性、对人体组织没有危害性的流体。水管道是典型的 D 类流体工况的管道。

M 类流体工况：对危险性极大流体工况而言，此类工况指同时符合下列两项要求的流体工况：第一，流体的毒性非常大，一次性接触极少量的泄漏流体，即使迅速采取了治疗措施，也能对呼吸或人体造成严重的不可逆的伤害；第二，考虑了管道设计、经验、工况条件和场所后，业主确定常规的流体工况要求不足以提供保证人员免受影响所需要的密封性能。

一般情况下可划为 M 类流体工况的例子有：含有异氰酸甲酯(methyl isocyanate)、光气(phosgene)和神经性毒气(nerve gas)的管道系统。含有硫化氢和氰化氢(hydrogen cyanide)的管道系统并非一定划为 M 类流体工况。不过，由于划分类别时必须考虑安装的条件，故不可能编出一份 M 类流体的表。对于应划为 M 类流体工况的，还必须考虑个人暴露是否重要。例如，假如一条管道是双层保护的，则即使里面盛装的是光气之类的剧毒流体，也不能把这条管道划为 M 类，因为个人暴露的潜在危险不重要。对于 M 类流体工况，不能适用正常流体工况的规则。反之，应采用导致建造费用较高的附加规则，后者有提高管道系统严密性的各种规定。

此外，对于 M 类流体工况也可采用比第Ⅷ章的规定更为严格的规则。例如，不采用第Ⅷ章要求的 20% 射线检测，而采用 100% 射线检测，或采用 M 类流体工况不要求的双层管道。

高温流体工况：管道的金属温度持久地等于或大于 $T_c$（金属材料蠕变温度）的流体工况。

高压流体工况：业主规定按第Ⅸ章进行设计和建造的流体工况。

高纯度流体工况：一种由于产品的清洁度控制水平要求因而选择规范规定之外的制作、检验、检测和试验方法要求的流体工况。该术语用于其他特定目的如高纯度、超高纯度、卫生的或无菌的管道系统。

常规的流体工况：规范管辖的大部分管道的流体工况，也就是不受 D 类、M 类、高温、高压或高纯度流体工况规定管辖的工况。

对于流体工况危险性较低的管道，亦即 D 类管道，允许采用严格性较低的设计、检查和试验。而对于流体工况危险性较大的管道，亦即 M 类管道，则有较为严格的要求。除非业主指定该流体工况是属于 D 类或 M 类，一切工况都认为是正常工况（normal fluid service）。

业主的责任是择定流体工况的类别。没有业主的批准不能选择 D 类或 M 类。除非做了不同的选择，应认定流体工况是正常工况。鉴于有些业主对于这个责任不是很熟悉，管道的设计者应告诉业主他的责任所在，可以在流体工况选择过程中给予业主以指导。

第Ⅱ章　设计。规定了压力管道强度设计和应力分析设计的设计条件和设计准则；给出了管道组成件的设计计算方法和计算公式；提出了流体工况对管道组成件及其连接形式的要求。

第Ⅲ章　材料。对压力管道用材料提出了一般性的要求。

第Ⅳ章　管道组成件标准。给出管道组成件的尺寸和额定参数。

第Ⅴ章　制作、装配和安装。对弯曲和成形、焊接、热处理、管道安装等提出要求。

第Ⅵ章　检验、检测和试验。对检测人员、检测工艺、检测类型等提出要求。

前面的 6 章是该规范的基本部分，是对正常和 D 类工况流体金属管道提出管道规范的基本要求。

第Ⅶ章　非金属管道和非金属材料衬里的管道。含有非金属管道的规则和内衬非金属的金属管道的附加要求。

第Ⅷ章　M 类流体工况的管道。含有 M 类工况流体管道的规则和特殊要求。

第Ⅸ章　高压管道。标准将内压高于 42MPa 的管道定义为高压管道。这一章含有高压管道的规则。标准还指出这一章的要求绝非必须要遵守，用不用这一章永远由业主决定。

第Ⅹ章　高纯度的管道。在第Ⅰ章中定义了高纯度流体工况，这一章含有高纯度流体工况管道的规则。

ASME B31.3 标准有某些组成上的特点，了解这些特点，可使查阅标准更加方便。

标准各节遵循一个特殊的编码系统，各个节号都以 300 开始的三位数字编号，这种 300 系列的节号是 ASME B31 压力管道标准下面的 ASME B31.3 标准所独有。基本规范里面的节号在第Ⅶ章到第Ⅹ章里面重复出现，但在节号前面加一个字母以兹区别。第Ⅶ章的节号前面加字母 A，第Ⅷ章对金属管道节号前面加字母 M，而对非金属管道加字母 MA，第Ⅸ章节号前面加字母 K，第Ⅹ章节号前面加字母 U。采用同一节号可方便于在（前 6 章）基本规范要求和最后 4 章中的任一章要求之间进行交叉比较。最后 4 章需要经常引用基本规范的要求，采用这种编码方法，同样的要求就无须多次重复。此外，最后的4章也告诉用户随时随地都要查阅基本规范的要求。

### 8.3.1.2 其他国外标准简介

(1)ISO 15649《石油和天然气工业管道》

为便于国际采用，国际标准化组织制定了ISO 15649《石油和天然气工业管道》标准。这部规范大体上参照了ASME B31.3的标准，由于在ISO标准里面并没有指定是参照哪一个具体的版本，故ASME B31.3对ISO来讲是一部永远的常青参照标准。在ISO标准里面规定了一些额外的要求，如对于埋地管道的要求等。

这部标准规定了对石油和天然气工业管道的设计和施工要求，包括检验和试验要求。这部标准适用于化工、石油、天然气或相关产品加工或搬运设施内的所有管道，例如炼油厂、装油码头、天然气加工厂、海上油气生产平台、化工原料厂、合成装置等。

(2)EN 13480《金属工业管道》

欧盟于2002年正式颁布了其压力管道标准EN 13480《Metallic Industrial Piping》。欧盟成员国的内部章程规定了“该标准将可原封不动地作为欧盟各国的压力管道国家标准”。同时，该标准的前言中明确了符合该标准的要求也即满足了欧盟的承压设备指令EN97/23的基本要求。

EN 13480共分成5大部分，即第1部分“总则”(General)、第2部分“材料”(Material)、第3部分“设计和计算”(Design and Calculation)、第4部分“制作与安装”(Fabrication and Installation)和第5部分“检验与试验”(Inspection and Testing)。

EN 13480适用于承压或不承压的、地上或埋地的金属材料管道系统，包括支吊架和安全装置。在压力大小上没有加以限制，该标准也适用于公称压力超过42MPa的压力管道，只要该管道符合标准的其他4部分的要求。

EN 13480的管道分级按欧盟的压力设备指令(97/23EC)分为O、I、Ib、II、IIb、IIc、III，它从定性和定量两个方面综合考虑，并根据所输送的流体状态、危险性、压力和管径等采用图表的形式确定。

EN 13480第2部分“材料”。对承压件材料从一般要求、特殊要求、交货技术条件和标记几个方面进行了规定，附录A包括了满足要求的配套材料标准，附录B是使用温度下限及冲击功要求的规定。对于非承压件(如支承件、裙座、挡板以及类似的其他与压力管道焊接连接的非承压件)和焊接材料，规定了其至少应包括的化学成分和拉伸强度要求。

EN 13480第3部分“设计和计算”。在管道工程中，无论是从安全上、经济上，还是现场施工管理上，都应尽量考虑采用标准管道组成件。而EN 13480第3部分的内容注重管道系统和管道组成件的非标设计，使用规定或限制等方面内容很少。对于管道系统中的承压管件，EN 13480对其进行应力分析时，虽然所考虑的载荷与ASME B31.3基本相同，但在力学模型的选择和数学推导上更为仔细和全面，使得在某些方面的计算要比ASME B31.3中给出的方法复杂。但应该讲，其计算结果从力学分析的角度看较为合理。

EN 13480第4部分“制作与安装”。规定了对管道的制造方以及制作和安装承包方(含分包方)的要求，包括应确保管道组成件(包括支架)的运输、储存、制作和安装，预加工件应采取防护措施等；还包括对竣工文件的要求。

EN 13480 第5部分"检验与试验"。EN 13480 从设计确认、制作过程中的检查、焊缝的无损检测、压力试验和文件几大部分对承压件的检验和检测要求进行了规定，要求详细。

## 8.3.2 我国压力管道法规和标准

### 8.3.2.1 我国压力管道相应法规的历史发展

我国对压力管道的安全管理较压力容器的安全管理起步晚些。国家对压力管道安全监察管理发布的第一部规章是《压力管道安全管理与监察规定》，由当时的劳动部于1996年4月23日颁布，1996年7月1日实施。

2004年国家质量监督检验检疫总局颁布《特种设备目录》(2010年增补，2014年修订颁布新版本)，将压力管道列为特种设备。

2008年国家质量监督检验检疫总局颁布《压力容器压力管道设计许可规则》(TSG R1001—2008)，2008年4月30日实施。

2009年国务院以国务院令第549号颁布了《特种设备安全监察条例》，于2009年5月1日起施行。

2009年国家质量监督检验检疫总局颁布《压力管道安全技术监察规程——工业管道》(TSG D0001—2009)，于2009年8月1日实施。

2013年国家以主席令第4号颁布了《中华人民共和国特种设备安全法》，于2014年1月1日起施行。

2019年国家市场监督管理总局颁布TSG 07—2019《特种设备生产和充装单位许可规则》，于2019年6月1日起实施。

从压力管道相应法规历史沿革来看，国家对压力管道的安全监察，从最初的部门规章到后来的国务院条例，最后提升为国家法律，安全监管力度逐步加大，相关内容逐步修订完善提高。一方面反映出国家对压力管道安全监管工作越来越重视；另一方面也突显出压力管道具有较高的安全风险性，必须严格监督管理。

### 8.3.2.2 压力管道相应法规简述

(1)《压力管道安全管理与监察规定》

《压力管道安全管理与监察规定》是由当时国家劳动部颁布，颁布文号：劳部发〔1996〕140号，颁布日期：1996年4月23日，实施日期：1996年7月1日。《压力管道安全管理与监察规定》是我国关于压力管道安全监管第一个部门规章，第一次提出了压力管道的概念和分类。该"监察规定"制定的目的是为了保障压力管道安全运行，保护人民生命和财产安全；依据是根据《中华人民共和国劳动法》和有关法律、法规的规定而制定。

该规定定义压力管道：在生产、生活中使用的可能引起燃爆或中毒等危险性较大的特种设备。该规定适用于如下管道及其附属设施：

①输送 GB 5044《职业性接触毒物危害程度分级》(注：现行标准为 GBZ 230—2010)中规定的毒性程度为极度危害介质的管道；

②输送 GB 50160《石油化工企业设计防火标准》及 GB 50016《建筑设计防火规范》中规定的火灾危险性为甲、乙类介质的管道；

③最高工作压力大于等于 0.1MPa(表压，下同)，输送介质为气(汽)体、液化气体的管道；

④最高工作压力大于等于 0.1MPa，输送介质为可燃、易爆、有毒、有腐蚀性的或最高工作温度高于等于沸点的液体的管道；

⑤前 4 项规定的管道的附属设施及安全保护装置等。

该规定将压力管道按其用途划分为工业管道、公用管道和长输管道。

(2)《压力管道安全技术监察规程　工业管道》

国家质量监督检验检疫总局于 2009 年 5 月颁布了 TSG D0001—2009《压力管道安全技术监察规程——工业管道》。该规程适用于同时满足下列三条的工业管道：

①最高工作压力大于或等于 0.1MPa；

②管道公称直径大于 25mm；

③输送介质为气体、蒸汽、液化气体、最高工作温度高于或等于其标准沸点的液体或者可燃、易爆、有毒、有腐蚀性的液体。

(3)《特种设备安全监察条例》

中华人民共和国国务院令第 373 号《特种设备安全监察条例》(以下简称“监察条例”)，于 2003 年 3 月 11 日公布，国务院令第 549 号进行修改，于 2009 年 5 月 1 日起施行。“监察条例”明确规定：特种设备是指涉及生命安全、危险性较大的锅炉、压力容器(含气瓶，下同)、压力管道、电梯、起重机械、客运索道、大型游乐设施和场(厂)内专用机动车辆。即从条例发布之日起，压力管道被列为特种设备之一。“监察条例”的颁布标志着国家对压力管道的安全监管，从最初的部门规章管理提升到国务院法规条例管理的高度。

“监察条例”主要章节包括：总则，特种设备的生产、使用、检验检测、监督检查，事故预防和调查管理，法律责任等。“监察条例”在第八章第九十九条中给出压力管道定义：压力管道是指利用一定的压力，用于输送气体或液体的管状设备，其范围规定为最高工作压力大于或者等于 0.1MPa(表压)的气体、液化气体、蒸汽介质或者可燃、易爆、有毒、有腐蚀性、最高工作温度高于或者等于标准沸点的液体介质，且公称直径大于 25mm 的管道。这是我国法规第一次给出压力管道的含义。

(4)《中华人民共和国特种设备安全法》

中华人民共和国主席令第 4 号《中华人民共和国特种设备安全法》(以下简称“特种设备安全法”)，2013 年 6 月 29 日颁布，2014 年 1 月 1 日正式实施。

“特种设备安全法”主要章节包括：总则、生产经营使用、检验检测、监督管理、事故应急救援与调查处理、法律责任等。“特种设备安全法”的颁布实施，把压力管道的安全监管从原来的国务院条例，提升为国家法律，安全监管力度进一步加大。

(5)《特种设备目录》

为了规范特种设备的定义和分类，国家质量监督检验检疫总局从 2004 年开始颁布《特种设备目录》。2010 年进行了增补，2014 年进行了修订再版。

2014 版《特种设备目录》对压力管道进行了如下定义：

压力管道是指利用一定的压力，用于输送气体或者液体的管状设备，其范围规定为最高工作压力大于或者等于 0.1MPa(表压)，介质为气体、液化气体、蒸汽或者可燃、易爆、有毒、有腐蚀性、最高工作温度高于或者等于标准沸点的液体，且公称直径大于或者等于 50mm 的管道。公称直径小于 150mm，且其最高工作压力小于 1.6MPa(表压)的输送无毒、不可燃、无腐蚀性气体的管道和设备本体所属管道除外。其中，石油天然气管道的安全监督管理还应按照《安全生产法》《石油天然气管道保护法》等法律法规实施。

2014 版《特种设备目录》对压力管道的分类为：长输管道(包括输油管道、输气管道)、公用管道(包括燃气管道、热力管道)、工业管道(包括工艺管道、动力管道、制冷管道)。

(6)《特种设备生产和充装单位许可规则》

国家市场监督管理总局于 2019 年 5 月 13 日颁布的 TSG 07—2019《特种设备生产和充装单位许可规则》(以下简称新许可规则)中，规定了压力管道设计、制造、安装单位的许可规则。

新许可规则与特种设备目录一致，将压力管道分为长输管道、公用管道和工业管道三种类型。具体分类如下：

①长输管道：指产地、储存库、用户间的用于输送(油气)商品介质的管道。长输管道分为 GA1、GA2 两个级别。

GA1 为设计压力大于或者等于 4.0MPa 的长输输气管道和设计压力大于或者等于 6.3MPa 的长输输油管道。

GA2 为 GA1 级以外的长输管道。

②公用管道：指城市或乡镇范围内的属于公用事业的市政燃气管道和市政热力管道。公用管道分为 GB1、GB2 两个级别。

GB1 为燃气管道。

GB2 为热力管道。

③工业管道：指工厂内部工艺装置、辅助装置以及界区内公用工程所属的压力管道。工业管道分为 GC1、GC2、GCD 三个级别。

GC1：输送 GBZ 230《职业性接触毒物危害程度分级》中规定的毒性程度为极度危害介质、高度危害气体介质和工作温度高于其标准沸点的高度危害液体介质的工艺管道；输送 GB 50160《石油化工企业设计防火规范》、GB 50016《建筑设计防火规范》中规定的火灾危险性为甲、乙类可燃气体或者甲类可燃液体(包括液化烃)，并且设计压力大于或者等于 4.0MPa 的工艺管道；输送流体介质，并且设计压力大于或者等于 10.0MPa，或者设计压力大于或者等于 4.0MPa 且设计温度高于或者等于 400℃的工艺管道。

GC2：GC1 级以外的工艺管道、制冷管道。

GCD：指火力发电厂界区内以蒸汽、水和易燃易爆、有毒及腐蚀性液体或气体为介质的管道，也称为动力管道。

#### 8.3.2.3 我国压力管道标准概况

我国关于压力管道设计标准，从2000年前后开始编制和颁布，到目前为止与压力管道设计相关的标准约有几百部，有国家标准，也有行业标准。

国家标准：GB 50316—2000《工业金属管道设计规范》(2008年修订)、GB/T 2080.1~6—2006《压力管道规范　工业管道》、GB/T 34275—2017《压力管道规范　长输管道》、GB/T 32270—2015《压力管道规范　动力管道》、GB 51142—2015《液化石油气工程设计规范》、GB 51208—2016《人工制气站设计规范》、GB 51102—2016《压缩天然气供应站设计规范》等。

石化行业标准：SH 3011—2011《石油化工工艺装置布置设计规范》、SH 3012—2011《石油化工金属管道布置设计规范》、SH/T 3041—2002《石油化工管道柔性设计规范》等。

化工行业标准 HG/T 20546—2009《化工装置设备布置设计规定》、HG/T 20679—2014《化工设备、管道外防腐设计规范》等。

石油行业标准：SY/T 0452—2012《石油天然气金属管道焊接工艺评定》、SY/T 4109—2013《石油天然气钢制管道无损检测》等。

城乡建设行业标准：CJJ 34—2010《城镇供热管网设计规范》、CJJ 34—2010《城镇供热直埋蒸气管道技术规程》等。

电力行业标准：DL/T 712—2010《发电厂凝汽器及辅机冷却器管选材导则》、DL/T 715—2015《火力发电厂金属材料选材导则》等。

随着科学技术的不断进步和工业生产的发展，各国压力管道的法规和标准的内容和形式也在不断完善、更新变化。新版本实施后，老版本便自动作废。因此，设计者应及时了解法规和标准的变动情况，设计时要根据最新法规规定和最新标准要求进行压力管道的设计。

**思考题**

1. ASME B31.3 是什么标准？
2. 我国关于压力管道是如何定义的？
3. 压力管道设计的基本任务是什么？
4. 压力管道设计文件主要包括哪些资料？
5. 压力管道强度计算书至少应包括哪些内容？
6. 管道施工图一般包括哪些图纸？
7. 压力管道有哪些特点？
8. 压力管道设计有哪些基本要求？
9. 我国关于压力管道的主要法规有哪些？

# 9 压力管道材料设计

管道材料设计是整个压力管道设计过程中的基础部分，它直接影响到压力管道的可靠性和经济性。压力管道材料设计的主要内容有：管道材料选用；压力管道组成件的选用，包括管子、管件、法兰及其紧固件、阀门等标准体系选用，结构形式选择，连接形式选择等内容。

## 9.1 管道材料的选用原则

压力管道的操作条件异常复杂，温度从低温到高温，压力从真空到超高压，介质有易燃、易爆、有毒及强腐蚀性等，不同的操作条件对材料的要求不尽相同。合理的材料性能和状态是保证压力管道安全的重要因素，选材是否恰当，将直接影响压力管道的使用性能、使用寿命及制造成本。因此，为保证压力管道的安全运行及经济性要求，必须根据管道的具体操作条件及制造等方面的要求，合理选材。

管道组成件的材料选用应当满足以下各项基本要求，设计时根据特定使用条件和介质，选择合适的材料。

(1)满足操作条件的要求

材料的选择主要是考虑使用条件，如操作温度、操作压力、介质特性、操作特点等。

首先，应根据操作条件来判断该管道是否属于压力管道，属于哪一类压力管道。不同类别的压力管道因其重要性不同，发生事故带来的危害程度不同，则对材料的要求也不同。一般情况下，高类别压力管道从材料的冶炼工艺到最终产品的检查和试验，都比低类别压力管道要求高。

其次，应考虑操作条件对材料的选择要求，如腐蚀情况、温度情况(高温或低温)等；考虑在可能发生的火灾和灭火条件下的材料适用性，以及由此带来的材料性能变化和次生灾害。

(2)满足材料的使用性能要求

在预期的寿命内，材料在使用条件下具有足够的稳定性，包括物理性能、化学性能、机械性能、耐腐蚀性能以及应力腐蚀破裂的敏感性等。如金属材料的延伸率不低于14%，材料在最低使用温度下具备足够的抗脆断能力。因此，压力管道选用的金属材料的延伸率不得低于14%；由于特殊原因必须使用延伸率低于14%的金属材料时，应能够采取必要的防护措施。

(3)满足材料的工艺性能要求

理想的材料应具有良好的加工工艺性能，材料适合相应制造、制作加工(包括锻造、铸造、焊接、冷热成形加工、热处理等)的要求。例如对于一些腐蚀介质，用碳钢与不锈钢复合制造压力管道及其元件，显然比用纯不锈钢经济，但在制造工艺上却比较困难。用于焊接的碳钢、低合金钢的含碳量应小于或者等于0.30%。

(4)满足标准与标准化的要求

压力管道上应用的材料应该符合相应材料标准的规定，其使用方面的要求符合管道有关安全技术规范的规定。选用的材料应该是标准化、系列化的。将材料(尤其是管道元件)标准化、系列化有利于大规模的工业化生产，减少材料品种，增加互换性，从而可以节省设计、制造、安装、使用等各环节的投入，同时也将大大降低生产成本，所以工程上选材应首先选用标准材料。

(5)当管道组成件采用几种不同的材料组合使用时，应考虑可能产生的不利影响。

(6)满足经济性和可获得性的要求

选择材料时在满足安全可靠性的前提下，还要考虑经济性和可获得性。材料的经济性是一个较原则的问题，实际操作起来很复杂，需要多方面的知识进行综合判断。设计选材既要可靠，又要经济，能用低等级材料就不要选用高等级材料，国产与进口材料的选择，新材料的选择等，还要注意其可获得性。

## 9.2 管道组成件应用标准体系

管道组成件是指用于连接或装配成压力密封的管道系统机械元件，包括管子、管件、法兰、垫片、紧固件、阀门、安全保护装置以及诸如膨胀节、挠性接头、耐压软管、过滤器、管路中的仪表(如孔板流量计)和分离器等。

这些管道组成件通过一定的规则在一个管路系统中得到应用，它们之间相互衔接，相互配合，从而确定了管道及其元件的基本参数。为满足工业化生产的要求，这些组成件均已经标准化、系列化。一个管路系统中各管道元件所用系列标准的集合，称之为应用标准体系。在这些标准中尤其以管子标准体系和法兰标准体系最具有代表性，它们是其他应用标准的基础。

压力管道组成件在应用标准时，有两个主要参数：公称直径($DN$)和公称压力($PN$)。管道组成件的标准体系也正是围绕这两个参数的确定而有所不同。

### 9.2.1 管子应用标准体系

管子是用以输送流体或传递流体压力的密封中空连续体。管子是压力管道系统的主体组成件。压力管道设计中需要确定的管子参数主要是管子直径和管子壁厚，管子应用标准体系就是确定这两个参数的表示方法。

### 9.2.1.1 管子直径系列

在工程实际中，常用管子的公称直径作为选用基准。公称直径一般是通过工艺设计，根据介质的流量和流速来确定。公称直径是一个与管子外径有关的直径，对于不同的系列标准，同一公称直径对应的管子外径是不同的。管径系列一般分为公制系列和英制系列，其中公制系列又有大外径和小外径之分。公称直径与外径尺寸系列如表9.1所示。

**表9.1 金属管道外径尺寸系列**

| 公称直径 *DN* | | 外径 $\phi$ | | |
|---|---|---|---|---|
| 英制/in | 公制/mm | 英制/mm | 大外径/mm | 小外径/mm |
| 3/8 | 10 | 17.2 | 17 | 14 |
| 1/2 | 15 | 21.3 | 22 | 18 |
| 3/4 | 20 | 26.9 | 27 | 25 |
| 1 | 25 | 33.7 | 34 | 32 |
| 1¼ | 32 | 42.4 | 42 | 38 |
| 1½ | 40 | 48.3 | 48 | 45 |
| 2 | 50 | 60.3 | 60 | 57 |
| 2½ | 65 | 76.1 | 76 | 73 |
| 3 | 80 | 88.9 | 89 | 89 |
| 4 | 100 | 114.3 | 114 | 108 |
| 5 | 125 | 139.7 | 140 | 133 |
| 6 | 150 | 168.3 | 168 | 159 |
| 8 | 200 | 219.1 | 219 | 219 |
| 10 | 250 | 273 | 273 | 273 |
| 12 | 300 | 323.9 | 324 | 325 |
| 14 | 350 | 355.6 | 356 | 377 |
| 16 | 400 | 406.4 | 406 | 426 |
| 18 | 450 | 457 | 457 | 480 |
| 20 | 500 | 508 | 508 | 530 |
| 24 | 600 | 610 | 610 | 630 |

注意：公称直径300mm以后，小外径系列的尺寸比大外径系列的大了。实际上大外径就是英制外径圆整而来。

#### 9.2.1.2 管子公称壁厚表示方法

在国际上钢管壁厚的表示方法主要有三种：表号法、重量法、壁厚尺寸法。

(1)管子表号表示法

用管子表号(SCH 或 Sch)表示壁厚。管表号是管子设计压力与设计温度下材料许用应力的比值乘以1000，并经圆整后的数值。即：

$$SCH = 1000p/[\sigma]^t$$

这是美国钢管壁厚的一种表示法，是以外径为基准的管子系列。同一外径管表号不同则壁厚不同。

美国 ASME B36.10M《焊接和无缝轧制钢管》标准中，管子表号 SCH 有：10，20，30，40，60，80，100，120，140，160。

ASME B36.19M《不锈钢管》中管子表号 SCH 有：5S、10S、40S、80S(S 为不锈钢系列)。

(2)管子重量表示法

美国 ASME 也规定了以管子重量表示管壁厚度的方法。将管子壁厚分为三种：

标准重量管，以 STD 表示；

加厚管，以 XS 表示；

特厚管，以 XXS 表示。

对于 $DN \leqslant 250$mm 的管子，SCH40 相当于 STD；$DN < 200$mm 的管子，SCH80 相当于 XS。

(3)壁厚尺寸表示法

外径乘壁厚，中国、ISO 和日本部分钢管标准等标准系列采用壁厚尺寸法表示钢管的公称壁厚。如 $\phi 25 \times 2.5$mm，表示管子外径为25mm，壁厚为2.5mm。

各种壁厚等级对照如表9.2所示。

### 9.2.2 管法兰应用标准体系

在压力管道设计中选用标准法兰尺寸，主要依据公称直径 *DN* 和公称压力 *PN*。国际统一规定，管法兰公称直径就是管子公称直径，管法兰直径标准体系与管子直径标准体系相同。因此，由于法兰公称压力等级不同而出现了不同的法兰应用标准体系。

目前，国际上法兰总体有两大标准体系，即欧洲体系和美洲体系。二者主要区别是计算基准温度和压力等级不同。

(1)欧洲法兰标准体系(欧洲体系)

以200℃作为计算基准温度(设计温度)，公称压力等级分为：

*PN*0.1，0.25，0.6，1.0，1.6，2.5，4.0，6.3，10.0，16，25，40(MPa)。公称压力用 *PN* 表示，故又称 *PN* 系列法兰。

表 9.2 管子壁厚等级对照表

| 公称直径 | | 外径 | 公称壁厚 $\delta$/mm | | | | | | | | | | | | | | | | |
|---|---|---|---|---|---|---|---|---|---|---|---|---|---|---|---|---|---|---|---|
| 英制/in | 公制/mm | $D$/mm | SCH5S | SCH10S | SCH10 | SCH20 | SCH30 | SCH40S | STD | SCH40 | SCH60 | SCH80S | XS | SCH80 | SCH100 | SCH120 | SCH104 | SCH160 | XXS |
| 1/8 | 6 | 10.3 | — | 1.24 | — | — | — | 1.73 | 1.73 | 1.73 | — | 2.41 | 2.41 | 2.41 | | — | — | — | — |
| 1/4 | 8 | 13.7 | — | 1.65 | — | — | — | 2.24 | 2.24 | 2.24 | — | 3.02 | 3.02 | 3.02 | — | — | — | — | — |
| 3/8 | 10 | 17.1 | — | 1.65 | — | — | — | 2.31 | 2.31 | 2.31 | — | 3.20 | 3.20 | 3.20 | — | — | — | — | — |
| 1/2 | 15 | 21.3 | 1.65 | 2.11 | — | — | — | 2.77 | 2.77 | 2.77 | — | 3.73 | 3.73 | 3.73 | — | — | — | 4.78 | 7.47 |
| 3/4 | 20 | 26.7 | 1.65 | 2.11 | — | — | — | 2.87 | 2.87 | 2.87 | — | 3.91 | 3.91 | 3.91 | — | — | — | 5.56 | 7.82 |
| 1 | 25 | 33.4 | 1.65 | 2.77 | — | — | — | 3.38 | 3.38 | 3.38 | — | 4.55 | 4.55 | 4.55 | — | — | — | 6.35 | 9.09 |
| 1¼ | 32 | 42.2 | 1.65 | 2.77 | — | — | — | 3.56 | 3.56 | 3.56 | — | 4.85 | 4.85 | 4.85 | — | — | — | 6.35 | 9.70 |
| 1½ | 40 | 48.3 | 1.65 | 2.77 | — | — | — | 3.68 | 3.68 | 3.68 | — | 5.08 | 5.08 | 5.08 | — | — | — | 7.14 | 10.15 |
| 2 | 50 | 60.3 | 1.65 | 2.77 | — | — | — | 3.91 | 3.91 | 3.91 | — | 5.54 | 5.54 | 5.54 | — | — | — | 8.74 | 11.07 |
| 2½ | 65 | 73.0 | 2.11 | 3.05 | — | — | — | 5.16 | 5.16 | 5.16 | — | 7.01 | 7.01 | 7.01 | — | — | — | 9.53 | 14.02 |
| 3 | 80 | 88.9 | 2.11 | 3.05 | — | — | — | 5.49 | 5.49 | 5.49 | — | 7.62 | 7.62 | 7.62 | — | — | | 11.13 | 15.24 |
| 3½ | 90 | 101.6 | 2.11 | 3.05 | — | — | — | 5.74 | 5.74 | 5.74 | — | 8.08 | 8.08 | 8.08 | — | — | — | — | — |
| 4 | 100 | 114.3 | 2.11 | 3.05 | — | — | — | 6.02 | 6.02 | 6.02 | — | 8.56 | 8.56 | 8.56 | — | 11.13 | — | 13.49 | 17.12 |
| 5 | 125 | 141.3 | 2.77 | 3.40 | — | — | — | 6.55 | 6.55 | 6.55 | — | 9.53 | 9.53 | 9.53 | — | 12.70 | — | 15.88 | 19.05 |
| 6 | 150 | 168.3 | 2.77 | 3.40 | — | — | — | 7.11 | 7.11 | 7.11 | — | 10.97 | 10.97 | 10.97 | — | 14.27 | — | 18.26 | 21.95 |
| 8 | 200 | 219.1 | 2.77 | 3.76 | — | 6.35 | 7.04 | 8.18 | 8.18 | 8.18 | 10.31 | 12.70 | 12.70 | 12.70 | 15.09 | 18.26 | 20.62 | 23.01 | 22.23 |
| 10 | 250 | 273.1 | 3.40 | 4.19 | — | 6.35 | 7.80 | 9.27 | 9.27 | 9.27 | 12.70 | 12.70 | 12.70 | 15.09 | 18.26 | 21.44 | 25.40 | 28.58 | 25.40 |
| 12 | 300 | 323.9 | 3.96 | 4.57 | — | 6.35 | 8.38 | 9.53 | 9.53 | 9.53 | 14.27 | 12.70 | 12.70 | 17.48 | 21.44 | 25.40 | 28.58 | 33.32 | 25.40 |

续表

| 公称直径 | | 外径 | 公称壁厚 δ/mm | | | | | | | | | | | | | | | | |
|---|---|---|---|---|---|---|---|---|---|---|---|---|---|---|---|---|---|---|---|
| 英制/in | 公制/mm | D/mm | SCH5S | SCH10S | SCH10 | SCH20 | SCH30 | SCH40S | STD | SCH40 | SCH60 | SCH80S | XS | SCH80 | SCH100 | SCH120 | SCH104 | SCH160 | XXS |
| 14 | 350 | 355.6 | 3.96 | 4.78 | 6.35 | 7.92 | 9.53 | — | 9.53 | 11.13 | 15.09 | — | 12.70 | 19.05 | 23.83 | 27.79 | 31.75 | 35.71 | — |
| 16 | 400 | 406.4 | 4.19 | 4.78 | 6.35 | 7.92 | 9.53 | — | 9.53 | 12.70 | 16.66 | — | 12.70 | 21.44 | 26.19 | 30.96 | 36.53 | 40.49 | — |
| 18 | 450 | 457.2 | 4.19 | 4.78 | 6.35 | 7.92 | 11.13 | — | 9.53 | 14.27 | 19.05 | — | 12.70 | 23.83 | 29.36 | 34.93 | 39.67 | 45.24 | — |
| 20 | 500 | 508 | 4.78 | 5.54 | 6.35 | 9.53 | 12.70 | — | 9.53 | 15.09 | 20.62 | — | 12.70 | 26.19 | 32.54 | 38.10 | 44.45 | 50.01 | — |
| 22 | — | 559 | 4.78 | 5.54 | 6.35 | 9.53 | 12.70 | — | 9.53 | — | 22.23 | — | 12.70 | 28.58 | 34.93 | 41.28 | 47.63 | 53.98 | — |
| 24 | 600 | 610 | 5.54 | 6.35 | 6.35 | 9.53 | 14.27 | — | 9.53 | 17.48 | 24.61 | — | 12.70 | 30.96 | 38.89 | 46.02 | 52.37 | 59.54 | — |
| 26 | — | 660 | — | — | 7.92 | 12.70 | — | — | 9.53 | — | — | — | 12.70 | — | — | — | — | — | — |
| 28 | 700 | 711 | — | — | 7.92 | 12.70 | 15.88 | — | 9.53 | — | — | — | 12.70 | — | — | — | — | — | — |
| 30 | — | 762 | 6.35 | 7.92 | 7.92 | 12.70 | 15.88 | — | 9.53 | — | — | — | 12.70 | — | — | — | — | — | — |
| 32 | 800 | 813 | — | — | 7.92 | 12.70 | 15.88 | — | 9.53 | — | — | — | 12.70 | — | — | — | — | — | — |
| 34 | — | 864 | — | — | 7.92 | 12.70 | 15.88 | — | 9.53 | — | — | — | 12.70 | — | — | — | — | — | — |
| 36 | 900 | 914 | — | — | 7.92 | 12.70 | 15.88 | — | 9.53 | — | — | — | 12.70 | — | — | — | — | — | — |
| 38 | — | 965 | — | — | — | — | — | — | 9.53 | — | — | — | 12.70 | — | — | — | — | — | — |
| 40 | 1000 | 1016 | — | — | — | — | — | — | 9.53 | — | — | — | 12.70 | — | — | — | — | — | — |
| 42 | — | 1067 | — | — | — | — | — | — | 9.53 | — | — | — | 12.70 | — | — | — | — | — | — |
| 44 | 1100 | 1118 | — | — | — | — | — | — | 9.53 | — | — | — | 12.70 | — | — | — | — | — | — |
| 46 | — | 1168 | — | — | — | — | — | — | 9.53 | — | — | — | 12.70 | — | — | — | — | — | — |
| 48 | 1200 | 1219 | — | — | — | — | — | — | 9.53 | — | — | — | 12.70 | — | — | — | — | — | — |

(2)美洲法兰标准体系(美洲体系)

以约430℃作为计算基准温度，公称压力等级为：

CL150($PN$20)，CL300($PN$50)，CL400($PN$68)，CL600($PN$100)，CL900($PN$150)，CL1500($PN$260)，CL2500($PN$420)。公称压力用Class(CL)表示，又称Class系列法兰。括号内数字为对应$PN$、单位为bar(巴)的公称压力值，为美洲体系压力等级的另一表示方法。Class是磅级压力单位，与MPa和bar存在如下的换算关系：

$$\text{Class} \times 2.5 = \text{psi}/145 = \text{MPa} = 10\text{bar} \tag{9-1}$$

例如：Class300 = 300 × 2.5 = 750psi/145 = 5MPa = 50bar

上述美洲体系压力等级括号里的数值，是按式(9-1)换算后经圆整(靠公称系列)的数值。

注意：无论是管子还是法兰，上述两个系列或体系是不能互换的，即不能混合使用。

(3)国际上常用的管法兰标准体系

德国及苏联应用的标准体系，典型的欧洲体系。

美国及日本应用的标准体系，美洲体系。

国际标准化组织的标准体系，同时包括欧洲体系和美洲体系。

英国及法国的应用体系，两种体系均有。

## 9.3 管子的选用

管子是压力管道中应用最普遍、用量最大的元件，它的重量约占整个压力管道的2/3，而投资占近3/5。可见，管子的选用是否经济、合理，直接影响到过程工业的生产安全和建设投资费用。因此，在压力管道设计过程中，正确地选用管子非常重要。

### 9.3.1 管子结构类型

根据制造方法不同，钢管分为无缝钢管和焊接钢管两大类；另外还有复合管、衬里管。

#### 9.3.1.1 无缝钢管

无缝钢管的制造工艺方法较多，常用的制造方法有热轧、热挤、热扩、冷轧和冷拔等方法。根据钢管材料不同可分为碳素钢无缝钢管、铬钼钢无缝钢管、不锈钢无缝钢管等。目前，无缝钢管公称直径6～600mm范围内，生产工艺比较成熟，也是过程工业生产装置中应用最多的管子。

#### 9.3.1.2 焊接钢管

总体来讲，焊接钢管质量与无缝钢管比较是差些的，因此在实际工程中大量使用的还是无缝钢管。随着现代工业制造技术的发展，焊接钢管的生产技术水平和质量在不断提高，其应用范围在不断扩大。焊接钢管与无缝钢管比较，价格便宜、材料利用率高、尺寸偏差小(厚度均匀)、生产设备投资较少，尤其是大直径($DN>600$mm)钢管的生产制造，无缝钢管的生产制造已比较困难。因此，目前新建或改、扩建的石油化工生产装置中，应用焊接钢管越来越多。

焊接钢管根据焊缝的形式和焊接方法分为如下类型。

(1)连续炉焊(锻焊)钢管。在加热炉内对钢带进行加热，然后对已成型的边缘采用机械加压方法使其焊接在一起而形成的具有一条直缝的钢管。其特点是生产效率高，生产成本低，但焊接接头冶金结合不够完全，焊缝质量较差，综合机械性能差。在压力管道设计中，炉焊管主要用于水、压缩空气和一些低压的介质场合。

(2)电阻焊钢管。通过电阻焊或电感应焊接工艺生产的、带有一条直焊缝的钢管。特点是生产效率高，自动化程度高，焊接时不需要焊条和焊药，对母材损伤小，焊后的变形和残余应力也比较小。但电阻焊管的生产设备比较复杂，设备投资较高，对焊接接头的表面质量要求也比较高。由于接头处难免有杂质存在，所以接头处的塑性和冲击吸收能量较低，不宜用于高温和重要的场合。适用介质为水、煤气、空气、采暖蒸气等普通流体。

(3)电弧焊钢管。通过电弧焊焊接方法生产的钢管。特点是焊接接头达到完全的冶金结合，接头的机械性能能够完全达到或接近母材的机械性能。在经过适当的热处理和无损检验之后，电弧焊直缝钢管的使用条件可以达到无缝钢管的使用条件，可以取代无缝钢管。根据焊缝形状的不同，电弧焊钢管可分为直缝管和螺旋焊缝管两种；根据焊接时采取的保护方法不同，电弧焊钢管又可分为埋弧焊钢管和熔化极气体保护焊钢管。

①埋弧焊钢管。通过一个或几个裸金属自耗电极与工件间形成的一个或几个电弧，对金属加热而产生金属结合的，带有一条直焊缝或螺旋焊缝的钢管。在焊接过程中，电弧和熔化金属被工件上易熔的小颗粒材料保护起来，即电弧被埋起来，故称为埋弧焊。

②熔化极气体保护电弧焊钢管。通过连续的自耗电极和工件间形成的一个或数个电弧，对金属加热而产生结合的、带有直焊缝或螺旋焊缝的钢管。保护电弧完全由外部提供的气体(如氩气)或混合气体来获得。

螺旋缝焊接钢管是在焊接过程中，焊枪与焊缝处于旋转运动和直线运动组合的相对运动中，其焊缝呈螺旋形。与直缝钢管相比，其焊缝线长，且焊缝的受力状态为二维拉应力(直缝管受力为一维拉应力)，因此，螺旋缝焊接钢管一般适用于设计温度为0～200℃、设计压力不超过1.0MPa的无毒介质管道。但由于螺旋缝焊接钢管可以连续生产作业，生产效率高，材料利用率高，直径范围广($DN250\sim DN2500$mm)，便于大规模生产，因此被广泛应用于以水、煤气、空气、采暖蒸气等普通流体为介质的管道中。

### 9.3.1.3 复合管和衬里管

复合管和衬里管都是通过两种材料复合而成的管子。一般接触介质的材料(常称为复层)为耐腐蚀的不锈钢、有色金属或非金属材料，而承压部分(常称为基层)为较为便宜的碳钢材料。这种管子常用于耐热、耐磨和抗腐蚀的特定环境中。

(1)复合管。对于小直径管子，常采用无缝钢管内复合不锈钢材料，由于制造困难，小直径管子复层贴合率不易保证，所以这种管子不能用于高温环境。对于大直径管子，可以采用复合板卷制，制造质量有所保证，且有相应的国家标准，可以正常选用。

(2)衬里管。衬里管的基层为碳钢，复层为塑料、橡胶、有色金属等材料。对于不同的复层材料和衬里工艺，都已制定了相应的国家标准，管道设计时可以根据介质情况进行选用。

需要注意的是，在我国的钢管标准中有结构用钢管和流体输送用钢管之分。结构用管主要用于一般金属结构，如桥梁钢构架等，它只要求保证强度与刚度，而对钢管的严密性不做要求。流体输送用管主要用于带有压力的流体输送，除要保证强度和刚度外，还要求保证密封性，即钢管出厂前要求逐根进行液压(水压)试验。压力管道必须采用流体输送管道。

### 9.3.2　管子的选用原则

在进行压力管道设计时，管径经计算确定后，就要选择管子的材料。管子材料的选用是由输送介质的操作条件以及在操作条件下的介质特性决定。

材料选择不当，会造成浪费或埋下事故隐患。在选择管子材料时，要求设计人员首先要了解管子的种类、规格、性能、使用范围，最好还要调查该管子材料在其他类似的压力管道的应用情况。然后考虑下列原则：

(1)在选用管子材料时，一般先考虑采用金属材料，金属材料不适用时，再考虑非金属材料；

(2)金属材料优先选择钢制管材，后考虑选用有色金属材料；

(3)钢制管材中，先考虑采用碳钢，不适用时再考虑不锈钢，在考虑碳钢材料时，先考虑焊接钢管，不适用时再选用无缝钢管。

另外，要考虑介质压力的影响、介质温度的影响、介质腐蚀性的影响等。

## 9.4　管件的选用

管件的作用是用来改变管道方向、改变管径大小、进行管道分支、局部加强、实现特殊连接。常用的管件有弯头、三通、异径管(大小头)、管帽、加强管嘴、加强管接头、活接头、丝堵、管箍、翻边短节等(部分管件实物如图9.1所示)。

图9.1　管件实物图例

## 9.4.1 管件的结构形式

由管件有不同的连接方式，制造方法也不同，结构形式也是多种多样。

### 9.4.1.1 对焊管件

常用的对焊管件包括弯头、三通、异径管和管帽(封头)等。弯头、三通、异径管大多采用无缝钢管或焊接钢管通过推制、拉拔、挤压而成；管帽(封头)多采用钢板冲压而成。它们通过公称壁厚等级实现与管子等强度。

(1)弯头，是用于改变管道方向的管件。根据可改变管道方向的角度不同，弯头可分为45°、90°和180°三种形式；根据弯头转弯的曲率半径不同，又可将弯头分为短半径弯头(曲率半径等于管子的公称直径，即 $R=1.0DN$)和长半径弯头($R=1.5DN$)。有时为了缓和介质在转弯处的冲刷和动能，还可能用到 $R=3DN$、$R=6DN$、$R=10DN$、$R=20DN$ 的弯管。

(2)三通，是用作管道分支的管件。通常有等径三通(直管与主管直径相同)和异径三通(分支管直径比主管直径小)两种形式。作为管道的分支，有时还用到Y形三通和四通两种管件。Y形三通常常代替一般三通用于输送有固体颗粒或冲刷腐蚀严重的管道上，四通则可以实现将管道同时分为四路。

(3)异径管(大小头)，是用作管子变径的管件。通常有同心异径管(大端和小端的中心轴重合)和偏心异径管(大端和小端的一个边的外壁在同一直线上)两种形式。一般情况下，偏心异径管用的较多，因为它能实现管道变径前和变径后有一个相同的管底或管顶标高，便于支承。有时为了不因管子变径而形成一个集液袋或集气袋，也需要采用偏心异径管。

(4)管帽(封头)，是用于管子终端封闭的管件。常用的管帽有平板和椭圆两种形式。一般情况下，平板封头制造容易，价格较低，但其受力状态不如椭圆封头好，所以平板封头常用于公称直径较小、介质压力较低的场合。在很多情况下，管帽都由法兰盖代替，主要考虑便于管子的吹扫和清洗。

### 9.4.1.2 承插焊和螺纹连接管件

承插焊和螺纹连接管件一般是指小直径(通常 $DN \leqslant 40$mm)的管道元件，包括弯头、三通、加强嘴、加强管接头、管帽、管箍、异径短节、活接头、丝堵、仪表管嘴、软管站快速接头、水喷头等。

(1)弯头。同样有45°和90°之分，但无长半径和短半径之分，属于承口或者阴螺纹连接管件，作用与对焊弯头相同。

(2)三通。也有同径和异径之分，属于承口或者阴螺纹连接管件，作用同焊制三通。

(3)管帽。作用与对焊管帽相同，但它多以螺纹连接的形式用于排液和放空的终端，作二次保护用。

(4)加强管嘴。加强管嘴用于管道的分支连接。当主管直径较大、支管直径较小($DN$

≤40mm）时，如果此时支管超出标准三通的变径范围而不能用三通，则应采用加强管嘴进行分支，并对分支点进行局部加强。加强管嘴的一端与主管采用角焊缝连接，另一端与支管（小管子）采用承插焊或螺纹连接。

（5）活接头。活接头常与螺纹短节一起配套使用，实现可拆卸连接。在正常的管道中，仅有螺纹短节和螺纹管件是无法实现可拆卸的，只有配上活接头才能实现。因此在设计中，当管道在某处需要采用螺纹可拆卸时，应采用活接头。

（6）仪表管嘴。仪表管嘴用于管道与管道上仪表的连接。它的一端与管道进行角焊连接，另一端则与仪表采用螺纹连接。根据所连接仪表不同，可分为压力表管嘴、双金属温度计管嘴、热电偶管嘴等类型。

## 9.4.2 管件公称参数的确定

选用标准管件，首先要确定公称直径和公称压力。公称直径就是与之相配合的管子的公称直径；公称压力等于管道相应位置上法兰的公称压力 $PN$。管件公称压力 $PN$ 确定后，管件在设计温度下的允许使用压力应按照相应标准规定的压力－温度额定值，或按式（9－2）计算：

$$[p] = PN[\sigma]^t/[\sigma]_x \tag{9-2}$$

式中 $[p]$——设计温度下的许用压力，MPa；

$PN$——管件的公称压力，MPa；

$[\sigma]^t$——设计温度下管件材料的许用应力，MPa；

$[\sigma]_x$——决定管件厚度时采用的计算温度下材料的许用应力，MPa。

## 9.4.3 管件的选用原则与使用要求

（1）弯头、三通、异径管、管帽等管件的材质、压力等级或壁厚规格应与所连接管子一致或相当（级别可以高于管子），并应符合下列要求：

①钢制对焊管件应符合 GB/T 12459、GB/T 13401、SH/T 3408 等现行标准的规定；

②钢制锻造管件应符合 GB/T 14383、SH/T 3410 等现行标准的规定。

（2）弯头的选用应符合如下规定：

①弯头宜选用长半径弯头，当采用短半径弯头时，其最高工作压力不宜超过同规格长半径弯头的0.8倍；

②公称压力大于 $PN$2.5MPa 的管道上均应采用无缝热压弯头，且宜带直管段；低温再热蒸气管道可采用同质量电熔焊钢管热成形弯头。

（3）对于主蒸气、再热蒸气和高压给水等主要管道，宜采用较大弯曲半径的弯管，弯管弯曲半径宜为管子外径的3～5倍。

（4）斜接弯头应符合下列规定：

①斜接弯头的曲率半径不宜小于同规格长半径弯头的曲率半径；

②斜接弯管的设计压力不宜超过2.5MPa；

③斜接角度大于45°的斜接弯头，不宜用于极度危害介质、高度危害介质、可燃介质

管道或可能承受由于机械振动、压力脉动及温度变化产生交变载荷的部位；

④剧烈循环工况下的管道中采用斜接弯管时，其一条焊缝方向改变的角度不应大于22.5°，设计压力应不大于2.0MPa；

⑤夹套管道的内管不应采用斜接弯管，应采用圆弧弯头或弯管。

(5)不应采用电阻焊碳钢钢管制造对焊管件。

(6)剧烈循环操作条件下采用的管件应符合下列规定：

①采用锻造件及轧制无缝管件；

②轧制焊接件，焊接接头系数应不小于0.9；

③铸钢件的铸件质量系数不应小于0.9。

(7)预制的突缘短节的选用应符合下列规定：

①焊接加工的突缘短节，突缘的外径必须符合法兰标准或设计指定法兰标准的突缘短节尺寸要求，突缘的厚度不应小于与其相连管子的名义厚度；

②整体扩口翻边的突缘短节，突缘的外径必须符合法兰标准或设计指定法兰标准的突缘短节尺寸要求，翻边的圆角半径应与相应的法兰匹配；

③整体扩口翻边的突缘短节不得用于剧烈循环条件下。

### 9.4.4 管道组成件的连接形式及其选用

管件的连接形式是在管道材料表中必须标准的内容之一。管件之间、管件与管道之间常用的连接方式有四种：对焊连接、承插焊连接、螺纹连接和法兰连接。

(1)对焊连接和承插焊连接

对焊连接和承插焊连接属于不可拆卸连接，连接接头的密封性好，常用于不要求拆卸的管道元件之间的连接。一般情况下，对焊连接适用于*DN*50mm及以上直径的管道元件之间的连接，而承插焊连接常用于*DN*50mm以下直径管道元件之间的连接，但下列情况不能采用承插焊连接：

①壁厚大于等于SCH160(*PN*25)等级的小口径管道(厚壁管，如*DN*40，壁厚为7.14mm)；

②可能产生缝隙腐蚀或严重冲蚀的场合；

③要求焊接部位及管道内壁光滑过渡的场合；

④剧烈循环工况或GC1级管道的场合，且连接接头的公称直径大于*DN*40mm。

(2)螺纹连接和法兰连接

螺纹连接和法兰连接属于可拆卸连接，连接接头的密封性较差，常用于要求拆卸的管道元件之间的连接。

①螺纹连接。一般情况下，螺纹连接仅适用于*DN*40mm及以下直径的管道元件之间的连接；当用于可燃介质、有毒介质管道上时，应进行密封焊。螺纹连接不得用于有缝隙腐蚀的流体工况中；不应用于扭矩大或有振动的管道上。

②法兰连接。法兰连接常用于阀门、动设备、静设备等管道的连接。

# 9.5 管法兰及紧固件的选用

管法兰与垫片和紧固件(螺栓)共同组成管道中可拆的连接结构，是一种重要而普遍应用的连接方式。为使连接接头能安全运行并获得满意的密封效果，选用时要对法兰的结构形式、密封面形式、垫片的材料和结构形式、紧固件的材料和尺寸等全面地进行综合考虑，正确选用。

## 9.5.1 法兰的结构形式

### 9.5.1.1 法兰形式

(1)欧洲体系法兰形式

欧洲体系管法兰形式包括板式平焊法兰、带颈平焊法兰、带颈对焊法兰、整体法兰、承插焊法兰、螺纹法兰、对焊环松套法兰、平焊环松套法兰、法兰盖、法兰衬里等。法兰形式及其代号如图 9.2 和表 9.3 所示。

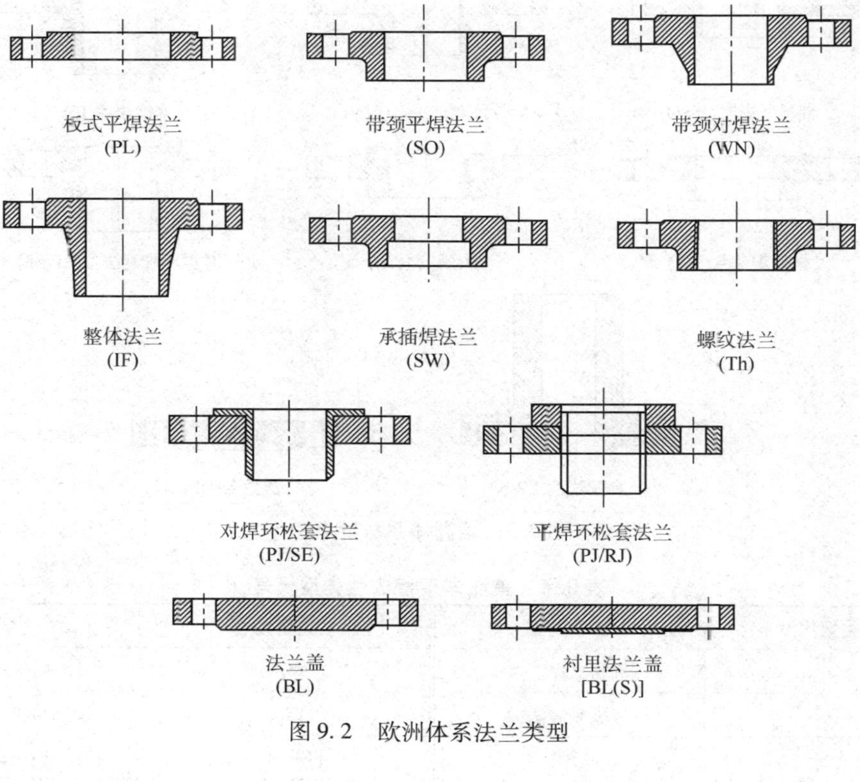


图 9.2 欧洲体系法兰类型

表 9.3　欧洲体系法兰类型代号

| 法兰类型代号 | 法兰类型 |
|---|---|
| PL | 板式平焊法兰 |
| SO | 带颈平焊法兰 |
| WN | 带颈对焊法兰 |
| IF | 整体法兰 |
| SW | 承插焊法兰 |
| Th | 螺纹法兰 |
| PJ/SE | 对焊环松套法兰 |
| PJ/RJ | 平焊环松套法兰 |
| BL | 法兰盖 |
| BL(S) | 衬里法兰盖 |

(2)美洲体系法兰形式

美洲体系管法兰形式包括带颈平焊法兰、带颈对焊法兰、整体法兰、承插焊法兰、螺纹法兰、对焊环松套法兰、长高颈法兰、法兰盖等。法兰形式及其代号如图 9.3 和表 9.4 所示。

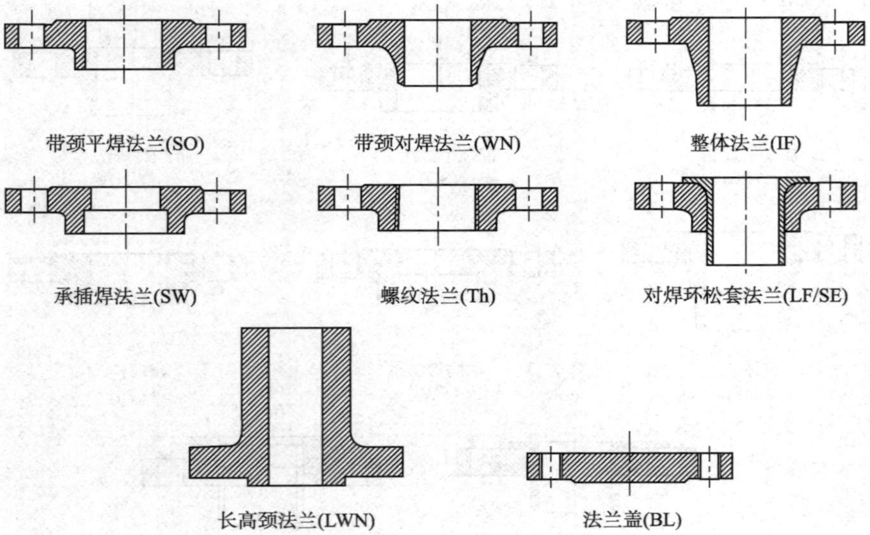


图 9.3　美洲体系法兰类型

表 9.4　美洲体系管法兰类型代号

| 法兰类型代号 | 法兰类型 | 法兰类型代号 | 法兰类型 |
|---|---|---|---|
| SO | 带颈平焊法兰 | SW | 承插焊法兰 |
| WN | 带颈对焊法兰 | Th | 螺纹法兰 |
| LWN | 长高颈法兰 | LF/SE | 对焊环松套法兰 |
| IF | 整体法兰 | BL | 法兰盖 |

#### 9.5.1.2 法兰密封面形式

欧洲和美洲体系的法兰密封面形式及其代号完全相同。法兰密封面形式包括突面、凹面/凸面(凹凸面)、榫面/槽面(榫槽面)、全平面、环连接面等。密封面形式及其代号如图 9.4 和表 9.5 所示。

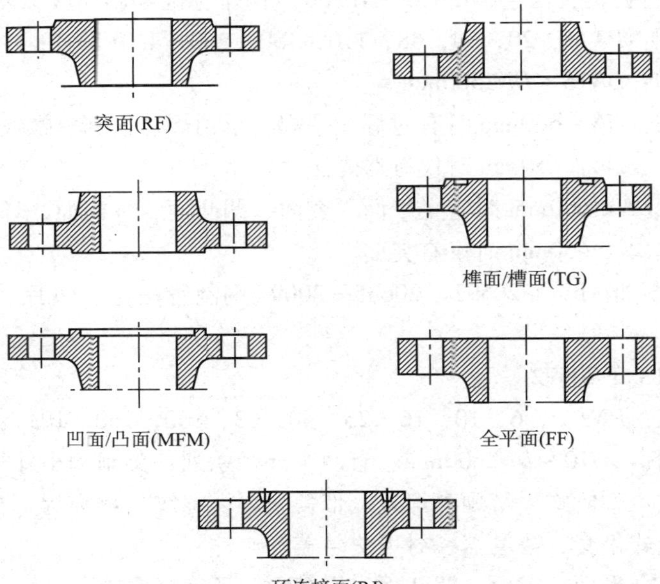


图 9.4 法兰密封面形式及其代号

**表 9.5 法兰密封面形式及其代号**

| 密封面形式 | 突面 | 凹面 | 凸面 | 榫面 | 槽面 | 全平面 | 环连接面 |
|---|---|---|---|---|---|---|---|
| 代号 | RF | FM | M | T | G | FF | RJ |

### 9.5.2 国内常用管法兰标准简介

我国管法兰标准比较多，但在压力管道上常用的管法兰标准主要有以下四个。

(1)国家标准 GB/T 9112 ~9124—2010《钢制管法兰》

国家标准综合了美国的 ASME B16.5《(NPS1/2—NPS24)管法兰和法兰管件》和欧盟的 EN 1092—1《法兰及其连接—管道、阀门、管配件及附件用圆形法兰，*PN* 标识第一部分，钢制法兰》两个标准编制而成。包括了 Class 系列法兰和 *PN* 系列法兰，标准中有 2 个公称压力等级。

*PN* 系列压力等级有 8 个等级：*PN*2.5，6，10，25，40，63，100，160(MPa)；

Class 系列压力等级有 6 个等级：CL150(*PN*20)，CL300(*PN*50)，CL600(*PN*110)，CL900(*PN*150)，CL1500(*PN*260)，CL2500(*PN*420)。

法兰结构形式：整体式、对焊式、带颈平焊、带颈螺纹、带颈承插焊、板式平焊、对焊环板松套、对焊环带颈松套、平焊环板式松套、翻遍环板式松套、法兰盖等。

密封面形式：$DN \leqslant 600$mm 时有全平面、突面、凹凸面、榫槽面、环槽面等。

(2)中国石油化工行业标准 SH/T 3406—2013《石油化工钢制管法兰》

该标准参照美国(国家标准)ASME B16.5《管法兰和法兰管件(NPS1/2—NPS24)》和 ASME B16.47《大直径钢管法兰(NPS26—NPS60)》两个标准编制而成，属于美洲体系。

公称压力范围：$PN$11，20，50，68，110，150，260，420(bar)；

公称直径范围：$DN$15 ~ $DN$1500mm。

法兰结构形式：$DN \leqslant 600$mm 时有对焊、平焊、承插焊、松套、螺纹等；
$DN \geqslant 650$mm 时仅有对焊法兰。

密封面形式：$DN \leqslant 600$mm 时有全平面、突面、凹凸面、榫槽面、环槽面等；
$DN \geqslant 650$mm 时仅有突面。

(3)化工行业标准 HG/T 20592 ~ 20635—2009《钢制管法兰、垫片、紧固件》(该标准有两大体系)。

①欧洲体系 HG/T 20592

公称压力范围：$PN$2.5，6，10，16，25，40，63，100，160(MPa)；

公称直径范围：$DN$10 ~ $DN$2000mm。有两个外径系列：英制和小外径。

法兰结构形式：整体式、带颈对焊式、带颈平焊、螺纹、承插焊、板式平焊、对焊环板松套、平焊环板式松套、法兰盖、衬里法兰盖等。

密封面形式：全平面、突面、凹凸面、榫槽面、环连接面等。

②美洲体系 HG/T 20615

公称压力范围：CL150($PN$20)，300(50)，600(110)，900(150)，1500(260)，2500(420)。

公称直径范围：$DN$15 ~ $DN$1500mm。

法兰结构形式：带颈平焊、带颈对焊、整体式、承插焊、螺纹、对焊环松套、长高颈、法兰盖等。

密封面形式：全平面、突面、凹凸面、榫槽面、环连接面等。

(4)机械行业标准 JB/T 74 ~ 90—2015《管路法兰及垫片》(属于欧洲体系)。

公称压力范围：$PN$0.25，0.6，1.0，1.6，2.5，4.0，7.3，10，17，20(MPa)。

公称直径范围：$DN$15 ~ $DN$1600mm。

法兰结构形式：整体式、对焊式、板式平焊、平焊环板式松套、对焊环板式松套、翻边板式松套、法兰盖等。

密封面形式：突面、凹凸面、榫槽面、环连接面等。

这些管法兰标准各有各自温度—压力等级表、密封面形式和接管尺寸，相互之间互换性差，有些不能配套使用，在压力管道设计时要加以注意。

## 9.5.3 管法兰的选用

### 9.5.3.1 法兰公称压力等级的确定

压力管道的组成件一般都是标准件，所以压力管道组成件的设计主要是其标准件的选用。前面提到过，查标准选择标准件主要有两个参数，公称直径和公称压力。管子的公称直径确定之后，所有其他管道组成件的公称直径也就确定了，关键是公称压力如何确定。

在压力管道设计中，一般法兰是确定其他管道组成件公称压力等级的基准件，即法兰的公称压力等级基本就是其他组成件的公称压力等级。

确定法兰的公称压力等级，要考虑的因素有管道的设计压力 $p$、管道支承和管道位移等情况引起的管道系统附加力。折合其当量设计压力为：

$$p_d = p + 16M/(\pi D_G^3) + 4F/(\pi D_G^2) \tag{9-3}$$

式中 $p$——管道的设计压力，MPa；

$M$——法兰连接承受的管系附加外力矩，N · mm；

$F$——法兰连接承受的管系附加轴向力，N；

$D_G$——垫片压紧力作用中心圆直径，mm。

当量设计压力圆整到法兰标准中的公称压力，即法兰的公称压力等级（法兰的公称压力 $PN$）。

### 9.5.3.2 管法兰选用的规定

在法兰标准中对法兰的选用都有一些规定，一般包含以下内容：

(1)法兰形式、结构尺寸应符合其相应标准的规定；

(2)法兰许用工作压力应根据法兰标准中所列的温度 - 压力额定值确定；

(3)有毒、可燃介质或温度频繁变化的管道，不得采用板式平焊法兰；

(4)承插焊法兰和螺纹法兰不得使用在可能发生缝隙腐蚀或严重腐蚀处，有频繁大幅度温度循环的情况下，承插焊法兰和螺纹法兰不宜用于高于260℃及低于 -45℃的工况；

(5)在剧烈循环工况下，应选用整体法兰或对焊式法兰；

(6)配对的两个法兰如果具有不同的压力额定值，则该连接接头的使用条件应以较低压力额定值的法兰为准，并应控制安装时的螺栓扭矩，防止出现过紧；

(7)金属法兰与非金属法兰相连接或采用脆性材料的法兰时，法兰的密封面应采用全平面形式，当必须采用突面型法兰时，应有防止螺栓过载而损坏法兰的措施；

(8)配用非金属垫片的法兰，法兰密封面的粗糙度宜为3.2 ~6.4μm，对于配用缠绕式垫片的法兰，应为光滑的密封面，粗糙度宜为1.6 ~3.2μm，并应采用公称压力大于或等于2.0MPa的法兰；

(9)设计温度大于300℃或公称压力大于等于 $PN$4.0MPa 的管道，应选用对焊法兰，设计温度在300℃以下且公称压力小于等于 $PN$2.5MPa 的管道，宜选用带颈平焊法兰；

(10)动力管道系统中不宜采用承插焊法兰、松套法兰和螺纹法兰；

(11)对焊法兰宜采用凹凸面和突面形式，带颈平焊法兰应采用突面形式；

(12)当采用非标准法兰时，必须按现行国家标准 GB/T 150.3 进行强度设计计算。

## 9.5.4 垫片的选用

### 9.5.4.1 垫片的性能参数

预紧密封比压 $y$：在预紧条件下，为形成初始密封条件而必须施加在垫片单位面积上的最小压紧力，称为预紧密封比压，单位为 MPa。

垫片系数 $m$：在操作条件下，发生临界泄漏时，单位密封面上所具有的密封压紧力称为工作密封比压 $y_g$，工作密封比压与介质操作压力 $P$ 的比值称为垫片系数，即：$m = y_g/P$。

$y$、$m$ 是反映垫片性能的两个重要参数，其数值与垫片的种类和材质有关，两个值越大表明垫片达到密封时需要更大的螺栓载荷。在法兰和连接螺栓的设计计算中，需要垫片的这两个性能参数，$y$ 和 $m$ 的具体数值由实验测试而得，设计计算时可查阅相关标准。

### 9.5.4.2 垫片种类

常用法兰密封垫片有三大类。

(1)非金属垫片：主要包括石棉橡胶类垫片、非石棉纤维橡胶垫片、聚四氟乙烯包覆垫片等。垫片形式多为平垫。

(2)半金属垫片：这种垫片由金属和非金属两种材料组合而成，主要包括缠绕式垫片、金属包覆垫片等。这种垫片密封性能好，耐压性能好。

(3)金属垫片：此类垫片为金属(或合金)材料经机械加工制成。垫片形式有平垫片、椭圆形垫片、八角形垫片等。金属垫的材料根据介质的腐蚀性质和温度选取，具体有软铁、合金钢、铜、铝等，一般用于高压情况。使用温度则根据选用的材料而定。

### 9.5.4.3 垫片的选用要求

(1)垫片的选用应考虑流体性质、使用温度、压力以及法兰密封面等因素；垫片的密封载荷应与法兰的压力等级、密封面形式、表面粗糙度和紧固件相匹配。

(2)非金属垫片与不锈钢法兰配合使用时，应考虑垫片材料氯离子含量对法兰材料性能的影响(其氯离子含量不得超过50ppm)；石棉橡胶垫片不得用于真空管道。

(3)选用缠绕式垫片、金属包覆垫片等半金属垫或金属环垫的公称压力小于等于 $PN2.0$MPa 的标准管法兰，应采用带颈对焊等刚性较大的结构形式。

(4)可燃材料(如橡胶)制成的垫片，不得用于输送强氧化性介质的管道。

(5)缠绕式垫片选用应符合下列规定：

①凸凹面法兰上应采用带内环型缠绕式垫片；

②突面法兰上应采用带外环型缠绕式垫片；
③榫槽面法兰应采用基本型缠绕式垫片；
④公称压力大于或等于 CL900（*PN*150）的突面法兰应采用带内、外环型缠绕式垫片。
（6）用于平面型法兰的垫片，应为全平面非金属垫片。

## 9.5.5 紧固件的选用

紧固件包括六角头螺栓、等长双头螺柱、全螺纹螺柱、螺母和垫圈等元件。

### 9.5.5.1 紧固件的性能等级

（1）公差等级

螺栓、螺母、螺钉等紧固件分为精制、半精制、粗制公差等级，根据加工精度分为A、B、C级。C级螺栓加工粗糙，尺寸不够准确，只要求Ⅱ类孔（在单个零件上一次冲成或不用钻模钻成设计孔径的孔），成本低，栓径比孔径小1.5～2.0mm。A级和B级螺栓须经机床切削加工，精度较高，要求Ⅰ类孔，孔径与孔栓相等，只分别允许其有正和负公差，因此栓杆和螺孔间的空隙仅为0.3mm左右。由此可见，A级和B级螺栓与螺孔为紧配合，受剪性能较好，变形很小，但制造和安装过于费工，价格昂贵，目前在钢结构中应用较少。C级螺栓由于与螺栓孔的空隙较大，但传递拉力的性能仍较好，所以C级螺栓广泛用于需要装拆的连接、承受拉力的安装连接、不重要的连接或作安装时的临时固定。

（2）性能等级

紧固件的性能等级分3.6、4.6、4.8、5.6、6.8、8.8、9.8、10.9、12.9等10余个等级，其中8.8级及以上螺栓材质为低碳合金钢或中碳钢并经热处理（淬火、回火），通称为高强度螺栓，其余通称为普通螺栓。螺栓性能等级标号有两部分数字组成，分别表示螺栓材料的公称抗拉强度值和屈强比值。如性能等级4.6级的螺栓，其含义是：

螺栓材质公称抗拉强度达400MPa级；螺栓材质的屈强比值为0.6；螺栓材质的公称屈服强度达400×0.6＝240MPa级。

螺栓性能等级：3.6　4.6　4.8　5.6　5.8　6.8　8.8　9.8　10.9　12.9

抗拉强度$\sigma_{bmin}$：330MPa　400MPa　420MPa　500MPa　520MPa　600MPa　800MPa　900MPa　1040MPa　1220MPa

屈服强度$\sigma_{smin}$：190MPa　240MPa　340MPa　300MPa　420MPa　480MPa　640MPa　720MPa　940MPa　1100MPa

不锈钢紧固件通常标为A4－70，A2－70的形式，“－”前后分别表示紧固件材料和强度等级。

A－奥氏体不锈钢、C－马氏体不锈钢、F－铁素体不锈钢。

A后面的数字1、2、3、4、5表示化学成分范围（查标准表）。

后面的两位数字代表紧固件材料抗拉强度的1/10。

例如　A2－70表示，奥氏体钢、冷加工、最小抗拉强度为700MPa。

#### 9.5.5.2 紧固件选择要求

(1)应选用国家现行标准中的标准紧固件，并在相应管道规范所规定材料的范围内选用。选择法兰连接紧固件材料时，应同时考虑管道操作压力、操作温度、介质特性和垫片类型等因素。

(2)较高强度等级的紧固件可以代用较低强度等级的紧固件。高温条件下使用的紧固件应与法兰材料具有相近的热膨胀系数。

(3)法兰连接用紧固件螺纹的螺距不宜大于3mm；直径M30以上的紧固件可采用细牙螺纹。

(4)配对法兰中有一个是铸铁、铜合金或其他铸造法兰时，紧固件应采用较低强度的法兰所配的紧固件材料。但以下情况除外：

①两侧法兰的密封面均为全平面，且采用全平面垫片；

②考虑到持续载荷、位移应变、临时载荷以及法兰强度各方面的因素，对螺栓拧紧力矩和拧紧顺序已做了规定。

(5)低强度等级的紧固件不得用于剧烈循环工况下的法兰接头；在剧烈循环条件下，法兰连接的螺栓或双头螺柱，应采用合金钢的材料。

## 9.6 压力管道常用阀门及其选择

### 9.6.1 常用阀门的结构特点及用途

阀门是压力管道中的重要组成件之一，用于开闭、节流和保障管道及设备的安全运行等。工程上应用的阀门种类很多，压力管道中常用的阀门有闸阀、截止阀、止回阀、球阀、蝶阀、隔膜阀、安全阀等。其中闸阀、截止阀、止回阀三种阀在石油化工生产装置中是应用最多的阀门，约占整个阀门总量的80%左右，而其中的闸阀又占这三种阀门的90%左右。

(1)闸阀

闸阀的闸板由阀杆带动，沿阀座密封面作升降运动，可接通或截断流体的通路。它主要用于各种介质管道的启闭。闸阀与截止阀相比，闸阀流动阻力小、启闭省力；闸阀与球阀和蝶阀相比，闸阀密封可靠性高，生产成本低，因此是最常用的一种阀门。但当闸阀部分开启时，介质会在闸板背面产生涡流，易引起闸板的冲蚀和振动，阀座的密封面也易损坏，故一般不作为节流用。另外，与球阀和蝶阀相比，闸阀的开启时间较长，结构尺寸较大，故不宜用在直径较大的管道上。它与管道的连接可以是螺纹、承插焊、法兰或对焊连接。

(2)截止阀和节流阀

截止阀和节流阀都是向下闭合式阀门，阀瓣由阀杆带动，沿阀座中心线做升降运动。截止阀与节流阀结构基本相同，只是阀瓣形状有所不同，截止阀的阀瓣是盘形；节流阀的阀瓣多为圆锥形，可以改变流道截面积，以调节流量和压力。与闸阀相比，截止阀具有一定的调节作用，故常用于调节阀组的旁路。截止阀在关闭时需要克服介质的阻力，因此，它最大直径仅用到 $DN$200mm。

(3)止回阀

止回阀又称单向阀，它只允许介质向一个方向流动，自动防止管道内的流体逆向流动。当介质顺流时阀瓣会自动开启，当介质反向流动时能自动关闭。安装止回阀时，应注意介质的流动方向应与止回阀上的箭头方向一致。

根据结构形式不同，止回阀有升降式止回阀、旋启式止回阀、斜盘式止回阀和双板式止回阀等四种。升降式止回阀是靠介质压力将阀门打开，当介质逆向流动时，靠自重关闭(有时是借助于弹簧关闭)，因此升降式止回阀只能安装在水平管道上。旋启式止回阀是靠介质压力将阀门打开，靠介质压力和重力将阀门关闭，因此它即可以用在水平管道上，又可用在垂直管道上(此时介质流向必须是自下而上)。

(4)蝶阀

它具有 90°旋转快速开启关闭的特点，而且重量轻、结构尺寸小(尤其是对夹式蝶阀)，并具有一定的调节功能，适合于大直径和压力较低的管道。但它密封性能不如闸阀可靠，故在石化生产装置上应用的并不多。但随着石化生产装置的大型化，用蝶阀代替闸阀是必然趋势。目前，许多阀门生产厂都在开发生产双偏心或三偏心高性能金属硬密封蝶阀，它们较好地解决了热胀补偿和磨损补偿的问题，因此，它们也开始逐渐用于油品、油气管道上。

(5)球阀

球阀的阀瓣为一中间有通道的球体，球体绕自身轴线作 90°旋转，达到启闭目的。球阀的最大特点是在众多的阀门类型中其流体阻力最小、流动特性最好，同时它也具有 90°旋转而快速启闭的特点。球阀根据球体结构不同，可分为浮动球和固定球两种；根据阀座密封结构不同，球阀有软密封和硬密封两种。固定球球阀适用于大口径($DN \geqslant 100$mm)的情况，浮动球球阀适用于小口径情况。使用软密封球阀时，阀门的工作温度和允许工作压力不仅是其相应法兰系列的压力－温度限定值，还要注意软密封填料的温度－压力额定值。

(6)疏水阀

蒸汽流过管道时，因传热作用会出现凝结水，凝结水留在管道的低点时，会产生水击，严重时会导致管子的破坏。蒸汽凝结水流入机械设备时(如蒸汽轮机)，会影响其工作效率或导致机械故障，留在伴热管道内时，还会降低伴热效果等。疏水阀就是用于排除这些凝结水的管道设备。

在压力管道设计中，疏水阀形式分热静力型、热动力型和机械型，常用的疏水阀有双金属式疏水阀、圆盘式疏水阀、杠杆浮球式疏水阀、自由浮球式疏水阀和倒吊桶式疏水阀等形式。

双金属式疏水阀属于热静力型疏水阀，疏水阀的感温体是双金属板，根据凝结水的温度变化使金属圆板呈凸形或凹形弯曲，并以此启闭疏水阀。此种疏水阀具有排量大、体积小、动作噪声小、可靠性高、蒸汽损失少、允许背压高、有止回作用、可以在水平管道也可以在垂直管道上安装等优点。因此，它成为石化生产装置中应用最多的一种疏水阀。

圆盘式疏水阀属于热动力型疏水阀，主要是利用蒸汽和凝结水的温度不同，使变压室内的压力发生变化，从而达到启闭疏水阀的目的。此种疏水阀具有结构简单、体积小、维修简单等优点。但它同时具有空气流入后不能动作、动作噪声大、背压允许度低、不能在低压(0.03MPa 以下)使用、有蒸汽泄漏现象、不适用于大排量情况等缺点。圆盘式疏水阀仅适用于水平管道上。

杠杆浮球式、自由浮球式及倒吊桶式等三种疏水阀属于机械型疏水阀，此种疏水阀主要是利用蒸汽和凝结水的密度不同而进行阀门启闭的。由于蒸汽和凝结水的密度相差很大，它们对浮子会产生不同的浮力，使浮子随凝结水位的高低而升降，从而达到启闭阀门的目的。此类疏水阀具有排除空气能力强、排液能力大等特点，适用于蒸汽用量大的加热设备的疏水。它适用于安装在水平管道上。

(7)隔膜阀

隔膜阀的启闭是一块橡胶隔膜，夹于阀体和阀盖之间。隔膜中间突出部分固定在阀杆上，阀体内衬有橡胶，由于介质不进入阀盖内腔，因此无需填料箱。隔膜阀结构简单、密封性能好、便于维修、流体阻力小，适用于温度小于 200℃、压力小于 1.0MPa 的油品、水、酸性介质和含悬浮物的介质；不适用于有机溶剂和强氧化剂的介质。

(8)安全阀

安全阀是一种保护性设备。当装置操作出现不稳定、误操作、超温等问题而造成设备或管道超压时，它能自动开启而泄压，从而达到保护设备和管道的目的。它是石油化工生产装置中常用的一种管道安全设备。安全阀的种类也很多，一般介质的管道上多用弹簧式安全阀，而蒸汽汽泡上多用重锤平衡式安全阀。

(9)调节阀

调节阀常用于管道的节流、降压、自动调节介质流量等，而且经常与液位计、温度计等配合使用以实现自动控制设备的液位和介质的温度。调节阀的使用，一般由自动控制工程师进行选定。

## 9.6.2 阀门选用要求

### 9.6.2.1 阀门选用基本要求

(1)阀门选用应选取相应的阀门标准，并按本章 9.5.3.1 条确定公称压力。

(2)应根据管道的设计温度、设计压力、介质性质和阀门用途来选用阀门，并应考虑外部载荷对阀门操作性能和密封性能的影响。

(3)对于内部可能滞留流体介质的阀门，应采取适当的安全措施防止因温度升高导致的压力增加。

(4)对于阀杆填料和管道内流体介质温差较大的工况，应采用加长阀杆的结构形式。

(5)根据流体的流量和允许的压力损失来决定阀门的尺寸，一般应与工艺管道的尺寸一致。

(6)对于磨蚀性大的流体，阀座及阀芯应选用耐磨材料；对于有磨蚀的流体，选用闸阀时，宜为明杆结构形式。

(7)选用手动阀门，当开启力大于400N时，宜采用齿轮操纵结构。

(8)易燃或可燃气体的阀门应采用严密性较好的可燃气体专用阀门，不应采用输送普通流体的阀门代替。

(9)有毒介质管道的阀门应采用严密型的钢制阀门，阀门本体的密封应有可靠的防泄漏措施。

(10)对于氧气管道不应使用快开、快闭型的阀门。阀内垫片及填料不应采用易脱落碎末、纤维的材料或可燃的材料制成。

### 9.6.2.2 阀门形式的选用原则

阀门形式的选用是管道材料设计的重点工作内容之一，也是难点之一。它要求设计者不仅应对常用阀门的结构形式、性能特点、相关标准等比较熟悉，也应对应用环境和工程要求比较熟悉。一般情况下，阀门的形式可按下列原则选用。

(1)一般开关情况下应首选闸阀。$DN \leqslant 40$mm 的闸阀宜采用明杆支架式楔式固定闸板结构形式；$DN \geqslant 50$mm 的闸阀宜采用明杆支架式楔式弹性闸板结构形式；对带有固体颗粒的介质，闸阀阀体上应带一个(阀门 $DN \leqslant 80$mm 时)或两个(阀门 $DN > 80$mm 时)吹扫孔；对低温介质，应选用低温专用闸阀；对要求防凝的介质，应选用夹套闸阀。

(2)对要求有一定调节作用的开关场合(如调节阀旁路、软管站等)和输送液化石油气、液态烃介质的场合，宜选用截止阀以代替闸阀；对剧毒介质，宜选用波纹管密封的截止阀代替闸阀；对有特殊防腐要求的场合，宜选用带非金属衬里的截止阀。截止阀宜采用明杆支架形式。截止阀一般适用于公称直径小于等于 $DN$200mm 的管道尺寸。

(3)对于要求能自动防止介质倒流的场合应选用止回阀。一般情况下，$DN \leqslant 40$mm 时宜用升降式止回阀(仅允许安装在水平管道上)；$DN = 50 \sim 400$mm 时，宜采用旋启式止回阀(不允许装在介质由上到下的垂直管道上)；$DN \geqslant 450$mm 时，宜选用缓冲型止回阀；$DN = 100 \sim 400$mm，也可以采用对夹式止回阀，其安装位置不受限制。

(4)蝶阀在下列条件下可以代替闸阀：设计压力小于1.0MPa，设计温度小于100℃，管道直径为 $DN$400 ~ 1200mm，介质为工业用水或压缩空气，此时可采用双偏心或三偏心软密封形式；设计压力小于1.0MPa，设计温度小于300℃，介质为压缩空气，此时应采用双偏心或三偏心金属硬密封形式；设计压力小于1.0MPa，设计温度小于300℃，直径为 $DN$400 ~ 1000mm，介质为油气，此时应采用双偏心或三偏心金属硬密封形式；设计压力小于2.0MPa，设计温度小于300℃，直径为 $DN$200 ~ 500mm，介质为油气，此时应采用三偏心金属硬密封形式。双偏心形式必须具有金属弹性密封环结构，双偏心或三偏心蝶阀宜具有双向密封功能，至少其逆向密封压力应不低于正向的 80%；设计选型应结合制造厂进行。

(5)球阀在下列条件下可以代替闸阀：设计压力小于 1.0MPa，设计温度小于 100℃，$DN \leqslant 200$mm，介质为工业用水、压缩空气，此时可选用非金属密封副球阀，也可以选用金属密封副球阀；设计压力小于 2.0MPa，设计温度小于 300℃，$DN \leqslant 200$mm，介质为油品、油气，此时应选用金属密封副球阀；设计压力小于 4.0MPa，设计温度小于 425℃，$DN \leqslant 300$mm，介质为饱和水或过热蒸汽，此时应选用金属密封副球阀；在输送浆液和有粉尘物料的工艺管道上多采用非金属密封球阀(此时的介质温度应根据所采用的非金属材料确定)，但此时阀门应具有防火、防静电结构。金属密封副球阀必须具有磨损补偿和热胀补偿结构。设计选型应结合制造厂进行。

## 9.7 其他管道组成件及其选用

其他管道组成件包括膨胀节、过滤器、阻火器、消音器、视镜等。

### 9.7.1 波纹管膨胀节

为防止管道因热胀冷缩产生过大的应力，在压力管道中常设置膨胀节(补偿器)。应用最多的是金属波纹管膨胀节。

#### 9.7.1.1 膨胀节的类型

根据膨胀节自身能否承受压力推力分为非约束型和约束型两种形式。

非约束型：自身不能承受压力推力的膨胀节，称为非约束型膨胀节。

约束型：自身能承受压力推力的膨胀节，称为约束型膨胀节。

根据膨胀节吸收位移(方向)的类型可分为轴向型、角向型、横向型、万向型四种形式。

轴向型：主要用于吸收轴向位移。可以设计成非约束型或约束型。

角向型：属于约束型膨胀节，用于吸收角向位移。当设置铰链时，用于吸收单平面角向位移；当设置万向环时，用于吸收多平面角向位移。

横向型：属于约束型膨胀节，用于吸收横向位移。当膨胀节中设置两根拉杆时，可以吸收垂直于两拉杆构成平面的角向位移；设置双铰链或双万向环的膨胀节，也可用于吸收角向位移。

万向型：用于吸收多个方向的位移。可以设计成非约束型或约束型。

常用膨胀节结构形式如表 9.6 所示。

表 9.6 常用膨胀节结构形式

| 自身能否承受压力推力类型 | 吸收位移类型 | 形式 | 示意图 | 位移 | | | | |
|---|---|---|---|---|---|---|---|---|
| | | | | 轴向 | 横向 | | 角向 | |
| | | | | | 单个平面 | 多个平面 | 单个平面 | 多个平面 |
| 非约束型 | 轴向型 | 单式轴向型 | 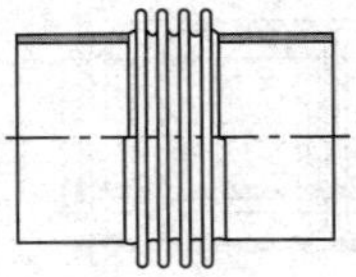 | ● | ○ | ○ | ○ | ○ |
| 非约束型 | | 外压轴向型 | 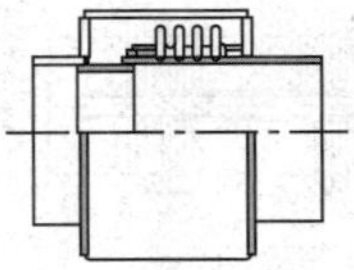 | ● | ○ | ○ | ○ | ○ |
| 约束型 | 轴向型 | 直管压力平衡型 | 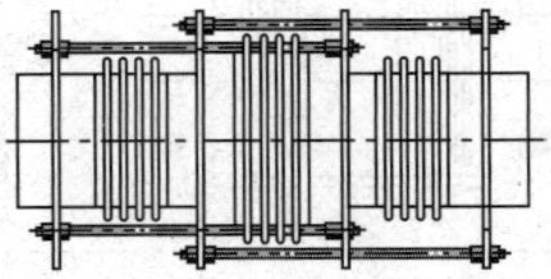 | ● | × | × | × | × |
| 约束型 | | 旁通直管压力平衡型 | 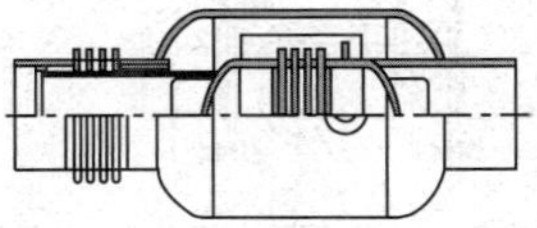 | ● | × | × | × | × |
| 约束型 | | 弯管压力平衡型 | 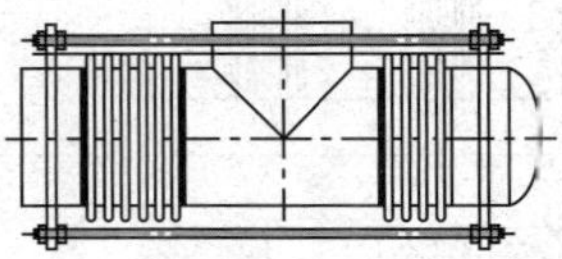 | ● | ○ | ○ | ◎只有2根拉杆 | × |
| 约束型 | 角向型 | 单式铰链型 | 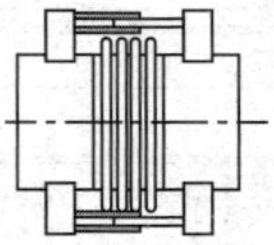 | × | × | × | ● | × |
| 约束型 | | 单式万向铰链型 | 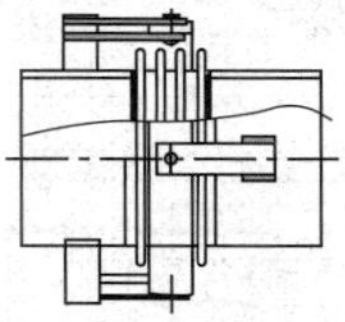 | × | × | × | ● | ● |

续表

| 自身能否承受压力推力类型 | 吸收位移类型 | 形式 | 示意图 | 位移 | | | | |
|---|---|---|---|---|---|---|---|---|
| | | | | 轴向 | 横向 | | 角向 | |
| | | | | | 单个平面 | 多个平面 | 单个平面 | 多个平面 |
| 约束型 | 横向型 | 复式拉杆型 | 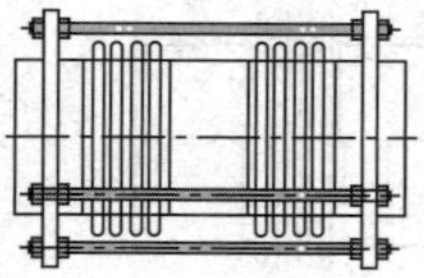 | × | ● | ● | ◎只有2根拉杆 | × |
| 约束型 | | 复式万向铰链型 | 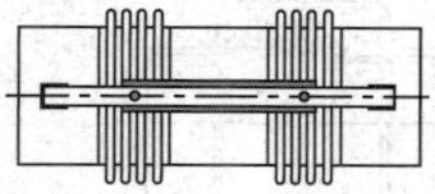 | × | ● | ● | ● | × |
| 约束型 | | 复式铰链型 | 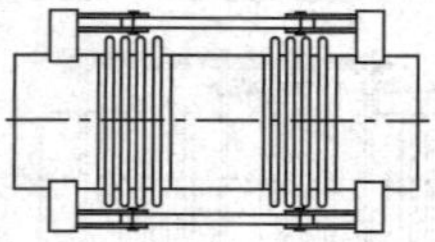 | × | ● | × | ● | × |
| 约束型 | | 复式万向角型 | 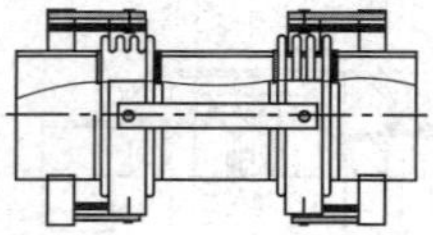 | × | ● | ● | ● | ● |
| 非约束型 | 万向型 | 复式自由型 | 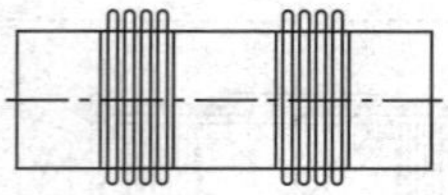 | ● | ● | ● | ● | ● |
| 约束型 | | 弯管压力平衡型 | 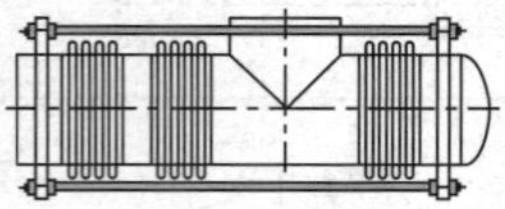 | ● | ● | ● | ◎只有2根拉杆 | × |
| 约束型 | | 直管压力平衡拉杆型 | 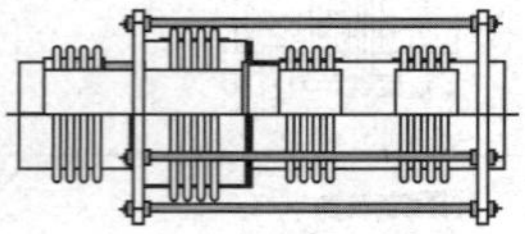 | ● | ● | ● | ◎只有2根拉杆 | × |
| 约束型 | | 直管压力平衡万向铰链型 | 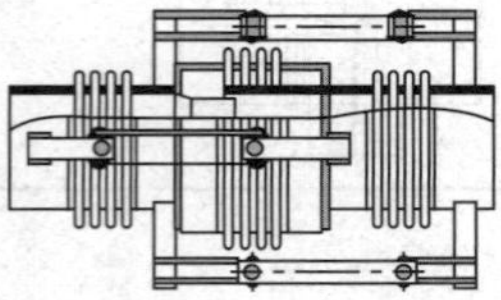 | ● | ● | ● | ● | ● |

注：●—适用；◎—有条件适用；○—有限范围适用；×—不适用。

#### 9.7.1.2 膨胀节选用

为了减少管道系统或者设备中由温度变化、设备机械运动、振动等引起的位移所造成的载荷，可设置膨胀节解决。设置膨胀节与各种支架的设计密切相关，所以选用膨胀节的第一步是初步设定管道固定支架的位置。不论一个管系如何复杂，都可以用固定支架将其划分为一些形状比较简单、独立膨胀的管段(如直管段、“L”形弯管段、“Z”形弯管段等)。最简单、最经济的补偿形式是在轴向位移的直管段上应用单式轴向型膨胀节，然而，这种补偿形式会受到压力推力的限制，压力推力可能使主固定支架超载，在这种情况下，就要应用能承受压力推力的约束型膨胀节。

膨胀节的选用是一个复杂的过程，要综合考虑诸多的因素，要从经济、空间限制和受力状态的要求等各方面对各种不同补偿形式进行对比分析以后，才能确定所选用膨胀节的类型。

### 9.7.2 过滤器

过滤器的作用是过滤掉管道中的固体颗粒，以达到保护机械设备或其他管道设备的目的。管道过滤器多用于泵、仪表、疏水阀等位置前的液体管道上。

(1)过滤器类型

过滤器种类很多，一般情况下有临时过滤器和永久性过滤器之分。按其形状可分为Y形过滤器、三通直流式、直角式、筒形(篮式等)、锥形等形式。

(2)过滤器的选用原则

①根据介质的性质和温度、压力来选用合适的过滤器。

②过滤器的压力等级一般应比介质的工作压力高一个档次。

③一般情况下，当管道直径 $DN \leqslant 80$mm 时，应选用Y形过滤器；当 $DN \geqslant 100$mm 时，应根据管道布置情况选用直流式或三通型过滤器。

④当需要较大的过滤面积时，可选用加长型三通过滤器或篮式过滤器。

⑤常用的过滤器过滤等级为30目，当与之相连的机械对过滤器的滤网有更高的要求时，应根据要求选择相应的滤网目数。

### 9.7.3 阻火器及其选用

(1)阻火器的作用

阻火器是一种防止火焰蔓延的安全装置，通常安装在易燃易爆的气体管道上。管道的末端为明火端或者有可能产生明火的设施，当管道中介质压力降低时，可能会因介质的倒流而将明火引向介质源头而产生着火或爆炸。在这些管道的靠终端处，安装阻火器能防止或阻止火焰随介质的倒流而窜入介质的源头管道或设备。例如，乙炔气体，在充灌瓶和压缩机之间的管道，要求设置三个阻火器。由于阻火器是一个安全保护元件，因此阻火器生产厂必须通过消防部门的认证。

(2)阻火器的种类

一般按照阻火器内的填料来分类，其种类有碳素钢壳体镀锌铁丝网阻火器、不锈钢壳体不锈钢丝网阻火器、钢制砾石阻火器、碳钢壳体铜丝网阻火器、波形散热片式阻火器、铸铝壳体铜丝网阻火器等。

(3)阻火器的选用原则

①所选的阻火器，其安全阻火速度应大于安装位置可能达到的火焰传播速度。

②阻火器主要是根据介质的化学性质、温度、压力来选用。阻火器的壳体应能承受介质的压力、允许的温度，还要能够耐介质的腐蚀；填料要有一定的强度，且不能和介质起化学反应。

③在寒冷地区使用的阻火器，应选用部分或整体带加热套的壳体，也可采用其他伴热方式。

④安装于管端部的阻火器，当公称直径小于 *DN*50mm 时宜采用螺纹连接；当公称直径大于或等于 *DN*50mm 时，应采用法兰连接；安装于管道中间的阻火器，应采用法兰连接。

## 9.7.4 消音器和视镜

### 9.7.4.1 消音器

在过程工业中产生较大噪声的设备一般有风机、锅炉、压力容器、管道、蒸气、真空泵、蒸压釜、设备排汽、气体排放等设备。消音器是阻止声音传播而允许气流通过的一种器件，是消除压力管道系统噪声的重要元件。工业消音器已广泛用于各行业的消音降噪。

(1)消音器的类别及消音原理

按设备种类可分为风机消音器、空压机消音器、排气喷流消音器。

按消音原理及结构的不同，可分为阻性消音器，抗性消音器，微穿孔板消音器，复合式消音器和扩容减压、小孔喷射式排气放空消音器等五种形式。

①阻性消音器。利用声波在多空性吸声材料中传播时，摩擦将声能转化为热能而散发掉，以达到消音的目的。阻性消音器具有良好的中、高频消音性能。

②抗性消音器。利用声波的反射、干涉及共振等原理，吸收或阻碍声能向外传播。它适用于消除中、低频噪声或窄带噪声。

③微穿孔板消音器。建立在微空声结构基础上的既有阻又有抗共振式消音器。这种消音器可承受较高气流速度的冲击，耐高温，不怕水和潮湿，且能耐一定粉尘。

④复合式消音器。为了达到宽频带、高吸收的消音效果，可将阻性和抗性消音器组合为复合式消音器。这种消音器既有阻性吸声材料，又有共振器、扩张室、穿孔屏等声学滤波器件。

⑤扩容减压、小孔喷射式排气放空消音器。为减低高温、高速、高压排气喷流噪声而设计的排气放空消音器。

从结构上讲，风机消音器、空压机消音器大多是阻性或阻抗复合式消音器；排气喷流消音器大多是节流降压、扩容降速，或小孔喷注型消音器。

(2)消音器的选用

消音器的选用应综合考虑如下因素：

①防火、防潮、防腐、洁净度的要求；

②安装的空间位置、房间(或放空)允许的噪声级别；

③噪声源频谱特性、系统自然声衰减、系统气流再生噪声、系统允许的压力损失；

④消音器价格等。

一般情况下，消音器的消音量越大，压力损失就越大，且消音器价格越高；消音量相同时，如果压力损失越小，消音器所占空间就越大。

### 9.7.4.2 视镜

视镜适用于石油、化工、石化等过程工业的设备或管道上，以观察装置内部物料操作情况，防止意外事故的发生。例如，用于冷却水管道和润滑油管道等，通过其透明的视窗可以观察到管道内循环冷却水或润滑油是否在流动。

视镜作为标准组合部件，由视镜玻璃、视镜座、密封垫、压紧环、螺母和螺柱等件组成。

视镜与设备或管道的连接形式有两种：一种是视镜座外缘直接与壳体或封头(管帽)相焊接(见图9.5)；另一种是视镜座由配对管法兰(或法兰凸缘)夹持固定(见图9.6)。

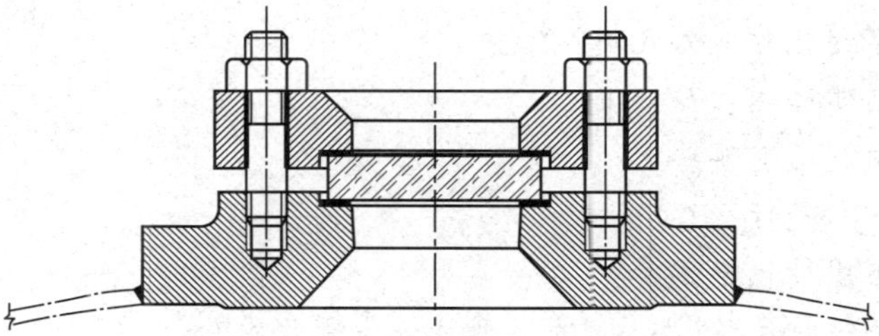

图9.5 视镜座与壳体直接焊接结构

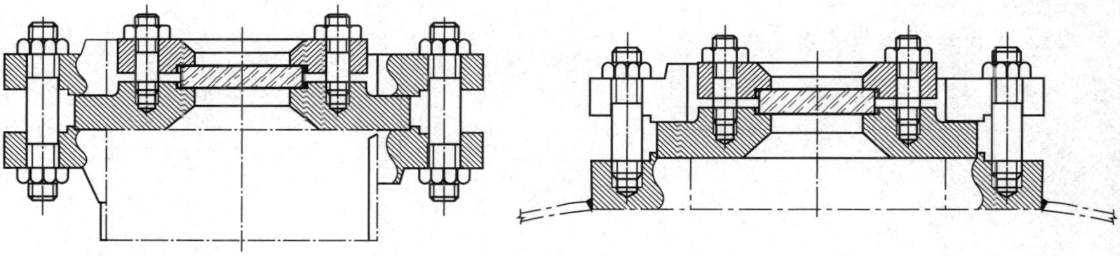

(a) (b)

图9.6 配对管法兰(或法兰凸缘)夹持固定式结构

视镜的详细结构、技术参数、技术条件及选用事项参见现行标准 NB/T 47017《压力容器视镜》。

## 思考题

1. 压力管道材料设计主要包括哪些内容？
2. 压力管道选材的基本原则是什么？
3. 管道材料选用应注意哪些使用限制条件？
4. 碳钢的使用限制应符合哪些规定？
5. 哪些元件为管道组成件？
6. 压力管道设计中需要确定的管子主要参数是什么？
7. 管子直径系列有哪几种？
8. 钢管壁厚表示方法有哪几种？
9. 管法兰标准体系有哪两类？主要有什么区别？
10. 管子选用的基本原则是什么？
11. 常用的管件有哪些？
12. 管件允许使用压力与管件公称压力是什么关系？
13. 管件与管件、管件与管道常用的连接方式有哪几种？
14. 管法兰的密封面形式有哪几种？
15. 选用管法兰都有哪些规定？
16. 垫片的主要性能参数是什么？
17. 常用法兰密封垫片有哪几类？
18. 紧固件包括哪些元件？
19. 管道中常用阀门有哪些？
20. 安全阀的作用是什么？
21. 其他管道组成件包括哪些？
22. 根据膨胀节吸收位移(方向)的类型可分为哪几类？
23. 过滤器的作用是什么？
24. 阻火器的作用是什么？
25. 消音器的作用是什么？

# 10 压力管道机械设计

压力管道的机械设计是压力管道设计的重要组成部分，包括压力管道强度设计、管道应力分析设计和管道支吊架设计等内容。

## 10.1 压力管道强度设计

压力管道强度设计主要包括承受压力作用的管道和管道元件壁厚的设计计算、支管连接开孔补强设计计算等内容。考虑的载荷只有单独作用的压力(主要是内压)载荷，所以压力管道强度设计与管道布置、支架设置、管道的柔性分析等没有直接关系。

### 10.1.1 承受内压的直管强度设计

在第8章中介绍了我国压力管道的类别，有工业管道、长输管道、公用管道之分，同时制定了不同的设计标准和规范。不同的标准和规范中对压力管道强度设计的计算公式、设计参数选取等方面有所不同，但设计计算依据的基本理论和设计准则是一致的，因此，本书以工业管道为主介绍其强度设计方法。

#### 10.1.1.1 直管壁厚设计计算公式

(1)直管的设计计算公式

计算厚度：
$$\delta = \frac{pD_o}{2(\phi W[\sigma]^t + pY)} \quad (10-1)$$

设计厚度：
$$\delta_d = \delta + C_2 + C_3 = \delta + C \quad (10-2)$$

名义厚度：
$$\delta_n = \delta_d + C_1 + C_4 \quad (10-3)$$

有效厚度：
$$\delta_e = \delta_n - C_1 - C \quad (10-4)$$

式中 $p$——设计压力，MPa；

$D_o$——直管外径，mm；

$[\sigma]^t$——管子材料设计温度下的许用应力，MPa；

$C_1$——管子厚度负偏差，mm；

$C_2$——腐蚀或磨蚀附加量，mm；

$C_3$——机械加工深度，mm；

$C_4$——厚度圆整值($\Delta$)，mm；

$\phi$——纵向焊接接头系数；

$W$——焊接接头高温强度降低系数；

$Y$——计算系数。

(2)直管的校核计算公式

当已知名义厚度或实际测量厚度时，可由式(10－5)确定允许使用的工作压力。从公式(10－1)可以导出：

$$[p] = \frac{2\delta_e \phi W [\sigma]^t}{D_o - 2Y\delta_e} \tag{10-5}$$

式中 $[p]$——允许使用的工作压力(最小设计压力)，MPa；

#### 10.1.1.2 设计参数的确定

(1)设计压力 $p$

①管道设计压力应不小于在操作过程中可能遇到的最苛刻的压力与温度组合工况的压力(设计压力不小于操作压力)。

②当管道与设备直接连接作为一个压力系统时，管道的设计压力应不小于设备的设计压力。

③未设置压力泄放装置或可能发生与压力泄放装置隔离、堵塞的管道，其设计压力应不小于可能因此而产生的最大压力。

④离心泵出口管道的设计压力应不小于泵的关闭压力(吸入压力与扬程相应压力之和)。

⑤输送制冷剂、液化烃类等低沸点(气化温度低)介质的管道，其设计压力应不小于阀门切断时或介质不流动时介质可能达到的最大饱和蒸气压(在最高环境温度下汽化所能达到的最高压力)。

⑥当管道被分隔件(包括夹套管、盲板等)分隔为几个单独的受压段时，该分隔件的设计压力应不小于在操作中两侧受压室可能遇到的最苛刻的压差和温度组合工况的压力。

⑦装有安全控制装置的真空管道，设计压力取最大压差的1.25倍或0.1MPa中的较小值，并按外压条件进行设计；对于没有安全控制装置的真空管道，设计压力取0.1MPa。

⑧装有安全泄放装置的管道，设计压力应不小于安全泄放装置的整定压力。具体参照本书7.1.2(3)条确定。

(2)设计温度 $t$

①管道设计温度应当按照操作中可能遇到的最苛刻的压力和温度组合工况的温度确定。

②对无外隔热层的管道，介质温度小于65℃时，管道组成件的设计温度与介质温度相同，但应考虑阳光辐射或其他可能导致介质温度升高的因素；介质温度大于或等于65℃时，管道组成件的设计温度确定应符合以下规定：

a)对于阀门、管子、翻边端部和焊接管件，取介质温度的95%；

b)对于松套法兰以外的法兰，取介质温度的90%；

c)对于松套法兰，取介质温度的85%；

d)对于螺栓，取介质温度的80%；

e)也可以取实测的平均壁温或根据传热计算得到的平均壁温。

③外部隔热管道的设计温度一般取介质温度，但也可以取实测的平均壁温或根据传热计算得到的平均壁温，采用伴管或夹套结构的管道应考虑加热或冷却对设计温度的影响(应以外加热或管内流体温度中较高的温度作为管道设计温度)。

④内部隔热管道的管道组成件，设计温度应按传热计算或试验确定。

(3)许用应力$[\sigma]^t$

根据管道材料和设计温度查GB/T 20801.2—2006中的“材料许用应力表”。对于新材料或有特殊要求时，按照相应标准或规范规定，用强度指标和相应的安全系数计算确定。

(4)厚度附加量与厚度圆整

在管道壁厚设计计算中，按照公式(10-1)得到的厚度是满足强度要求的最小厚度，即为计算厚度；而在设计图纸上的厚度为名义厚度，即强度设计的最终厚度。在名义厚度和计算厚度之间的差值为厚度附加量、材料厚度负偏差和向上圆整量三部分。在前面计算公式中用$C_1$、$C_2$和$C_3$表示，厚度圆整量为$(\Delta)C_4$。

①厚度附加量。包括腐蚀、冲蚀、螺纹深度或机械加工沟槽深度所需的裕量之和。

腐蚀裕量：如果已知介质对选定管道材料的腐蚀速率(mm/a)，则可根据管道设计使用寿命(一般为8~15a，具体按相关标准规定)计算其腐蚀裕量；如果没有腐蚀速率资料，对于一般介质，碳钢和低合金钢腐蚀裕量可取1~2mm，不锈钢为0。

机械加工度：对带螺纹的管道组成件，取公称螺纹深度；对未规定公差的机械加工表面或槽，取规定切削深度加0.5mm。

②管子厚度负偏差。对于管子规格以外径×壁厚标示的无缝钢管，厚壁负偏差按式(10-6)确定：

$$C_1 = \frac{m\delta_d}{100 - m} \tag{10-6}$$

式中 $m$——管子产品技术条件中规定的壁厚允许负偏差,%；

$\delta_d$——为管子设计厚壁，mm。

对于焊接钢管，采用钢板厚度的负偏差值，且不应小于0.5mm。

③厚度圆整。见公式(10-3)，设计厚度加厚度负偏差后，需要加一个圆整量$C_4$，使得名义厚度符合管子产品规格中公称厚度系列的规定值。

(5)纵向焊接接头系数$\phi$

无缝钢管纵向焊接接头系数$\phi=1.0$；焊接钢管纵向焊接接头系数按表10.1选取。

**表10.1 纵向焊接接头系数$\phi$**

| 序号 | 焊接形式 | 焊缝类型 | 检查 | $\phi$ |
|---|---|---|---|---|
| 1 | 连续炉焊(注) | 直缝 | 按材料标准规定 | 0.60 |
| 2 | 电阻焊(ERW)(注) | 直缝或螺旋缝 | 按材料标准规定 | 0.85 |

续表

| 序号 | 焊接形式 | 焊缝类型 | 检查 | $\phi$ |
|---|---|---|---|---|
| 3 | 电容焊(EFW) | | | |
| | 单面对接焊<br>(带或不带填充金属) | 直缝或螺旋缝 | 按材料标准或本规范规定<br>不做 RT | 0.80 |
| | | | 局部(10%)RT | 0.90 |
| | | | 100% RT | 1.00 |
| | 双面对接焊<br>(带或不带填充金属) | 直缝或螺旋缝 | 按材料标准或本规范规定<br>不做 RT | 0.85 |
| | | | 局部(10%)RT | 0.90 |
| | | | 100% RT | 1.00 |
| 4 | GB/T 9711 埋弧焊、气体保护<br>金属弧焊或两者结合 | 直缝(一条或两条)<br>或螺旋缝 | 按 GB/T 9711 规定 | 0.95 |

注：不得通过附加无损检测来提高电阻焊(ERW)的纵向焊接接头系数。

(6)焊接接头高温强度降低系数 $W$

考虑一些材料在高温工况下长期工作，其焊接接头的强度可能会低于母材，故引入系数 $W$，其值按表 10.2 查取。

**表 10.2 焊接接头高温强度降低系数 W**

| 材料 | 温度/℃ | | | | | | | | | | | | | | |
|---|---|---|---|---|---|---|---|---|---|---|---|---|---|---|---|
| | 427 | 454 | 482 | 510 | 538 | 566 | 593 | 621 | 649 | 677 | 704 | 732 | 760 | 788 | 816 |
| CrMo 钢(注①~③) | 1 | 0.95 | 0.91 | 0.86 | 0.82 | 0.77 | 0.73 | 0.68 | 0.64 | — | — | — | — | — | — |
| CSEF(N+T)(注③~⑤) | — | — | — | 1 | 0.95 | 0.91 | 0.86 | 0.82 | 0.77 | — | — | — | — | — | — |
| CSEF(注③和④)(PWHT) | — | — | 1 | 0.5 | 0.5 | 0.5 | 0.5 | 0.5 | 0.5 | — | — | — | — | — | — |
| 无填充金属的 300 系奥氏体不锈钢及 800 和 600 镍基合金自熔焊(注⑥) | — | — | — | 1 | 1 | 1 | 1 | 1 | 1 | 1 | 1 | 1 | 1 | 1 | 1 |
| 带填充金属的 300 系奥氏体不锈钢及 800 镍基合金 | — | — | — | 1 | 0.95 | 0.91 | 0.86 | 0.82 | 0.77 | 0.73 | 0.68 | 0.64 | 0.59 | 0.55 | 0.5 |

注：①CrMo 钢包括：0.5Cr-0.5Mo、1Cr-0.5Mo、1.25Cr-0.5Mo、2.25Cr-1Mo、3Cr-1Mo、5Cr-0.5Mo、9Cr-1Mo。直缝及螺旋缝应是正火、正火加回火，或适当的亚临界焊后热处理(PWHT)状态。

②直缝及螺旋缝电熔焊结构不允许用于454℃以上的 C-0.5Mo 钢。

③焊缝填充金属的碳含量应≥0.05%。埋弧焊焊剂的碱度应≥1.0%。

④CSEF(强韧型铁素体耐热钢)钢包括如下钢级：91、92、911、122 和 23。

⑤N+T：焊后正火+回火。

⑥无填充金属的自熔焊。焊后应进行固溶退火处理。

⑦表列温度仅用于相应材料焊接接头高温强度降低系数 $W$，材料的使用温度上限按 GB/T 20801.2 的相应规定。

(7)计算系数 $Y$

当$\delta < D_o/6(K = D_o/D_i < 1.5)$时，$Y$值按表10.3选取；当$\delta \geqslant D_o/6(K \geqslant 1.5)$时，按式(10－7)计算：

$$Y = \frac{(D_i)}{(D_i + D_o)} \tag{10-7}$$

式中　$D_i$——管子内径。

**表 10.3　系数 Y 值**

| 材料 | 温度/℃ | | | | | | | |
|---|---|---|---|---|---|---|---|---|
| | ≤482 | 510 | 538 | 566 | 593 | 621 | 649 | ≥677 |
| 铁素体钢 | 0.4 | 0.5 | 0.7 | 0.7 | 0.7 | 0.7 | 0.7 | 0.7 |
| 奥氏体钢 | 0.4 | 0.4 | 0.4 | 0.4 | 0.5 | 0.7 | 0.7 | 0.7 |
| 镍基合金 | 0.4 | 0.4 | 0.4 | 0.4 | 0.4 | 0.4 | 0.5 | 0.7 |
| 其他延性材料 | 0.4 | 0.4 | 0.4 | 0.4 | 0.4 | 0.4 | 0.4 | 0.4 |
| 铸铁 | 0.0 | — | — | — | — | — | — | — |

(8)关于几个厚度的定义

计算厚度：按照式(10－1)计算得到的厚度为计算厚度，是满足压力载荷所需要的最小厚度。

设计厚度：计算厚度加上壁厚附加量为设计厚度，这是在设计寿命期间内满足强度要求的最小厚度。

名义厚度：设计厚度加上厚度负偏差再加上圆整量，与产品规格中厚度系列值一致。名义厚度即为设计图纸上的厚度。

有效厚度：名义厚度减去厚度附加量和厚度负偏差为有效厚度，一般强度校核时用此厚度。

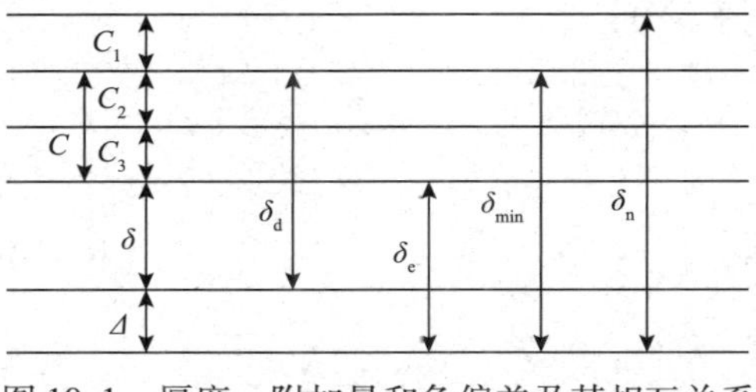


图 10.1　厚度、附加量和负偏差及其相互关系

最小厚度：此厚度实际上是个采购厚度，为采购技术条件中的最小厚度。

几个厚度之间的关系如图10.1所示。

**例题 10.1**　设计一工艺管道，设计压力为$p = 1.6$MPa，设计温度为$t = 100$℃，用$\phi$630直缝钢板卷管，采用Q235B热轧钢板双面对接焊，焊缝进行20%射线检测，腐蚀附加量为$C_2 = 2.0$mm，试确定其钢板厚度。

**解**：(1)由GB/T 20801.2—2006《压力管道规范　工业管道　第2部分：材料》查得，Q235B钢板在100℃时的许用应力$[\sigma]^t = 125$MPa；由表10.1查得焊接接头系数为$\phi = 0.85$；由表10.2查得$W = 1.0$；由表10.3查得系数$Y = 0.4$；由钢板标准GB/T 700—2006《碳素结构钢》查得钢板厚度负偏差附加量为$C_1 = 0.8$mm。

(2)直管计算厚度。

根据公式(10－1)，承受内压直管计算厚度为：

$$\delta = \frac{pD_o}{2(\phi W[\sigma]^t + pY)} = 1.6 \times 630/[2 \times (0.85 \times 1.0 \times 125 + 1.6 \times 0.4)] = 4.715\text{mm}$$

(3)直管设计厚度。

$$\delta_d = \delta + C_2 = 4.715 + 2.0 = 6.715\text{mm}$$

(4)直管名义厚度。

$$\delta_n = \delta_d + C_1 = 6.715 + 0.8 = 7.515\text{mm 圆整 } \delta_n = 8\text{mm。}$$

因此，该直缝钢管可选用厚度为8mm(靠钢板标准)的钢板制造。

## 10.1.2　承受外压管道的稳定性分析设计

外压管道的稳定性分析设计按第7章承受外压的圆筒形容器进行设计(详见第7.2节)。

## 10.1.3　弯管(或弯头)强度设计计算

由于弯管(或弯头)在形状上存在按一定弯曲半径的弯曲度，故在弯曲处将产生一定的应力集中，在压力作用下产生的应力要较直管大得多，相应厚度也要比直管厚些。因此，弯管厚度计算均以直管厚度计算公式为基础，考虑弯管曲率变化的影响，加以修正便得到弯管的壁厚计算公式。

### 10.1.3.1　弯管或弯头壁厚设计计算

(1)内压弯管或弯头壁厚按式(10－8)进行设计计算：

$$\delta = \frac{pD_o}{2\left(\phi \frac{[\sigma]^t}{I} + pY\right)} \tag{10－8}$$

式中　$I$——计算系数，

计算弯头内侧厚度时：

$$I = \frac{4\frac{R}{D_o} - 1}{4\frac{R}{D_o} - 2} \tag{10－9a}$$

计算弯头外侧厚度时：

$$I = \frac{4\frac{R}{D_o} + 1}{4\frac{R}{D_o} + 2} \tag{10－9b}$$

计算弯头中心线处厚度时：$I = 1.0$(与直管相同)；

$R$——弯头或弯管的轴线(管子中心线)弯曲半径(对于弯管，一般取 $R \geqslant 3D_o$)；

其他符号意义同直管。

另外，弯管成形后的端部最小厚度应不小于直管设计厚度。

(2)外压或真空弯管或弯头设计，按照外压圆筒的规定进行设计，其中计算长度 $L$ 取直管上包括沿弯管轴线在内的两相邻支承线之间的距离。

### 10.1.3.2 斜接弯头(虾米腰)的设计计算

当管道直径较大时，有时采用如图 10.2 所示的焊接弯头，通常称为斜接弯头。

(1)承受内压斜接弯头的设计计算

①对于变方向角 $\alpha$ 小于等于 3°的斜接弯头，壁厚按直管计算。

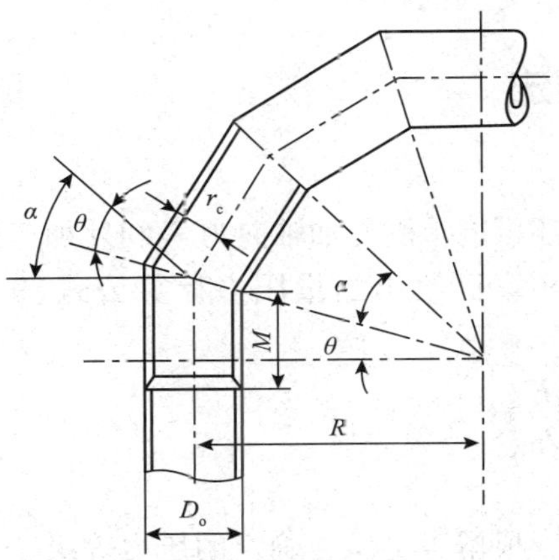

图 10.2 斜接弯头几何形状

②对于变方向角 $3° < \alpha \leqslant 45°$ 的单弯斜接弯头，最大许用内压 $p_m$ 分别按式(10－10a)和式(10－10b)计算：

当 $\theta \leqslant 22.5°$ 时，

$$p_m = \frac{\delta_e \phi W[\sigma]}{r_c} \frac{\delta_e}{\delta_e + 0.643\tan\theta(\delta_e r_c)^{0.5}} \tag{10-10a}$$

当 $\theta > 22.5°$ 时，

$$p_m = \frac{\delta_e \phi W[\sigma]}{r_c} \frac{\delta_e}{\delta_e + 1.25\tan\theta(\delta_e r_c)^{0.5}} \tag{10-10b}$$

③对于 $\theta \leqslant 22.5°$ 的多弯斜接弯头，最大许用内压 $p_m$ 应取式(10－10a)和式(10－10c)计算值的较小者：

$$p_m = \frac{\delta_e \phi W[\sigma]}{r_c} \frac{(R - r_c)}{(R - 0.5r_c)} \tag{10-10c}$$

④斜接弯头两端的直边长度 $M$(见图 10.2)，应不小于式(10－11a)和式(10－11b)中的较大值：

$$M = 2.5(r_c \delta_{min})^{0.5} \tag{10-11a}$$

$$M = (R - r_c)\tan\theta \tag{10-11b}$$

式中 $p_m$——斜接弯头的最大许用内压，MPa；

$r_c$——管子的平均半径(中径)，mm；

$\theta$——斜接处的切割角(见图 10.2)，(°)；

$\alpha$——斜接弯头的变方向角(见图 10.2)，$\alpha = 2\theta$，(°)；

$R$——斜接弯头的有效半径(见图 10.2)，即斜接弯头曲率中心到斜接管中心线的垂直距离，其值应不小于 $\frac{A}{\tan\theta} + \frac{D_o}{2}$，其中 $A$ 值按表 10.4 确定；

其他符号意义同前。

表 10.4 系数 A 值 mm

| 管子有效厚度 $\delta_e$ | 系数 A |
|---|---|
| ≤13 | 25 |
| >13 ~ <22 | $2\delta_e$ |
| ≥22 | $(2\delta_e/3)+30$ |

(2)承受外压斜接弯头的设计

承受外压(或真空)斜接弯头的设计，按照外压圆筒设计方法进行，但计算长度 $L$ 应取直管包括斜接弯头各段斜接管轴线在内的两相邻支承线之间的距离。

## 10.1.4 管法兰和法兰盖的强度设计方法

(1)当量压力

法兰和法兰盖正常工作时除承受压力载荷 $p$ 外，还可能承受外加轴向力 $F$ 和外加弯矩 $M$，这时需要计算当量压力进行强度设计。本书第 9 章已给出当量压力计算公式(9-3)，即：

$$p_d = p + \frac{16M}{\pi D_G{}^3} + \frac{4F}{\pi D_G{}^2}$$

(2)标准管法兰和法兰盖的强度设计

当选用国家标准中所列的标准管法兰和法兰盖时，根据当量压力确定的压力等级、管道设计温度和管道材料，按照相关标准规定的压力-温度额定值确定其允许的使用压力。选用标准的管法兰和法兰盖，不必另进行强度计算，直接选用标准中的相应尺寸。

(3)非标准管法兰和法兰盖的强度设计

当选用非标准管法兰和法兰盖时，应按照 GB/T 17186.1—2015《管法兰连接计算方法 第 1 部分：基于强度和刚度的计算方法》(或参照 GB/T 150.3)的规定进行设计计算。计算过程中，用当量压力 $p_d$ 代替各公式中的设计压力 $p$ 即可。

## 10.1.5 焊制三通的强度设计

在压力管道设计中，三通是常用的管件，一般都是选用标准件，无需强度计算。但在有些情况需要用非标准件，采用非标准焊制三通，这时就需要对三通进行强度设计计算了。HG/T 20582—2011《钢制化工容器强度计算规定》第 23 章中规定了焊制三通的设计方法，下面做一介绍。

### 10.1.5.1 焊制三通的结构设计

HG/T 20582—2011 规定的方法适用于焊制厚壁加强的正三通，结构形式如图 10.3 所示。主管外直径 $D_o \leqslant 660$mm，支管内直径与主管内直径之比 $\frac{d_i}{D_i} \geqslant 0.5$，主管外径与主管内径之比 $K=\frac{D_o}{D_i}$。在 1.05 ~ 1.5 范围内，主管部分的长度一般取为 $3.5D_o$，且不应小于 $2d_i$；

支管至主管下部外壁的高度一般取不小于 $1.7D_o$。

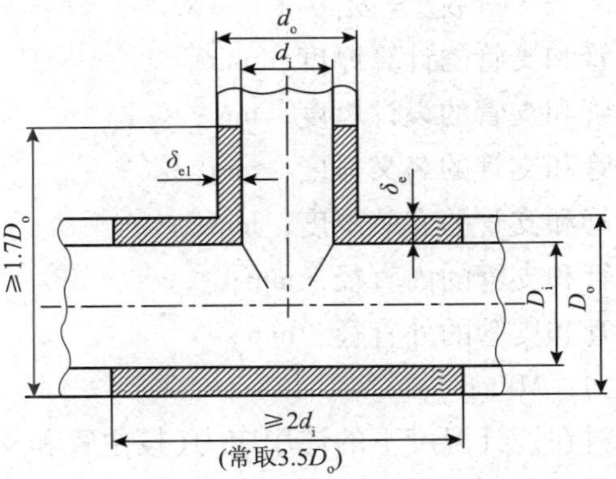


图 10.3　焊制三通

### 10.1.5.2　三通厚度设计计算

(1)主管计算厚度。主管厚度按式(10-12a)或按式(10-12b)计算：

$$\delta_1 = \frac{pD_o}{2\phi[\sigma]^t + p} \tag{10-12a}$$

$$\delta_1 = \frac{pD_i}{2\phi[\sigma]^t - p} \tag{10-12b}$$

(2)支管计算厚度。支管厚度按式(10-13a)或按式(10-13b)计算：

$$\delta_{11} = \delta_1 \frac{d_o}{D_o} \tag{10-13a}$$

$$\delta_{11} = \delta_1 \frac{d_i}{D_i} \tag{10-13b}$$

(3)设计厚度。计算厚度加上腐蚀等附加量得到的是设计厚度。

主管设计厚度为：

$$\delta_d = \delta_1 + C_2 \tag{10-14}$$

支管设计厚度为：

$$\delta_{d1} = \delta_{11} + C_2 \tag{10-15}$$

(4)名义厚度。设计厚度加上钢管(或钢板)负偏差再圆整到钢管系列厚度，即为名义厚度。

主管名义厚度为：

$$\delta_n = \delta_d + C_1 + \Delta \tag{10-16}$$

支管名义厚度为：

$$\delta_{n1} = \delta_{d1} + C'_1 + \Delta \tag{10-17}$$

(5)有效厚度。名义厚度减去腐蚀裕量和负偏差剩余为有效厚度。

主管有效厚度为：

$$\delta_e = \delta_n - C_1 - C_2 \tag{10-18}$$

支管有效厚度为:

$$\delta_{e1} = \delta_{n1} - C'_1 - C_2 \tag{10-19}$$

式中 $\delta_1$、$\delta_{11}$ ——三通主管和支管的计算厚度，mm;

$\delta_d$、$\delta_{d1}$ ——三通主管和支管的设计厚度，mm;

$\delta_n$、$\delta_{n1}$ ——三通主管和支管的名义厚度，mm;

$\delta_e$、$\delta_{e1}$ ——三通主管和支管的有效厚度，mm;

$D_i$、$d_i$ ——三通主管和支管的内直径，mm;

$D_o$、$d_o$ ——三通主管和支管的外直径，mm;

$p$——设计压力，MPa;

$[\sigma]^t$ ——三通材料在设计温度下的许用应力(按主管和支管同材料考虑)，MPa;

$\phi$——强度减弱系数，按式(10-20)计算:

$$\phi = \frac{1}{1.20\left(1 + \frac{X\sqrt{1+Y^2}}{2Y}\right)} \tag{10-20}$$

其中系数 $X$ 按式(10-21)计算，系数 $Y$ 按式(10-22)计算,

$$X = \frac{{d_i}^2}{D_m d_m} \tag{10-21}$$

$$Y = 4.05\frac{{\delta_e}^3 + {\delta_{e1}}^3}{{\delta_e}^2 (D_m \delta_e)^{0.5}} \tag{10-22}$$

$D_m$、$d_m$ ——三通主管和支管的平均直径(中间面直径)，mm。

## 10.1.6 盲板与其他管道组成件的强度设计

### 10.1.6.1 盲板强度设计计算

在管道设计中，法兰夹持的盲板也是常用组成件之一。盲板结构如图 10.4 所示；盲板厚度应按式(10-23)计算:

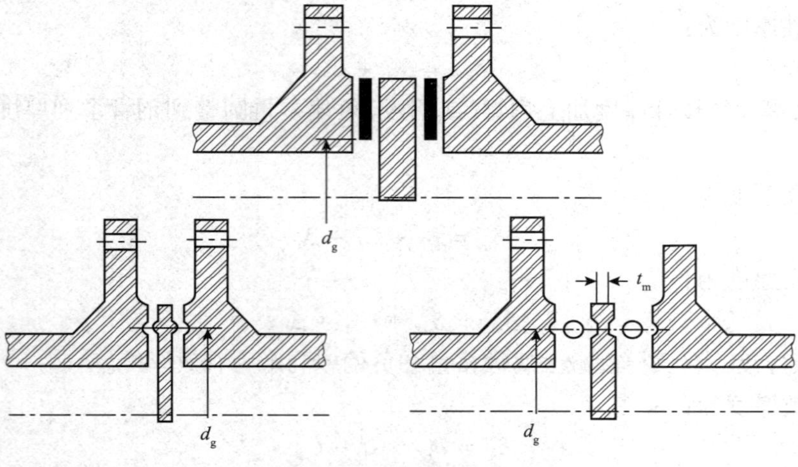


图 10.4 盲板结构示意图

$$\delta = d_g \left( \frac{3P}{16\,[\sigma]^t \phi W} \right)^{1/2} \tag{10-23}$$

式中 $\delta$——盲板计算厚度(图 10.3 中的 $t_m$)，mm；

$d_g$——垫片内径，mm；

其他符号意义同前。

#### 10.1.6.2 其他管道组成件的强度设计

其他管道组成件的强度设计应按相关标准进行。如凸形封头和平板封头可按本书第 7.3 节方法进行设计；波纹管膨胀节应按 GB/T 35990—2018《压力管道用金属波纹管膨胀节》附录 B 进行设计等。

### 10.1.7 支管连接的补强设计

压力管道设计中，支管与主管的连接除用标准的三通或四通外，很多情况是采用焊接支管连接结构(尤其是主管道直径较大的情况)。在第 7 章压力容器规则设计中介绍了容器开孔接管局部应力集中严重，对于管道也是如此，需要对开孔接管处进行开孔补强，因此开孔补强设计是压力管道强度设计中的一项重要内容。

#### 10.1.7.1 支管连接补强结构与补强设计方法

(1)补强结构形式

压力管道开孔补强的结构形式与压力容器上开孔补强结构相同，参见本书第 7 章第 7.4.3.1 节内容。

(2)补强设计方法

支管开孔补强设计就是指采取适当增加主管或支管(接管)厚度的方法，将应力集中减小到一个允许的程度。目前在压力容器和压力管道设计中采用的开孔补强设计方法有：等面积补强法、压力面积法和应力分析补强法。设计时，对于不同的使用场合和载荷性质可采用不同的设计方法。

等面积补强法和应力分析补强法在本书第 7 章已介绍，压力管道支管连接的等面积补强法按 GB/T 20801.3—2006 的 6.7 节规定进行设计。本章重点介绍压力面积补强设计方法。

#### 10.1.7.2 压力面积补强法

压力面积法与等面积法其开孔补强的基本原理是一致的，都是基于以开孔有效补强范围的金属承载能力与内压力载荷相平衡的静力平衡方法，但其补强的有效范围有所不同。等面积补强范围不论开孔直径大小，都在孔径 2 倍的区域内，因此当孔径与壳体直径比较大时误差较大，从而不适用。而压力面积法的补强范围与孔径大小有关，其补强范围与开孔应力衰减范围相一致，因此比较合理，也就可以用于孔径与壳体直径比较大的场合。目前，压力面积法越来越受到国际压力容器和压力管道领域的重视，不仅已经列为欧盟标准，为欧洲各国广泛应用，而且也被美国 ASME 所接受。HG/T 20582—2011 第 7 章详细介绍了压力面积补强设计方法，本书进行简要介绍。

(1)结构尺寸、制造及使用场合的限制

①开孔直径及厚度的限制

a)主管壳体上采用接管补强的开孔(见图 10.5、图 10.6)，其开孔处接管内径与主管内径之比：$\frac{d_i}{D_i} \leqslant 1.0$。

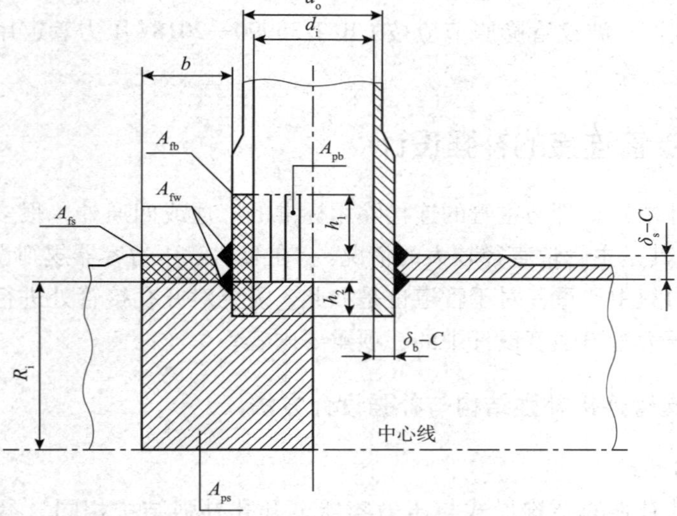


图 10.5　圆筒壳体单个开孔壁厚增厚补强和插入式接管补强结构

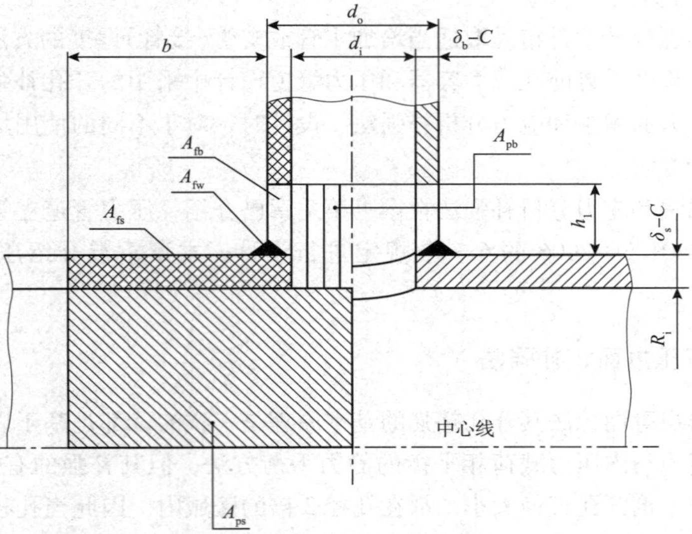


图 10.6　圆筒壳体单个开孔且座式接管补强结构

b)厚度的限制。用于设计计算时，接管有效厚度与主管壳体有效厚度之比 $\frac{\delta_b - C}{\delta_s - C}$ 应不超过图 10.7 查出的值；如果超过，超出部分不应计入补强。用于制造时，接管有效厚度与主管壳体有效厚度之比 $\frac{\delta_b - C}{\delta_s - C}$ 不应超过图 10.8 查出的值，这一限制是为了避免疲劳或蠕变产生的问题。

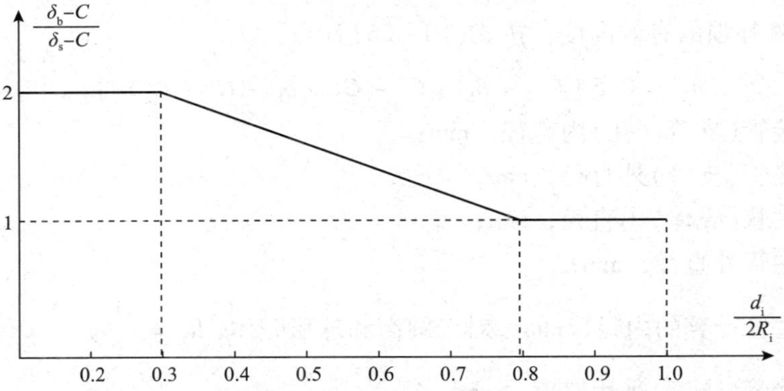


图 10.7 用于设计计算的接管有效厚度比的限制

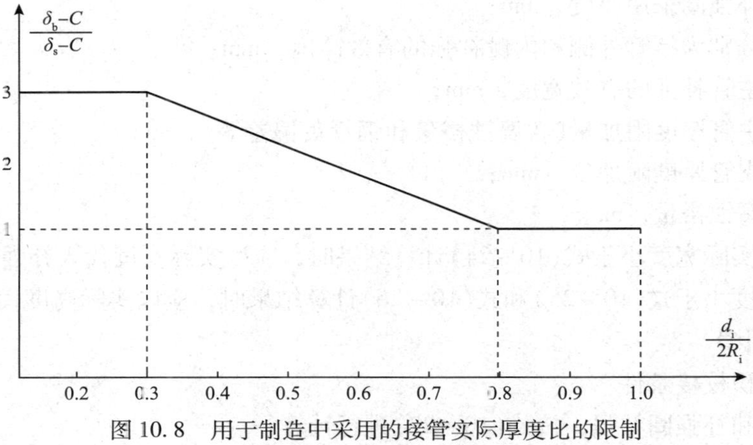


图 10.8 用于制造中采用的接管实际厚度比的限制

②制造及使用场合的限制

a)支管(接管)与主管壳体应采用全焊透结构，接管与主管连接内外壁应避免尖角过渡，而采用 $r$ 圆角过渡。

b)支管、主管、补强件的材料其常温屈强比应满足 $\frac{\sigma_s}{\sigma_b} \leqslant 0.68$ ；应避免采用标准抗拉强度下限值 $\sigma_b > 540MPa$ 的材料。

c)支管、主管、补强件之间的焊接接头应无损检测合格；补强范围内应避免壳体焊缝，如无法避免，焊缝应 100% 无损检测合格。

d)此补强方法不宜用于介质对应力敏感的场合；大开孔应避免用于可产生蠕变或有脉

动载荷的场合。

(2)补强范围计算

①主管(壳体)补强的有效宽度，按式(10－24)计算(且 $b \geqslant 3\delta_s$ )：

$$b = [(2R_i + \delta_s - C)(\delta_s - C)]^{\frac{1}{2}} \tag{10-24}$$

②接管外侧补强的有效高度，按式(10－25)计算：

$$h_1 = [(d_i + \delta_b - C')(\delta_b - C')]^{\frac{1}{2}} \tag{10-25}$$

③接管内侧补强的有效高度，按式(10－26)计算：

$$h_2 = 0.5[(d_i + \delta_b - C' - C_2)(\delta_b - C' - C_2)]^{\frac{1}{2}} \tag{10-26}$$

式中 $d_i$——接管(支管开孔)内直径，mm；

$d_o$——接管(支管)外直径，mm；

$D_i$——主管(壳体)内直径，mm；

$D_o$——主管外直径，mm；

$R_i$——主管计算的内径，mm；对于圆筒和球形壳体，$R_i = \dfrac{D_i}{2}$；

$\delta_b$——接管(支管)采用厚度，mm；

$\delta_s$——主管(壳体)采用厚度，mm；·

$\delta_p$——补强圈采用厚度，mm；

$h_1$、$h_2$——分别为接管外侧和内侧补强的有效高度，mm；

$b$——主管补强的有效宽度，mm；

$C$——主管厚度附加量(含腐蚀裕量和钢管负偏差等)，mm；

$C'$——支管厚度附加量，mm；

$C_2$——腐蚀裕量，mm。

④当壳体实际宽度小于式(10－24)计算结果时，应以实际宽度代入补强计算；当接管内、外实际宽度小于式(10－25)和式(10－26)计算结果时，应以实际高度代入补强计算。

(3)补强计算

①压力面积校核条件

对于接管和补强圈补强，按式(10－27)进行计算：

$$(A_{fs} + A_{fw})([\sigma]_s - 0.5p) + A_{fp}([\sigma]_p - 0.5p) + A_{fb}([\sigma]_b - 0.5p) \geqslant p(A_{ps} + A_{pb}) \tag{10-27}$$

②最大允许压力计算

对于接管和补强圈补强，根据式(10－27)可得出最大允许压力 $P_{max}$。

当 $[\sigma]_b < [\sigma]_s$ 或 $[\sigma]_p < [\sigma]_s$ 时，按式(10－28a)计算：

$$p_{max} = \frac{(A_{fs} + A_{fw})[\sigma]_s + A_{fb}[\sigma]_b + A_{fp}[\sigma]_p}{(A_{ps} + A_{pb}) + 0.5(A_{fs} + A_{fw} + A_{fb} + A_{fp})} \tag{10-28a}$$

当 $[\sigma]_b \geqslant [\sigma]_s$ 或 $[\sigma]_p \geqslant [\sigma]_s$ 时，按式(10－28b)计算：

$$p_{max} = \frac{(A_{fs} + A_{fw} + A_{fb} + A_{fp})[\sigma]_s}{(A_{ps} + A_{pb}) + 0.5(A_{fs} + A_{fw} + A_{fb} + A_{fp})} \tag{10-28b}$$

式中 $p$——设计压力，MPa；

$A_{ps}$——补强有效范围内主管内的压力面积，$mm^2$；

$$A_{ps} = R_i(b + \frac{d_o}{2}) \tag{10-29}$$

$A_{pb}$——补强有效范围内支管(接管)内的压力面积，$mm^2$；

$$A_{pb} = \frac{d_i}{2}[h_1 + (\delta_s - C)] \tag{10-30}$$

$A_{fs}$——主管上开孔区有效承压金属面积，$mm^2$；

$$A_{fs} = b(\delta_s - C)\text{（适用于图 10.5 结构）} \tag{10-31a}$$

$$A_{fs} = [b + (\delta_b - C')](\delta_s - C)\text{（适用于图 10.6 结构）} \tag{10-31b}$$

$A_{fb}$——支管上开孔区有效承压金属面积，$mm^2$；

$$A_{fb} = [h_1 + h_2 + (\delta_s - C)](\delta_b - C')\text{（适用于图 10.5 结构）} \tag{10-32a}$$

$$A_{fb} = h_1(\delta_b - C')\text{（适用于图 10.6 结构）} \tag{10-32b}$$

$A_{fw}$——补强连接处凸出壳体表面的焊接接头金属面积，$mm^2$；

$A_{fp}$——补强圈截面的金属面积，$mm^2$；

$[\sigma]_s$——主管材料许用应力，MPa；

$[\sigma]_b$——支管材料许用应力，MPa；

$[\sigma]_p$——补强圈材料许用应力，MPa。

## 10.1.8 压力管道的耐压试验和泄漏试验

### 10.1.8.1 压力管道耐压试验

(1)耐压试验目的

压力管道及其元件制造或安装完毕后或定期检验时，都要进行耐压试验，其目的是考核缺陷对压力管道安全性的影响。

耐压试验：在超过设计压力下进行的液压(或气压)试验。对内压管道，其目的是考核压力管道在超设计压力下缺陷是否会快速扩展造成破坏或开裂造成泄漏；检验密封结构的密封性能。对外压管道，用相等的压力做内压试验，其目的是进行“试漏”，检查是否存在穿透性缺陷。

(2)耐压试验压力及其限制

液压试验压力：

$$p_T = 1.5pS_1/S_2 \tag{10-33}$$

气压试验压力：

$$p_T = 1.15pS_1/S_2 \tag{10-34}$$

式中 $p$——设计压力，MPa；

$S_1$——试验温度下管子材料的许用应力，MPa；

$S_2$——使用温度下管子材料的许用应力，MPa。

试验压力的限制：当试验压力下管道周向或轴向应力超过屈服强度时，为不超过屈服强度的最大压力，要降低试验压力。

(3)压力试验相关要求

压力试验相关要求，见 GB/T 20801.5—2006 第 9.1 节。

#### 10.1.8.2 压力管道泄漏试验

(1)内压管道的泄漏试验

对于输送极度和高度危害流体及可燃流体的管道，应进行泄漏试验，泄漏试验应符合下列规定：

①泄漏试验应在压力试验合格后进行，试验介质宜采用空气；

②泄漏试验压力应为设计压力；

③泄漏试验可结合试车一并进行；

④泄漏试验时，应重点检查阀门填料函、法兰或螺纹连接处、放空阀、排气阀、排水阀等部位，以发泡剂检查不泄漏为合格；

⑤经气压试验合格，且在试验后未经拆卸过的管道系统可不进行泄漏试验。

(2)真空管道的泄漏试验(真空度试验)

真空管道系统在压力试验合格后，还应按设计文件的规定进行 24h 的真空度试验，增压率应不大于 5%。增压率计算式：

$$\Delta p = [(p_2 - p_1)/p_1] \times 100 \qquad (10-35)$$

式中 $p_1$——试验初始压力，MPa；

$p_2$——试验最终压力，MPa。

## 10.2 压力管道应力分析设计

上一节介绍的内容基本上属于单个管道元件的力学分析和强度计算。实际的压力管道往往是由多个管道元件组成的一个具有空间几何形状的管道系统，简称管系。而且由于管道系统输送的介质常常是有温度的，有时甚至是高温；管系的两端又常常受到与其相连设备的约束，管系中间则受管道支吊架的约束，因此使得管系中各元件的受力变得复杂起来。

压力管道的强度设计，是对单个管道元件，根据压力载荷产生的周向应力建立的强度条件，确定管道元件的壁厚和许用压力。对于由多个管道元件组成的管道系统，承受的载荷不仅仅是压力载荷，还有质量(重力)、风、地震、压力脉动、冲击等外力载荷；还有热胀冷缩和支承位移载荷等。这些载荷作用于管道上的特点和方式不同，它们对管道强度的影响也不同。由此也导致了管道力学研究的复杂性。压力管道应力分析设计就是在管道元件强度设计的基础上，对整个管系进行应力分析，以校核管道元件的壁厚是否满足轴向强度要求；校核管道走向、支吊架位置、管道柔性等管道布置设计是否合理。

### 10.2.1 管道应力分析概述

一般来说，管道应力分析包括静力分析和动力分析两部分内容。静力分析是指在静力载荷的作用下对管道系统进行力学分析，并进行相应的安全评价，使之满足标准和规范的要求。动力分析主要是指往复式压缩机和往复式泵的振动分析、管道的地震分析、水锤和冲击载荷作用下管道的振动分析等，其目的是使地震和振动的影响得到有效控制。

进行管道应力分析，首先要清楚管系承受哪些载荷，这些载荷产生的应力有什么特点，应力分析有哪些基本内容等。

#### 10.2.1.1 管道载荷及其工况组合

(1)管道系统载荷

根据我国标准 GB/T 20801.3 将管道上可能承受的载荷分为以下类别：

①持久性载荷：永久作用于管道系统的载荷，主要有压力载荷(内压和外压，且以内压为多)、重力载荷(包括管道元件的自重、管道内介质重量、保温层等，但不包括冰和积雪载荷)。

②临时性载荷：短时间作用于管道系统的载荷，主要有风载荷，地震载荷，冰雪载荷，阀门开、关时的反冲力和压力升高等载荷。

③交变性载荷：大小和方向随时间发生变化的载荷，主要有温差引起(管道热胀冷缩)的位移载荷、支承沉降等引起的载荷、风力引起的端点位移载荷、两相流脉动载荷、压力脉动载荷(如往复压缩机的往复运动所产生的压力脉动)、瞬变流冲击载荷(如安全阀起跳或阀门的快速开闭时的压力冲击等)、机械振动载荷(如回转设备的简谐振动)。

(2)应考虑的载荷组合工况

①压力、重力等持久载荷同时作用工况。

②以上持久载荷与风载荷或地震载荷等临时载荷同时作用工况。必要时，还需要考虑冰雪载荷、阀门关闭引起的压力短时升高、泄放阀打开时对管道的反冲力等载荷的作用。

③因温差引起的位移载荷及其他交变载荷。

④必要时，需考虑端点或支吊架永久性位移引起的载荷，但在结构设计时应尽可能消除该载荷的影响。

(3)应考虑临时性载荷的条件和要求

①同时满足以下条件时，应计及地震载荷：

a)GC1 类管道、介质毒性为高度危害的 GC2 类管道、介质为可燃的 GC2 管道；

b)地震烈度大于等于 8 度，且设计基本地震加速度大于等于 0.3$g$。

②如需计及风载荷，则风载荷和地震载荷无需同时与其他临时性载荷构成组合工况。

③如需计及因阀门开、关产生的载荷，则该载荷与地震载荷无需同时与其他临时性载荷构成组合工况。

#### 10.2.1.2 管道应力分析的基本内容

管道静力分析主要包括两方面内容，应力计算和柔性分析。应力计算是对管道系统进行受力与变形的分析计算，了解管道系统的应力分布，从而优化相关设计参数，并判断管道是否安全。柔性分析是分析管道系统(几何)变形的难易程度，即分析管道柔性；管道柔性表示管道通过自身变形吸收热胀冷缩或其他位移的能力，是管道系统的重要特征之一。柔性分析的目的是保证管道在设计条件下具有足够的柔性，防止管道因温度变化、端部位移、支承设置不当等原因造成应力过大而损坏管道及与之相连接的机器或设备，确保管道系统的结构完整与安全操作。

动力分析主要是对往复式压缩机和往复式泵进、出口管道的振动分析，管道因阀门快速关闭产生“水锤”现象和安全阀起跳时管道的受力情况分析。目前，我国关于压力管道的设计标准和 ASME B31 等管道规范都没有单独明确地给出管道动力分析设计的方法。

本书主要介绍管道静力分析设计的方法与原则。管道静力分析主要应完成以下内容：

(1)计算管道中的应力(含外载荷和位移载荷引起的轴向当量应力)，防止管道产生塑性变形破坏和疲劳破坏，保证管道自身的安全可靠性；

(2)计算管道对与其相连接的机器、设备的作用力，使之满足标准和规范的要求，保证机器、设备的正常运行；

(3)计算管道对支吊架和土建结构的作用力，为支吊架和土建结构的设计提供依据，保证支吊架和土建结构的安全性；

(4)计算管道系统位移，防止位移过大造成支架脱落或管道碰撞，并为弹簧支吊架的选用提供依据；

(5)管道上法兰处的受力计算，防止法兰泄漏。

#### 10.2.1.3 管道应力(静力)分析设计准则

(1)压力管道应力分类

上面提到，管道系统承受着多种载荷。各种不同载荷产生不同类型的应力，不同类型的应力对管道损伤破坏的影响各不相同，如果一律采取统一的强度条件，可能导致过于保守的结果，因此管道应力分析设计采用了将应力分类进行校核的方法。应力分类校核方法所遵循的是等安全裕度(等强度)原则，即根据应力对管道系统破坏的危险程度将应力分类，危险性小的应力可以比危险性大的应力取较高的设计应力值。换句话说，对于危险性小的应力，许用应力值可以放宽(相对增大)；危险性大的应力，许用应力值要严格控制(相对减小)。在压力管道应力分析中，将应力分为一次应力和二次应力两大类，然后对不同的应力类型采用不同的强度条件进行设计计算，基本思想与压力容器应力分析设计相类似。

①一次应力 $S_L$。指由于压力、重力和其他外力载荷的作用所产生的应力，它是平衡外力载荷所需的应力。一次应力的特点是：第一，这类应力必须满足外载与内力及内力矩的静力平衡关系，即可按静力平衡条件加以确定；第二，有非自限性，应力随着外力载荷的增加而增加，不会因达到屈服而自行限制，直至破坏。

②二次应力 $S_E$。指由于热胀、冷缩、端点位移等位移载荷的作用所产生的应力。它不直接与外力平衡，而是为了满足位移约束条件或管道自身变形协调的要求所必需的应力。二次应力的特点是：第一，不是为了满足与外力的平衡，而是为了满足变形协调条件所引起的应力；第二，具有自限性，当局部范围内的材料产生屈服或小量变形，相邻部分之间

的约束便得到缓和，使变形趋向协调不再继续发展，应力则自动地限制在一定范围内不能继续增长。

一般来讲，只要不反复加载，二次应力不会导致管道破坏，或者说，二次应力引起的破坏形式主要是疲劳破坏。

(2)应力分析设计准则(应力校核条件)

由一次应力和二次应力的定义和特点可知，由于一次应力没有自限性，所以它比二次应力更危险，应该受到严格限制。

①一次应力的强度条件。对于持久载荷组合工况，一次应力 $S_L$ 应该满足式(10-36)的强度条件：

$$S_L \leqslant S_h \tag{10-36}$$

对于持久载荷与临时载荷组合工况，一次应力 $S_{L2}$ 应满足式(10-37)的强度条件：

$$S_{L2} \leqslant 1.33S_h \tag{10-37}$$

②二次应力的强度条件。二次应力应满足式(10-38)的强度条件：

$$S_E \leqslant S_A \tag{10-38}$$

式中 $S_L$——由持久载荷引起管子和管道元件的一次(轴向)应力之和，或称为当量应力、应力范围(本书统称应力范围)，MPa；

$S_{L2}$——由持久载荷与临时载荷组合引起管子和管道元件的一次(轴向)应力的应力范围，MPa；

$S_E$——由位移载荷(交变载荷)引起管子和管道元件的二次应力的应力范围，MPa；

$S_h$——最高工作温度下(热态)的材料许用应力，MPa；

$S_A$——二次应力的许用应力范围，MPa；一般情况 $S_A$ 按式(10-39)计算：

$$S_A = f(1.25S_c + 0.25S_h) \tag{10-39}$$

如果持久载荷满足式(10-36)的强度条件，许用应力范围 $S_A$ 可按(10-40)计算：

$$S_A = f[1.25(S_c + S_h) - S_L] \tag{10-40}$$

$S_c$——最低工作温度下(冷态)的材料许用应力，MPa；

$f$——许用应力范围折减系数，查表10.5，或查图10.9，或按式(10-41)计算：

$$f = 6.0(N)^{-0.2} \leqslant 1.0 \tag{10-41}$$

$N$——预期工作寿命内，以最大应力范围为基准的当量循环次数，按式(10-42)计算：

$$N = N_E + \sum (r_i^5 N_i) \quad i = 1,2,\cdots,n \tag{10-42}$$

$N_E$——最大应力范围作用下的循环次数；

$r_i$——比值，$r_i = \dfrac{S_i}{S_E}$；

$S_i$——在循环载荷作用时，小于最大应力范围 $S_E$ 的某一个应力范围值，MPa；

$N_i$——应力范围 $S_i$ 作用下的循环次数。

表 10.5　许用应力范围折减系数

| 当量循环次数 $N$ | 折减系数 $f$ |
| --- | --- |
| $N\leqslant 7000$ | 1.0 |
| $7000<N\leqslant 14000$ | 0.9 |
| $14000<N\leqslant 22000$ | 0.8 |
| $22000<N\leqslant 45000$ | 0.7 |
| $45000<N\leqslant 100000$ | 0.6 |
| $100000<N\leqslant 200000$ | 0.5 |
| $200000<N\leqslant 700000$ | 0.4 |
| $700000<N\leqslant 2000000$ | 0.3 |
| $N>2000000$ | 0.15 |

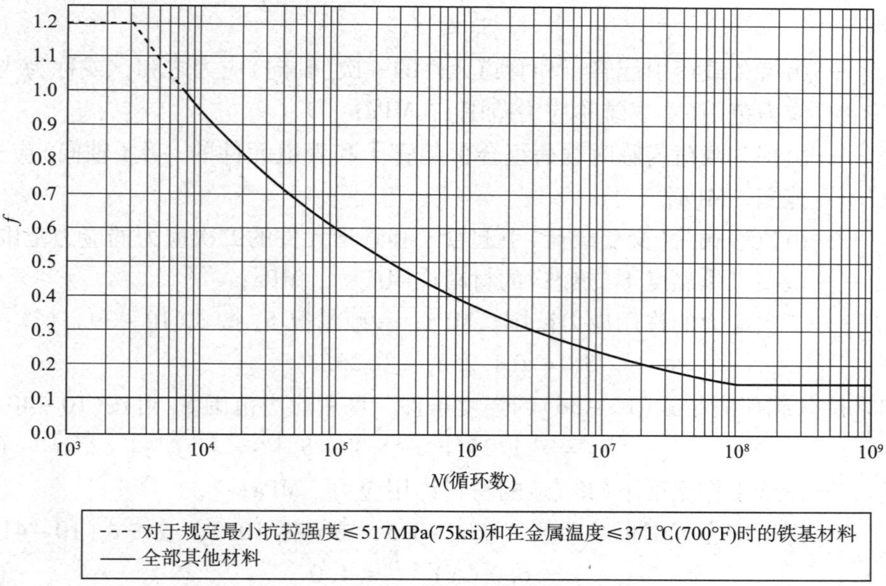


图 10.9　许用应力范围折减系数 $f$

## 10.2.2　管道承受的载荷计算

### 10.2.2.1　持久载荷计算

(1)压力载荷及其应力计算

管道(直管)在内压 $p$ 的作用下，管端产生的轴向力按式(10-43)计算：

$$F_1 = \frac{p\pi D_i^2}{4} \tag{10-43}$$

此轴向力在管壁中产生的轴向应力为：

$$\sigma_1 = \frac{F_1}{A} \tag{10-44}$$

式中，$A$ 为管子平衡轴向力的管壁横截面积，$A \approx \pi D_i \delta$。将 $A$ 和式(10-43)带入式(10-44)得：

$$\sigma_1 = \frac{pD_i}{2\delta} \approx \frac{pD_o}{2\delta} \tag{10-45}$$

此式即为第3章给出的薄膜轴向应力公式。

式中　$F_1$——由内压产生的轴向力，N；

$\sigma_1$——内压产生的轴向应力，MPa；

其他符号意义同前。

(2)重力载荷及其应力计算

①卧式管段

对于支座支承的卧式管段，承受重力作用的力学模型，相当于承受均布载荷 $q$ 的梁，详细分析计算参照第2章杆件应力分析与强度设计计算。由于主管和支管相连接，支座形式又是多样，所以这种梁(管道)会同时承受弯矩 $M_w$ 和扭矩 $M_n$ 的作用，相应地产生弯曲应力和剪应力。弯矩在管道中产生的弯曲应力 $\sigma_w$ 按式(10-46)计算：

$$\sigma_w = \frac{M_w}{W} \tag{10-46}$$

扭矩在管道中产生的剪应力 $\tau_n$ 按式(10-47)计算：

$$\tau_n = \frac{M_n}{W_n} \tag{10-47}$$

式中　$M_w$、$M_n$——弯矩、扭矩，N·mm，与均布载荷 $q$ 和支承的形式位置有关，载荷 $q$ 的计算将在下一节支吊架设计中介绍；

$W$——管子或管道元件的抗弯截面模量，$mm^3$；

$$W = \frac{\pi(D_o^4 - D_i^4)}{32D_o} \tag{10-48}$$

$W_n$——管子或管道元件的抗扭截面模量，$mm^3$；

$$W_n = \frac{\pi(D_o^4 - D_i^4)}{16D_o} \tag{10-49}$$

由式(10-48)和式(4-49)可得：

$$W_n = 2W \tag{10-50}$$

②立式管段

对于立式布置的管段，在重力作用下会产生轴向的拉伸或压缩。拉伸和压缩产生的轴向应力为：

$$\sigma_2 = \frac{4F_2}{\pi(D_o^2 - D_i^2)} \approx \frac{F_2}{\pi D_i \delta} \tag{10-51}$$

式中 $\sigma_2$——重力作用产生的轴向应力，正为拉应力，负为压应力，MPa；

$F_2$——重力折合的轴向力，$N$；

其他符号意义同前。

#### 10.2.2.2 位移载荷计算

(1)热位移应力计算

管道受热膨胀，自由位移量(膨胀量)$\Delta$ 按式(10－52)计算：

$$\Delta = \alpha \cdot \Delta T \cdot L \qquad (10-52)$$

式中 $\alpha$——管道材料的热(线)膨胀系数，mm/(mm·℃)；

$\Delta T$——管道温升(温差)，℃；$\Delta T = T_2 - T_1$；

$T_2$——介质最高工作温度，℃；

$T_1$——安装温度(或介质最低工作温度)，℃；

$L$——管道(两固定支座之间)计算长度，mm。

约束位移产生的轴向应力 $\sigma_3$ 按式(10－53)计算：

$$\sigma_3 = \frac{E\Delta}{L} = E\alpha\Delta T \qquad (10-53)$$

式中 $E$——管道材料弹性模量，MPa。

约束位移产生的轴向推力 $F_3$ 按式(10－54)计算：

$$F_3 = \sigma_3 \cdot A = \frac{\sigma_3 \pi (D_o^2 - D_i^2)}{4} \qquad (10-54)$$

**例题 10.2** 一根20#钢管，$\phi 219 \times 10$mm，$L = 2$m，两端固定，加热升温到200℃。材料 $\alpha = 12.2 \times 10^{-6}$mm/(mm·℃)，$E = 1.82 \times 10^5$MPa，分析热应力。

**解**：因 $\Delta T = 200 - 20 = 180$℃；管子横截面积 $A = \frac{\pi (D_o^2 - D_i^2)}{4} = 8258.2\text{mm}^2$；

解除一端约束，其自由膨胀量为：$\Delta = \alpha \cdot \Delta T \cdot L = 4.39$mm；

自由端回到原位，管子受压缩产生轴向应力：$\sigma_3 = E\alpha\Delta T = 400$MPa；

管子受到的轴向推力：$F_3 = \sigma_3 \cdot A = 3303280$N，推力约为330t。

(2)热位移应力分析。

通过位移应力计算归纳分析如下：

①管子受热就会膨胀，管子的膨胀量与管子的长度和所受温度成正比；

②管子的热膨胀(或冷缩)导致了管子端点沿膨胀方向发生位移，当无其他附加位移时，端点位移等于膨胀量；

③管子端点位移受约束时管内会产生内力，该内力只与管子温度、管子材料和管子截面积有关，且成正比，而与管子长度无关；

④管子内力将导致对约束(支座)点施加一个推力。

#### 10.2.2.3 临时载荷计算

管道承受的临时载荷包括风载荷、地震载荷等。这些临时载荷可参照立式设备(塔器)

设计方法和相关标准进行计算。

### 10.2.3 综合一次应力计算

通过上述对管道承受载荷的分析计算可知，管道在工作中的受力状态是非常复杂的，在管壁中存在轴向拉伸或压缩应力；存在不同方向的轴向弯曲应力；存在扭矩产生的剪应力。用三维坐标矢量表示管件处的弯矩和扭矩的受力图，如图 10.10 和图 10.11 所示。在管道应力分析时，首先按照可能的工况，对管道系统中可能的危险部位分别计算其轴向拉(压)应力、弯曲应力和扭矩引起的剪应力，然后按式(10－55)计算综合一次应力(当量应力、应力范围)$S_L$：

$$S_L = [(S_a + S_b)^2 + 4S_t^2]^{\frac{1}{2}} \tag{10-55}$$

式(10－55)是拉应力和剪应力组合应力状态，按照第三强度理论得到的当量应力 $S_L$，其中的 $S_b$、$S_a$、$S_t$ 应分别按式(10－56)、式(10－57)和式(10－58)计算：

$$S_b = \frac{[(I_iM_i)^2 + (I_oM_o)^2]^{\frac{1}{2}}}{W} \tag{10-56}$$

$$S_a = \frac{I_aF_a}{A_p} \tag{10-57}$$

$$S_t = \frac{I_tM_t}{2W} \tag{10-58}$$

式中 $S_b$——持久弯矩(矢量叠加)产生的应力，MPa；

$M_i$——持久载荷产生的平面内弯矩(见图 10.10 和图 10.11)，N·mm；

$M_o$——持久载荷产生的平面外弯矩(见图 10.10 和图 10.11)，N·mm；

$I_i$——平面内弯矩系数，缺少有效数据时，取 $I_i = 0.75i_i$ 和 1.0 的大值；

$I_o$——平面外弯矩系数，缺少有效数据时，取 $I_o = 0.75i_o$ 和 1.0 的大值；

$W$——管子的抗弯截面模量，$mm^3$，按式(10－48)计算；

$S_t$——持久扭矩产生的应力，MPa；

$M_t$——持久载荷产生的扭矩(见图 10.10 和图 10.11)，N·mm；

$I_t$——扭矩系数，在缺少更多应用数据时，取 $I_t = 1.0$；

$S_a$——持久轴向力产生的应力，MPa；

$A_p$——管道有效横截面，$A_p = \frac{\pi d_i}{4}$，$mm^2$；

$F_a$——持久载荷，如压力和重力产生的轴向力(例如前述 $F_1$、$F_2$之和)，N；

$I_a$——持久轴向力系数，在缺少更多应用数据时，取 $I_a = 1.0$；

$i_i$——平面内应力增大系数，见标准 GB/T 20801.3—2006 的附录 C；

$i_o$——平面外应力增大系数，见标准 GB/T 20801.3—2006 的附录 C。

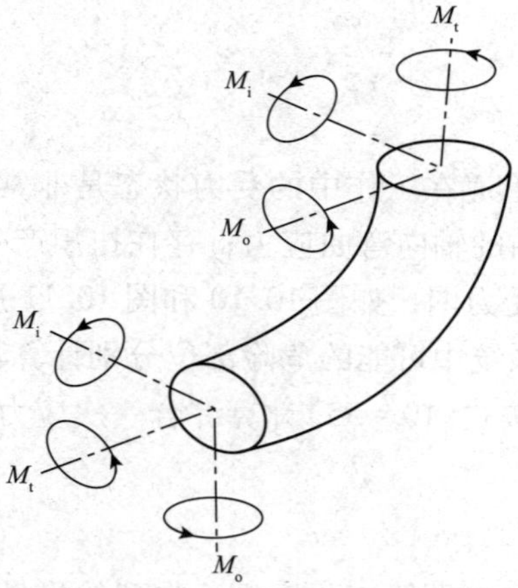

图 10.10　弯头处的弯矩和扭矩

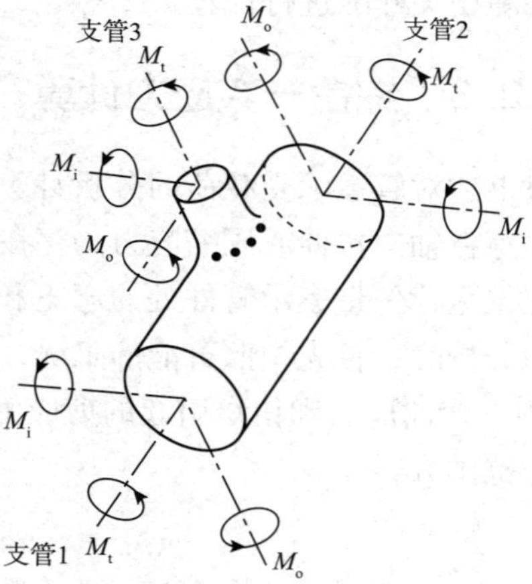

图 10.11　支管连接处的弯矩和扭矩

## 10.2.4　综合二次应力范围计算

如前述，二次应力主要是由位移载荷产生的应力。二次应力范围 $S_E$ 的计算与综合一次应力的计算类似，管件处的弯矩和扭矩的受力图，仍然如图 10.10 和图 10.11 所示。首先要分析可能的工况，对管道系统中可能的危险部位分别计算由位移载荷引起的轴向拉(压)应力、弯曲应力和扭矩引起的剪应力，然后计算综合应力范围。和一次应力分析一样，在弯矩和扭矩同时作用下，按照第三强度理论，综合二次应力范围 $S_E$ 按式(10－59)计算：

$$S_E = [(S_a + S_b)^2 + 4S_t^2]^{\frac{1}{2}} \tag{10-59}$$

式(10－59)形式与式(10－55)一样，差别就是引起各应力的载荷不同。其中的 $S_b$、$S_a$、$S_t$ 应分别按式(10－60)、式(10－61)和式(10－62)计算：

$$S_b = \frac{[(i_i M_i)^2 + (i_o M_o)^2]^{\frac{1}{2}}}{W} \tag{10-60}$$

$$S_a = \frac{i_a F_a}{A_p} \tag{10-61}$$

$$S_t = \frac{i_t M_t}{2W} \tag{10-62}$$

式中　$S_b$——由位移载荷引起的轴向弯曲应力范围，MPa；

$M_i$——要评估的两个工况间的平面内弯矩范围(见图 10.10 和图 10.11)，N·mm；

$M_o$——要评估的两个工况间的平面外弯矩范围(见图 10.10 和图 10.11)，N·mm；

$W$——管子的抗弯截面模量，$mm^3$，按式(10－48)计算；

$S_t$——由位移载荷引起的扭转应力范围，MPa；

$M_t$——持久载荷产生的扭矩(见图 10.10 和图 10.11)，N·mm；

$S_a$——由位移载荷引起的轴向应力范围，MPa；

$A_p$——管道有效横截面，$A_p = \pi d_i/4$，$mm^2$；

$F_a$——要评估的两个工况间的轴向力范围，N；

$i_i$——平面内应力增大系数，见标准 GB/T 20801.3—2006 的附录 C；

$i_o$——平面外应力增大系数，见标准 GB/T 20801.3—2006 的附录 C；

$i_t$——扭矩应力增大系数，缺少有效数据时，取 $i_t = 1.0$；

$i_a$——轴向应力增大系数，缺少有效数据时，对弯管、弯头、虾米弯，取 $i_a = 1.0$，对其他管道元件，取 $i_a = i_o$。

## 10.2.5 管道柔性分析设计

尽管使管道中产生应力的因素很多，但最主要的两个因素是存在重力、压力等外力载荷和热胀冷缩等位移载荷，由此我们将两种不同载荷产生的应力分为一次应力和二次应力。为减小一次应力，只要简单地按照相关规定确定壁厚和设置承重、导向支吊架便可实现，它与管道的布置走向等因素关系不大。而由热胀冷缩等位移引起的二次应力则与管径、壁厚、管道布置走向及温度高低等因素直接相关，分析设计较为复杂。当管道受热膨胀和遇冷收缩时，将对与其相连接的机器、设备、支吊架和土建结构产生作用力，反之机器、设备、支吊架和土建结构也将对管道产生反作用力，并在管道中引起应力，即前述的二次应力。当管道系统刚性大时则二次应力大，并可能导致管道和土建结构的破坏以及影响到机器、设备的正常运行。因此，为减小二次应力，必须使管道系统具有足够的柔性，以避免上述情况发生。显然，管道柔性分析设计对管道安全运行十分重要。

### 10.2.5.1 管道柔性分析的概念

(1)管系柔性概念

在管道系统中由于设备的刚性、支架的约束等原因，管道中产生热应力是不可避免的。通常对管系通过自身的变形而吸收热胀位移的特性称为管系的柔性。

管系的柔性是反映管道系统变形难易程度的一个物理概念，表示管道通过自身变形吸收热胀冷缩和其他位移的能力。

(2)柔性分析设计的目的

管道柔性分析设计的目的是保证管道在设计条件下具有足够的头型，防止管道因热胀、冷缩、端点附加位移、管道支承设置不当等原因造成下列问题：

①由于应力超限或金属疲劳原因导致管道破坏；

②管道连接部位泄漏；

③管道推力或力矩过大，导致管道支吊架破坏；

④管道推力或力矩过大，使得与其相连接的机器、设备产生过大的应力或变形，影响机器、设备的正常运行。

(3)影响管道系统柔性的因素

①管道规格及尺寸的影响。直径和壁厚小则管系柔性好；π 形补偿结构悬臂长则柔性好。

②管系端部相关设施刚度的影响。管道端部连接的机器、设备等设施相当于刚性约束。

③管系中间支承的影响。管道中间支承越多，相对柔性越差。

④管系中特殊管道元件的影响。不同的管道元件，对管道的柔性影响程度不同。如法兰、阀门、小型管道设备等属于刚性管道元件；波纹管膨胀节属于柔性元件。

⑤管系的空间几何形状影响。增加管系中的弯头数量，管系柔性增加，增加了变形点，弯头本身刚度也比直管小，三通等管件的刚度也比直管小。但是，在弯头、三通等管件部位由于结构的不连续，在增加了柔性的同时也增加了应力集中的程度。在压力管道应力分析中，反映这些管件影响程度的有两个重要系数，柔性系数和应力增大系数。

a)柔性系数 $K$。表示弯管等管件相对于直管在承受弯矩时柔性增大的程度。或者说，将同一弯矩作用于管件和直管后，管件的位移与直管位移之比。

b)应力增大系数 $i$。管道在载荷作用下，在弯头和三通等管件上将产生局部的应力集中。管道应力分析中，没有采用压力容器中的应力集中系数的概念，而是用应力增大系数来反映应力集中的程度。以同一弯矩值作用在管件上和直管后，所产生的最大应力之比称为应力增大系数。

采用柔性系数和应力增大系数的目的，是在进行管道应力分析设计时考虑弯管、三通等管件的柔性和应力增大的影响。管道中的弯管在弯矩作用下与直管相比较，其刚度降低，柔性增加，同时应力也增大。因此，在计算管件时就要考虑它的柔性系数和应力增大系数，使问题得到简化。前面在一次应力和二次应力计算中都引入了柔性系数和应力增大系数。

ASME B31.3 的附录 D 给出了典型管道元件的柔性系数 $K$ 和应力增大系数(平面内 $i_i$、平面外 $i_o$)的计算方法。我国标准 GB/T 20801.3—2006 的附录 C 也给出了与 ASME B31.3 附录 D 相同的方法，在管道应力分析的手工计算中可以查阅使用。在当代所有的管道应力分析计算软件中也都包含柔性系数和应力增大系数的计算。

#### 10.2.5.2 管系的柔性设计

管道系统的柔性设计，首先应将管道系统作为一个整体考虑，并应考虑在各种工况下的所有危险部位及其受力状况，包括管子和管道组成件中的应力、支吊架处所产生的摩擦力和所受的支反力。管道系统柔性分析前，应首先确定所有管道支吊架及其他约束的位置和类型，并且假定支吊架和约束具有足够的强度和刚度，以承受管道或管道组成件对其施加的力和力矩。计算由位移载荷产生的二次应力范围 $S_E$，按照公式(10－38)进行校核，如果不满足强度条件的要求，则应重新进行管道柔性布置设计，即管系的柔性设计。从上述影响管系柔性的因素考虑，一般采取如下措施提高管系的柔性，以降低二次应力。

①管系的空间走向和尺寸设计。尽量采用自然补偿，即利用管系自身形状所具有的柔

性以达到吸收热胀和端点位移。改变管道的走向，增加整个管道的柔性。

②考虑管端相关设施的刚度。变换与设备接口的主要连接方向；在管系和设备接口连接处设置柔性管件，如金属软管等。

③调整支吊架形式和位置。管系中间支承的设计；选用弹簧支吊架等。

④应用柔性管道组成件。选用波纹管式(膨胀节)补偿器、套筒式补偿器、球形补偿器等。

⑤考虑摩擦力的影响，应力计算中对摩擦力进行分析计算。

⑥采取管系冷紧措施。冷紧是指在安装时(冷态)使管道产生一个初始位移和初始应力的一种方法。冷紧的目的是将管道热位移的一部分分配到冷态，从而降低管道在热态下的热胀应力和对端点的推力与力矩，也可防止法兰连接处弯矩过大而发生泄漏。冷紧时要控制的一个重要参数是冷紧比。

冷紧比：指冷紧量与全部补偿量的比值，反映冷紧对管系热应力影响的程度。对于在材料蠕变温度及高于蠕变温度工作的管道，冷紧比宜为0.7；在蠕变温度以下工作的管道，冷紧比宜为0.5。

## 10.2.6 管道应力分析方法及其应用

通过上述管道应力分析设计计算过程可以看出，对管道系统的应力分析并不是一件容易的事情，对某些简单管道系统，可以利用材料力学理论，通过建立静力平衡方程、物理方程、几何方程来求解管道承受的力和应力。但对于复杂的静不定管道系统，仅仅利用材料力学的理论是无法求解的，还需要结构力学的理论来求解，利用弹性力学或塑性力学的准则建立其强度条件。

然而，无论是采用材料力学理论还是结构力学理论，对于复杂的空间管系，都面临建立许多方程联立求解的问题。这种数学上的运算，如果用手工进行计算，它可能需要花费数日、数月的时间才能得出结果，基本是不现实的。为此，管道系统静力求解方法派生出许多类型，在工程实际中，用于管道应力分析的主要有两种方法：简化的近似分析方法(简化分析法、近似计算法)和详细的分析方法(详细分析法、计算机分析法)。

确定哪些管道应该进行详细的应力分析，是压力管道应力分析的一项重要内容。从原则上讲，是压力管道就应该进行详细的应力分析，但显然不够现实，也没有必要。因此，国内外的管道标准和规范中，都对哪些管道需要详细的应力分析作出了规定。

### 10.2.6.1 管道应力分析方法的确定

在 ASME B31 规范和我国压力管道规范或标准中，都给出了管道应力分析方法选择的规定。这里对其进行汇总整理，给出管道应力分析方法的确定原则。

(1)不需要进行应力分析的管道

下列管道系统可以免除应力分析：

①与已经通过应力分析的管道系统相比，确认有足够的强度和柔性的管道系统。

②与运行良好的管道比较，柔性相同或基本相同的管道系统。

(2)可以采用简单分析法的管道

设计的管道系统中，对于具有同一直径、同一壁厚、无支管、不多于两个固定点、无中间约束的管道，可以采用简单分析法，且应满足式(10－63)的要求：

$$\frac{D_o Y}{(L - U)^2} \leqslant K_1 \tag{10-63}$$

式中 $D_o$——管道外直径，mm；

$Y$——管道系统所需吸收的总的位移，mm，按式(10－64)计算：

$$Y = (\Delta X^2 + \Delta Y^2 + \Delta Z^2)^{\frac{1}{2}} \tag{10-64}$$

$L$——管道在两固定点间的实际长度(展开长度)，m；

$U$——管道两固定点间的直线距离，m；

$K_1$——判断因子，$(mm/m)^2$，按式(10－65)计算：

$$K_1 = 208000 \frac{S_A}{E} \tag{10-65}$$

$\Delta X^2$、$\Delta Y^2$、$\Delta Z^2$——管道沿坐标轴 $X$、$Y$、$Z$ 方向的线位移，mm；

$S_A$——允许位移应力范围，MPa，按式(10－39)计算；

$E$——管子材料常温下的弹性模量，MPa。

用公式(10－63)进行计算判断的过程，就是管道应力的简单分析方法。这个方法对下列情况不适用：

①在剧烈循环工况下运行，有疲劳危险的管道；

②管件应力增强系数大于或等于5的大直径薄壁管道；

③含有不等长"$U$"形弯管$\left(\frac{L}{U} > 2.5\right)$或近似直线的锯齿状管道；

④不在固定支承连接方向上的附加位移量占总位移量大部分的管道；

⑤介质为极度危害或高度危害的管道。

(3)需要采用详细分析法的管道

符合以下条件之一的管道系统均应进行详细的应力分析，即符合下列条件的管道必须采用详细分析法对管系进行应力分析计算：

①设备管口有特殊受力(载荷)要求的管道；

②预期寿命内热循环次数超过7000次的管道；

③操作温度高于400℃或低于－70℃的管道；

④利用简化分析法分析后，表明需要进行详细分析的管道[即不满足式(10－63)要求的管道]；

⑤进、出加热炉及蒸气发生器的高温管道；

⑥进、出反应器的高温管道；

⑦进、出汽轮器的蒸气管道；

⑧进、出离心式压缩机、往复式压缩机的工艺管道等。

### 10.2.6.2 管道应力分析的简单分析法及其应用

简单分析方法就是利用公式(10－63)对某一管段进行柔性的分析计算，满足公式的要求，则认为管道是安全的，不必进行详细的分析计算，否则还要进行详细分析。采用式(10－63)进行判断分析的过程如下：

(1)建立一个空间坐标系 $XYZ$ 轴，$X$ 轴、$Y$ 轴、$Z$ 轴指向哪个方向都可以。一旦坐标系确定之后，下列计算均参照该坐标系进行。

(2)假定两固定端一端为 $a$，另一端为 $b$。

(3)令 $\Delta X_1$、$\Delta Y_1$、$\Delta Z_1$ 为 $b$ 端沿 $X$ 轴、$Y$ 轴、$Z$ 轴方向的附加位移值减去 $a$ 端相应方向的附加位移值。附加位移与坐标方向相同时取正值，相反时取负值。

(4)令 $\Delta X_2$、$\Delta Y_2$、$\Delta Z_2$ 为假设 $b$ 端放松后由于管道热膨胀引起的 $b$ 端沿 $X$ 轴、$Y$ 轴、$Z$ 轴方向的位移值。$\Delta X_2$、$\Delta Y_2$、$\Delta Z_2$ 按式(10－66)计算：

$$\Delta X_2 = \alpha L_X \Delta T$$
$$\Delta Y_2 = \alpha L_Y \Delta T \qquad (10-66)$$
$$\Delta Z_2 = \alpha L_Z \Delta T$$

式中　$\Delta X_2$、$\Delta Y_2$、$\Delta Z_2$——假设 $b$ 端放松后由于管道热膨胀引起的 $b$ 端沿 $X$ 轴、$Y$ 轴、$Z$ 轴方向的位移值，mm；

$\alpha$——管道材料从安装温度变化到操作温度的平均线膨胀系数，mm/(mm·℃)；

$L_X$、$L_Y$、$L_Z$——以 $a$ 端为坐标原点时，$b$ 端在 $X$、$Y$、$Z$ 三个方向的坐标值，mm；

$\Delta T$——管道从安装状态(一般取20℃)到操作状态的温度变化值，℃。

(5)计算管段在 $X$、$Y$、$Z$ 三个方向的变形 $\Delta X$、$\Delta Y$、$\Delta Z$，其值按式(10－67)计算：

$$\Delta X = \Delta X_2 - \Delta X_1$$
$$\Delta Y = \Delta Y_2 - \Delta Y_1 \qquad (10-67)$$
$$\Delta Z = \Delta Z_2 - \Delta Z_1$$

(6)计算管段的总变形值 $Y$，$Y$ 按式(10－64)计算。

(7)将计算得到的各值以及 $S_A$、$E$ 带入式(10－65)计算，进行最终的判断。

**例题 10.3**　如图 10.12 所示，$DN$250 的管道外径为 273mm，操作温度为 300℃，管道材质为 20 号钢，按照 GB/T 8163—2018《输送流体用无缝钢管》查得材料在 20℃和 300℃时的许应应力分别为 152MPa 和 131MPa，位移应力范围减小系数 $f$ 等于 1，材料在 20℃时的弹性模量为 $1.92 \times 10^5$MPa，判断该管系是否需要进行正式的柔性分析。

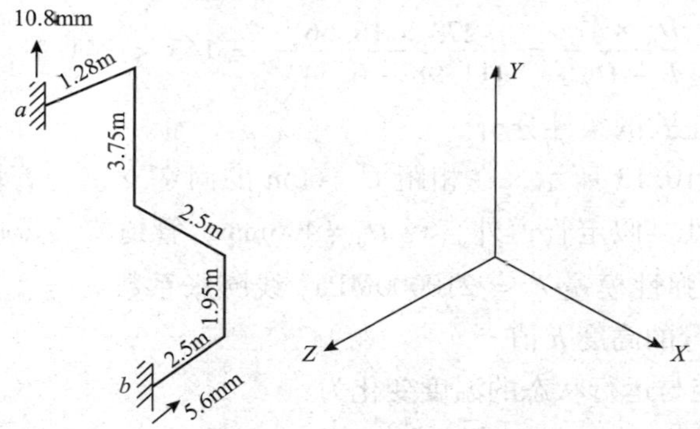


图 10.12　判断式应用实例

**解：**

(1)选定的坐标及 $a$、$b$ 端如图 10.12 所示；

(2)管系两固定点的展开长度为：

$$L = 1.28 + 3.75 + 2.5 + 1.95 + 2.5 = 11.98\text{m}$$

(3)管系两固定点之间的直线距离为：

$$U = \sqrt{2.5^2 + (3.75 + 1.95)^2 + (2.5 - 1.28)^2} = 6.34\text{m}$$

(4)计算 $\Delta X_1$、$\Delta Y_1$、$\Delta Z_1$：

$$\Delta X_1 = 0 - 0 = 0\text{mm}$$

$$\Delta Y_1 = 0 - 10.8 = -10.8\text{mm}$$

$$\Delta Z_1 = -5.6 - 0 = -5.6\text{mm}$$

(5)计算 $b$ 端放松后由于管道热膨胀引起的 $b$ 端位移值 $\Delta X_2$、$\Delta Y_2$、$\Delta Z_2$：

根据标准，管系安装温度一般取20℃。由附录A查得碳钢从20℃变为300℃的平均线膨胀系数为 $12.9 \times 10^{-6}$mm/(mm·℃)

$$\Delta X_2 = 12.9 \times 10^{-6} \times 2500 \times (300 - 20) = 9.03\text{mm}$$

$$\Delta Y_2 = 12.9 \times 10^{-6} \times [-(3750 + 1950)] \times (300 - 20) = -20.59\text{mm}$$

$$\Delta Z_2 = 12.9 \times 10^{-6} \times (-1280 + 2500) \times (300 - 20) = 4.41\text{mm}$$

(6)计算管系在 $X$、$Y$、$Z$ 三个方向的变形 $\Delta X$、$\Delta Y$、$\Delta Z$：

$$\Delta X = \Delta X_2 - \Delta X_1 = 9.03 - 0 = 9.03\text{mm}$$

$$\Delta Y = \Delta Y_2 - \Delta Y_1 = -20.59 - (-10.8) = -9.79\text{mm}$$

$$\Delta Z = \Delta Z_2 - \Delta Z_1 = 4.41 - (-5.6) = 10.01\text{mm}$$

(7)计算需要由管系吸收的总变形合成值 $Y$：

$$Y = \sqrt{\Delta X^2 + \Delta Y^2 + \Delta Z^2} = \sqrt{9.03^2 + (-9.79)^2 + 10.01^2} = 16.66\text{mm}$$

(8)计算右端项，由式(10-39)计算 $S_A$：

$$S_A = 1 \times (1.25 \times 152 + 0.25 \times 131) = 222.75\text{MPa}$$

$$2.08 \times 10^5 \times \frac{E}{S_E} \approx 2.08 \times 10^5 \times \frac{222.75}{1.92 \times 10^5} = 241.31$$

(9)进行核算：

$$\frac{D_o \times Y}{(L - U)^2} = \frac{273 \times 16.66}{(11.98 - 6.34)^2} = 143 < 241.31$$

结论：不必进行正式的柔性分析。

**例题 10.4** 如图 10.13 所示，在相距 $U = 60$m 的固定支座的管段中，设置一个膨胀弯，以增加管段的柔性。假定管道外直径 $D_o = 406$mm，管道安装温度为15℃，运行温度为80℃，管道材料的弹性模量 $E = 210000$MPa，线膨胀系数 $\alpha = 1.12 \times 10^{-5}$℃$^{-1}$，$S_A = 210$MPa；试确定膨胀弯的高度 $h$ 值。

**解：**(1)管道安装与运行状态的温度变化为：

$$\Delta T = 80 - 15 = 65℃$$

(2)将各已知值代入式(10-66)之一得管道热位移量为：

$$Y = \Delta X = \alpha U \Delta T = 1.12 \times 10^{-5} \times 60 \times 10^{3} \times 65 = 43.68\text{mm}$$

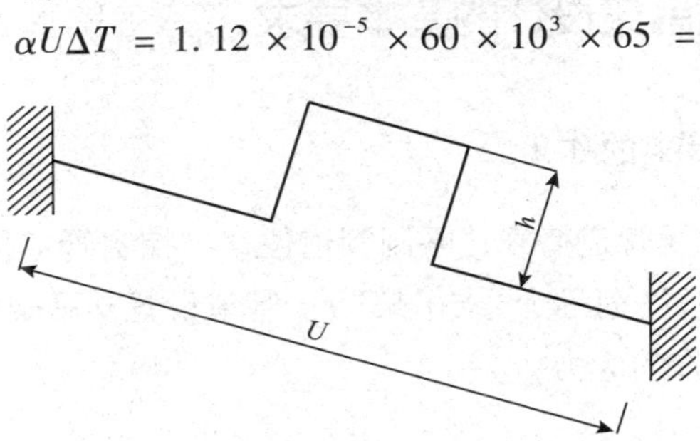


图 10.13 膨胀弯结构图

(3)设计膨胀弯后，管道的总长度为 $L = U + 2h$，应用简化分析公式(10-65)得：

$$\frac{406 \times 43.68}{(60 + 2h - 60)^2} \leqslant 208000 \times \frac{210}{210000}$$

$$406 \times 43.68/(60 + 2h - 60)^2 \leqslant 208000 \times 210/210000$$

由上式解得：$h = 4.6168\text{m}$。

### 10.2.6.3 管道应力分析的详细分析法简述

压力管道系统应力分析的详细分析法就是指利用计算机软件进行的应力分析。自 20 世纪 70 年代后，世界各国陆续开发了许多管道应力分析计算软件，应用比较广泛的有美国 COADE 公司开发的 CAESAR II、美国 Bentley Systems Incorporated 公司开发的 AutoPIPE、英国 Sunrise System Limited 公司开发的 PIPENET 等。进入 20 世纪 90 年代，我国也相继开发了很多压力管道应力分析计算软件，如长沙易优软件有限公司(UEsoft)开发的 AutoPSA、上海科元管道技术发展有限公司开发的 STRESS V2.0、全国化工设备设计技术中心站和上海讯羽化工工程高技术中心联合开发的 ASIP V1.0 等。

对压力管道进行详细的应力分析，就是利用这些计算机软件进行设计计算。对一次应力和二次应力进行校核，将计算结果输出，进行安全评价，并形成输出报告。

## 10.3 管道支吊架设计

从本章 10.2 节的管道系统应力分析可见，管道支承直接影响管道系统的柔性和应力状态，选择合适的支吊架形式、正确地确定支吊架的位置是保证压力管道安全运行的重要条件之一。因此，管道支吊架设计也是压力管道机械设计的重要内容。

管道支吊架设计包括：支吊架形式的选用、支吊架材料的选用、支吊架位置的确定原则、支吊架的强度设计计算、生根点载荷计算等方面的内容。管道支吊架设计相关标准有 GB/T 17116—2018《管道支吊架》、SH/T 3073—2016《石油化工管道支吊架设计规范》等。

## 10.3.1 管道支吊架设计的基本要求

### 10.3.1.1 设置支吊架的作用

管道支吊架是用以承受管道荷载，限制管道位移，控制管道振动，并将荷载传递至承载结构上的各类组件或装置(简称为“支吊架”)。管道设置支吊架应避免出现以下情况：

(1)管道应力超过允许的应力；

(2)管道接头处泄漏；

(3)与管道连接的设备上出现过大的推力和力矩；

(4)支承件或约束件中出现过大的应力；

(5)管道系统发生共振；

(6)管道柔性不足；

(7)有坡度要求的管道过度下垂，即挠度过大；

(8)管道支吊架发生非预期的脱离；

(9)在反复热循环作用下产生蠕变的管道出现过量变形或松弛。

(10)支承件温度超过材料的允许温度。

### 10.3.1.2 管道支吊架类型

管道支吊架按照功能可分为承受管道载荷、限制管道位移和控制管道振动三大类型。

(1)承重支吊架。主要用于承受管道载荷，进一步细分为：

①刚性支吊架；

②可调刚性支吊架；

③可变弹簧支吊架；

④恒力弹簧支吊架；

⑤滑动支架；

⑥滚动支架。

(2)限制性(限位)支吊架。用于限制管道位移，细分为：

①固定支架；

②限位支架；

③导向支架。

(3)防振支架。用于控制管道振动，细分为：

①减振装置(减振器)；

②阻尼装置(阻尼器)。

### 10.3.1.3 支吊架设计基本要求

管道支吊架应能承受管道持续荷载、位移荷载和偶然荷载，并满足管道位移的要求。

(1)支吊架的结构件应具有足够的强度和刚度，并应简单。除选用的标准支吊架零部件外，支吊架结构的零部件和连接形式应进行强度和(或)刚度计算。

(2)管道支吊架及其生根结构的设计应考虑同时作用在支吊架上的载荷，包括管道自重以及由介质压力和温度偶合、振动、风、雪、地震、冲击和位移应变引起的载荷。此外，除非采取防止流体介质进入管道的措施，并且管道在现场安装期间或以后的检验不需进行水压试验，否则，对于输送气体或蒸汽的管道，还应考虑水压试验时的充水重量。

(3)管道支吊架的位置和设计通常可采取简单计算或工程经验来确定。当需要精确分析时，应采用计算得到的应力、力矩和作用力设计管道支吊架。

(4)操作中管道受振动或冲击可能产生共振时，应设置适宜的阻尼器、限位架或固定架等予以消除。

(5)支吊架的间距应满足下列要求：

①支吊架的间距应小于或等于管道的允许跨距；

②管道上有阀门等集中荷载较大的管道组成件时，应核算支吊架间距；

③对有压力脉动的管道，确定支架间距时，应核算管道固有频率，防止管道产生共振。

(6)支吊架的设置应符合以下规定：

①靠近设备管口宜设置支吊架；

②直接与设备管口相接或靠近设备管口的公称直径等于或大于150mm的水平安装阀门，应在阀门附近的管道上设置支架；

③在靠近阀门等集中荷载处宜设置支吊架；

④弯管和大直径三通分支的附近宜设置支吊架；

⑤阀门、法兰、活接头等拆卸管件的附近宜设置支吊架；

⑥往复式压缩机的进、出口管道以及其他有剧烈振动的管道宜单独设置支架；

⑦对于复杂管系，尤其是需要做详细应力计算的管系，应根据计算结果调整其支吊架的位置；

⑧支吊架的设置不应妨碍管道与设备的安装和检修；

⑨支吊架的设置应使支管连接点的应力和法兰接头处所承受的荷载，控制在允许范围内。

(7)水平敷设在支架上的有绝热层的管道，应设置管托。垂直敷设的有绝热层的管道，在支架处应设置能保护绝热层的筋板或支耳等结构。

(8)下列管道的支吊架不宜采用焊接型支吊架：

①管内介质温度等于或高于400℃的碳素钢材质的管道；

②输送冷冻介质的管道；

③需要进行焊后热处理的管道；

④合金钢或不锈钢材质的管道；

⑤非金属衬里的管道；

⑥生产中需要经常拆卸检修的管道；

⑦不易焊接施工的管道和不宜与管托、管吊直接焊接的管道。

(9)支吊架的生根点设置宜符合下列规定：

①除振动管道外，宜利用建筑物、构筑物的梁柱作为支架的生根点；

②在衬里设备或管道上的生根件，应在衬里前完成其焊接工作；

③在砖、混结构上生根，应采用预埋生根件的方式，较大的荷载宜在主梁或立柱上生根；

④支承在地面上的支架，当荷载较大，特别是弯矩较大或有振动荷载时，应有支架的生根基础；

⑤管道的支吊架不得生根在高温介质管道、高压介质管道、低温介质管道和蒸汽管道上；

⑥在钢制设备上的生根件，应计及生根点的局部应力和允许荷载，所用垫板应按设备外形成形；

⑦对于整体热处理的设备需焊接支架垫板时，应在设备热处理前完成其焊接工作。

(10)支吊架设计时，应优先选用标准的管卡、管托和管吊等。

(11)对于设有膨胀节的管道，固定支架、导向支架和限位支架等的设置应符合产品特性及使用要求。

(12)对管道位移有限制时，应选用导向支架或限位支架。

(13)安全阀出口放空管宜设置刚性支架。

(14)往复式压缩机进、出口管道的支架基础应与建筑物的基础分开。

(15)对于执行机构较重的阀门应根据需要对执行机构设置支架。

## 10.3.2 管道支吊架形式选用和位置确定

### 10.3.2.1 承重支吊架位置设定原则

(1)宜靠近设备管口。

(2)宜靠近集中载荷。

(3)宜靠近弯管和大直径三通式分支管。

(4)支承点处无垂直方向位移或位移较小时可采用刚性支吊架；有垂直位移时可采用变力弹簧支吊架，位移量较大时可采用恒力弹簧支吊架。

(5)对于竖直管道，应在靠近上端部位设置承重支吊架。

(6)对于需要检修拆卸的管道组成件或相连设备需要拆卸移走时，应考虑相连管道的稳定性，必要时设置承重支吊架。

### 10.3.2.2 弹簧支吊架设置要求

(1)可变弹簧支吊架的荷载变化率不宜大于25%，荷载变化率应按公式(10－68)计算。

$$f_s = \frac{\Delta K_s}{F_H} \times 100\% \tag{10-68}$$

式中　$f_s$——载荷变化率；

$K_s$——弹簧刚度，N/mm；

$\Delta$——管道垂直位移绝对值，mm；

$F_H$——弹簧工作荷载，N。

(2)可变弹簧支吊架的设置应采取防止弹簧发生偏移、偏心荷载或过载的措施。

(3)串联可变弹簧支吊架应选用最大允许荷载相同的弹簧，热位移值应按弹簧的刚度来分配。

(4)当管道荷载超过一个可变弹簧支吊架的最大允许荷载时，可选用两个或两个以上相同型号的可变弹簧并联安装。每个弹簧承受的荷载应按并联弹簧数平均分配。

(5)当管道支吊点处垂直位移较大或有特殊要求的地方，宜选用恒力弹簧支吊架。

(6)选用恒力弹簧支吊架时，其公称位移量应比计算位移量大20%，且应大于20mm。计算位移量应满足由于水平位移引起的吊杆长度的增加。

(7)可变弹簧支吊架和恒力弹簧支吊架应设有载荷和行程指示器及位置锁定装置，并应在行程指示器的范围内使用。处于假定位置时，弹簧支吊架应可承受2倍最大工作载荷。

### 10.3.2.3　滑动支架与滚动支架设置

(1)滑动支架应允许管道在支承面内自由位移，滚动支架应允许管道在水平方向上沿轴线方向自由位移，其管托或底板的尺寸应满足管道的预期位移。

(2)用于滑动支架或滚动支架的材料和润滑剂不应超过该材料的允许使用温度。

(3)带聚四氟乙烯板的滑动支架，与聚四氟乙烯板接触的底板宜采用镜面不锈钢板或不锈钢复合钢板，且底板的尺寸不应小于聚四氟乙烯板尺寸和预期位移之和。

### 10.3.2.4　固定支吊架与限位支吊架设置

(1)当管道在支承点处不得有线位移和角变位时，应选用固定支架。

(2)固定支架的设置应满足管道柔性设计的要求，并有利于管道的自然补偿。

(3)对于复杂管系，在需要提高稳定性的场合，可在适当位置设置固定支架。

(4)需要承受管道振动或冲击荷载处宜设置固定支架。

(5)管道在支承点处需要限制管道多方向线位移的地方，应选用限位支架。

(6)介质温度等于或大于100℃或需用蒸汽吹扫的进、出装置管道，宜在装置边界的邻近管架上设置固定支架或限位支架，固定支架或限位支架的位置应与装置外的管道布置综合考虑。

(7)Π型补偿器应设在两固定支架或轴向限位支架之间，距固定支架或轴向限位支架的距离不宜小于两固定支架或轴向限位支架间距的三分之一。

(8)设在管系中部的次固定支架承受的水平力为较大一侧水平力减去较小一侧水平力

的 80%。常用结构固定支架的水平力的计算可参见现行标准 SH/T 3073—2016《石油化工管道支吊架设计规范》附录 A。

(9)调节阀组的一侧宜设置固定支架或限位架。

### 10.3.2.5 导向支架设置

(1)当管道在支承点处需限制径向位移时，应选用导向支架。

(2)导向支架的设置位置宜符合下列规定：

①安全阀出口管道；

②可能产生振动的两相流管道；

③横向位移过大可能影响相邻管道的场合；

④管道距离过长，可能产生横向不稳定的场合；

⑤Π型补偿器两侧的管道；

⑥自然柔性过大的管道。

(3)导向支架的设置不应影响管道的自然补偿。

(4)补偿器两侧的导向支架设置宜符合下列规定：

①水平管道上Π型补偿器与导向支架的间距可按图 10.14 确定。

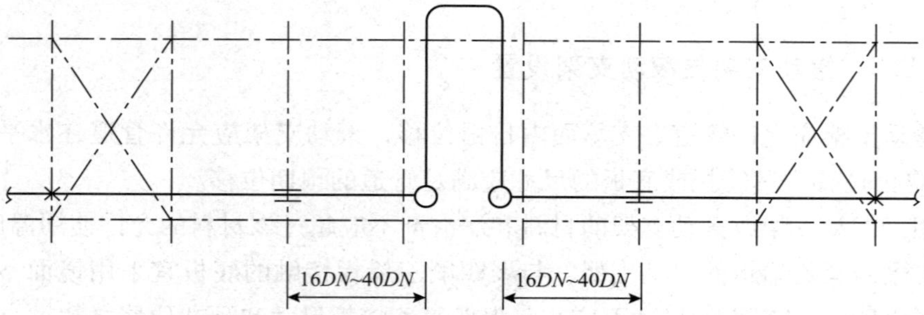


图 10.14 Π型补偿器与导向支架间距

②当波纹管膨胀节仅用于吸收轴向位移时，波纹管膨胀节宜靠近一端固定架设置，波纹管端部与第一个导向支架之间以及第二个导向支架与第一个导向支架之间的距离应按图 10.15 确定，其他导向支架间的最大间距应按公式(10-69)计算。操作中波纹管受压时，取 $+|K_X X|$；拉伸时，取 $-|K_X X|$。

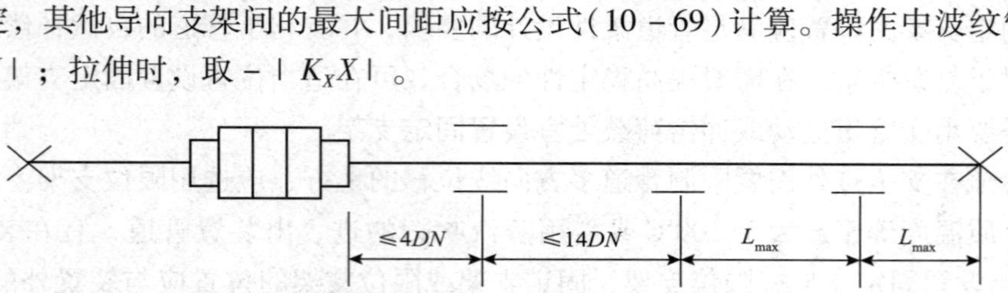


图 10.15 波纹管膨胀节与导向支架的最大间距

$$L_{\max} = 0.001572\sqrt{\frac{E_t I_p}{p_d A_e \pm |K_X X|}} \tag{10-69}$$

式中 $L_{max}$——其他导向支架间最大间距，m；

$E_t$——管道或支吊架材料在设计温度下的弹性模量，MPa；

$I_p$——管道截面惯性矩，$mm^4$；

$p_d$——管道的设计压力，MPa；

$A_e$——波纹管补偿器的有效截面积，$mm^2$；

$K_X$——波纹管的轴向刚度，N/mm；

$X$——波纹管的轴向位移，mm。

(5)沿立式设备敷设的管道宜设导向支架。

(6)导向支架不宜设在弯头和支管连接处。

(7)导向支架的间距应按管道特性、现场自然条件和应力分析结果确定。

(8)导向支架在预定约束方向的冷态间隙不宜超过3mm，对于应力分析中有特殊要求的导向支架的间隙应符合应力分析的要求。对于在管道径向两侧约束的导向支架，其冷态间隙还应满足管道径向热膨胀的要求。

#### 10.3.2.6 减振装置设置

(1)管道用减振装置可选用弹簧减振器，其结构设计应承受管道振动力而不承受管道的重力，并设有可调结构。

(2)控制管道不同方向的振动，可设置几个不同方向的弹簧减振器。

(3)弹簧减振器应根据控制管道振动所需的防振力和最大行程来选择。

(4)当采用减振器时，在应力分析的各个工况中应计及减振器对管道和设备的影响。

#### 10.3.2.7 阻尼装置设置

(1)阻尼装置用在需要承受管道地震荷载或冲击荷载及控制管系振动的地方。

(2)阻尼装置不应约束管道的热胀和冷缩，并不承受管道的重力。

(3)阻尼装置应能够承受管道动力分析所要求的瞬态最大动力荷载。

(4)阻尼装置的有效行程应大于因管道位移引起的阻尼装置的轴向位移值。

### 10.3.3 管道跨距的确定

管道跨距是指管道相邻两承重支架之间的距离。如果该距离过大，会导致管道失稳，甚至发生强度破坏。因此，在管道布置设计时，承重支架的位置和数量应满足管道最大允许跨距(基本跨距)的要求。

水平管道支吊架的最大间距应满足强度和刚度条件。强度条件是控制管道自重弯曲应力不应大于设计温度下材料许用应力的一半；刚度条件是限制管道自重产生的弯曲挠度。对于水平连续敷设的管道，其允许跨距应按三跨连续梁承受均布荷载的刚度条件和强度条件计算，并取两者中的较小值；对于大直径薄壁管道，还应进行局部应力校核。

#### 10.3.3.1 按刚度条件确定管道跨距

(1)管道固有频率计算

按刚度条件计算管道跨距时，假定管道为一单自由度振动系统，即对水平管道仅考虑上下振动。按三跨连续梁模型，其固有频率可按公式(10－70)计算：

$$f = \frac{1}{2\pi}\sqrt{\frac{g}{\delta}} \tag{10-70}$$

式中 $f$——管道固有频率，Hz；

$\delta$——两支架间管道挠度，mm；

$g$——重力加速度，取 9.8m/s$^2$。

根据管道在轻微外界激振力的作用下不应发生明显振动的要求，我国化工行业标准 HG/T 20645.5—1998《化工装置管道机械设计技术规定》中规定：装置内管道的固有频率不宜小于 4Hz；装置外管道的固有频率不宜小于 2.55Hz。将固有频率赫兹数代入式(10－70)可得允许挠度值为：

①装置内两相邻承重支架间的管道挠度计算值为 15.53mm，取允许挠度为：

$$[\delta] \leqslant 15\text{mm}$$

②装置外两相邻承重支架间的管道挠度计算值为 38.2mm，取允许挠度为：

$$[\delta] \leqslant 38\text{mm}$$

③敷设无坡度的蒸汽管道的挠度不宜大于 10mm。

(2)管道挠度计算

在均布荷载作用下，等跨连续梁的挠度按公式(10－71)计算：

$$\delta = K\frac{qL^4}{100EI} \times 10^9 \tag{10-71}$$

式中 $\delta$——等跨连续梁的挠度，mm；

$K$——挠度系数，取 0.667；

$q$——每米管道上的均布载荷，N/m；

$L$——等跨管道的跨距，m；

$E$——管道材料的弹性模量，MPa；

$I$——管道截面的惯性矩，mm$^4$。

(3)管道允许跨距计算

令 $\delta = [\delta]$，由式(10－71)解出 $L$，即为管道允许跨距。即：

$$L_1 = 0.039\sqrt[4]{\frac{EI}{q}} \tag{10-72a}$$

$$L_2 = 0.048\sqrt[4]{\frac{EI}{q}} \tag{10-72b}$$

式中 $L_1$——装置内管道允许跨距，m；

$L_2$——装置外管道允许跨距，m；

其他符号意义同前。

对于不允许积液并带有坡度的管道，管道的相对挠度应小于管道疏放水时实际坡度的1/4。对于可能产生振动或有抗震要求的管道，还应严格控制管道的挠度，使管道的固有频率被限制在适当的范围内；一般管道的挠度不宜大于2.5mm。

### 10.3.3.2 按强度条件确定管道跨距

按强度条件计算管道的跨距时，可把管道视作承受均布荷载的连续梁。三跨连续梁如图10.16所示。

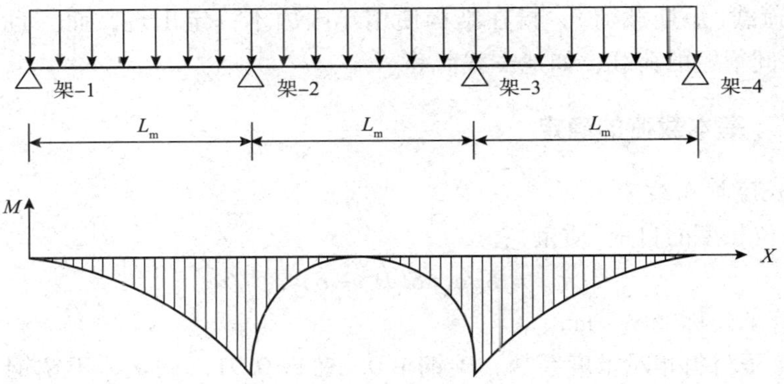


图10.16 三跨连续梁受力与弯矩图

根据三弯矩方程，等跨距得到梁中最大弯矩为：

$$M = \frac{qL_m^{\ 2}}{10} \tag{10-73}$$

弯曲应力强度条件为：

$$\sigma_w = \frac{M}{W} \leqslant [\sigma]^t \tag{10-74}$$

将式(10－73)带入式(10－74)，可得不考虑内压按强度条件的最大跨距为：

$$L_3 \leqslant \sqrt{\frac{10W[\sigma]^t}{q}} = 0.1\sqrt{\frac{W[\sigma]^t}{q}} \tag{10-75}$$

式中 $L_3$——按强度计算不考虑管道承受内压时的管道允许跨距，m；

$W$——管道截面抗弯模量，$W = \pi(D_o^{\ 3} - D_i^{\ 3})/32\text{mm}^3$；

$[\sigma]^t$——管道材料在设计温度下的许用应力，MPa；

$q$——每米管道上的均布载荷，N/m。

根据不降低管道承受压力能力的原则，规定装置内外的管道一律取由管道质量荷载（包括其他垂直持续荷载）在管壁中引起的一次轴向应力不超过额定许用应力的二分之一。将公式(10－75)中许用应力乘以0.5可得：

$$L_4 = 0.071\sqrt{\frac{[\sigma]^t W}{q}} \tag{10-76}$$

式中 $L_4$——按强度计算考虑管道承受内压时的管道允许跨距，m；

其他符号同前。

## 10.3.4 管道支吊架承受载荷计算

支吊架结构上的荷载可分为以下三种类型：

(1)永久荷载(基本载荷)，指在结构使用期间，其值不随时间变化，或其变化与平均值相比可以忽略不计，或其变化是单调的并能趋于限值的荷载，如重力载荷等；

(2)可变荷载，指在结构使用期间，其值随时间变化，且其变化与平均值相比不可以忽略不计的荷载，如温差引起的位移载荷等；

(3)偶然荷载(短期载荷)，指在结构使用年限内不一定出现，而一旦出现其量值很大，且持续时间很短的荷载，如地震载荷等。

### 10.3.4.1 基本载荷的确定

(1)单位长度均布载荷

①管道单位长度的自重(质量)：

$$q_1 = Kg\rho_1\pi\delta(D_o - \delta), \text{ N/m}$$

式中 $\delta$——管子公称壁厚，mm；

$K$——管子材料相对重度系数，碳钢1.0，铸铁0.91，铁素体不锈钢0.95，奥氏体不锈钢1.02，铜1.14，铝0.35。

$\rho_1$——管道材料密度，$kg/mm^3$；

$D_o$——管子外直径，mm；

$g$——重力加速度，$g = 9.8m/s^2$。

②管道隔热材料单位长度的质量：

$$q_2 = g\rho_2\pi\delta_2(D_o + \delta_2), \text{ N/mm}$$

式中 $\rho_2$——隔热材料密度，$kg/m^3$；

$\delta_2$——隔热材料厚度，mm。

③管道内介质质量：

$$q_3 = g\rho_3 D_i^2\pi/4, \text{ N/mm}$$

式中 $\rho_3$——管内介质密度，$kg/mm^3$；

$D_i$——管子内直径，mm。

④管内充水质量：

$$q_4 = g\rho_4 D_i^2\pi/4, \text{ N/mm}$$

式中 $\rho_4$——管内水密度，$kg/mm^3$。

(2)基本载荷计算

管道基本载荷为上述各载荷之和，加集中载荷。

正常操作时每根管道的基本载荷：

$$Q = (q_1 + q_2 + q_3)L + F$$

水压试验时每根管道的基本载荷：

$$Q = (q_1 + q_2 + q_4)L + F$$

式中 $F$——$n$ 个集中载荷的合力。

(3)基本载荷的分配

根据实际情况而定。

#### 10.3.4.2 位移载荷的计算

位移载荷可能同时包括六个分量：$F_x$、$F_y$、$F_z$、$M_x$、$M_y$、$M_z$。不同的分量可以与同方向的其他载荷(基本载荷，临时载荷)进行叠加。一般情况下，竖直方向的位移载荷可以和管道的基本载荷进行叠加；水平方向的位移载荷可以和滑动支架的摩擦力进行叠加。

摩擦力的计算：对于滑动承重支架，当管子在此处有位移时，存在摩擦力。支架的垂直载荷乘以摩擦系数即为摩擦力。

#### 10.3.4.3 短期载荷的计算

(1)风载荷和地震载荷计算，前面已经介绍(见 GB/T 20801.3—2006 附录 D)

(2)安全阀排放反力计算，对于装有安全阀的管道支承点，要考虑安全阀排放反力的作用，这时支承点的载荷取安全阀排放反力的 2 倍。

### 10.3.5 管道支承件的强度设计

#### 10.3.5.1 支吊架本身的强度设计

(1)载荷组合

①对于承重支架：

计算载荷 = 基本载荷 + 竖直位移载荷 + 风载荷或雪载荷中的较大值

②对于固定支架：

计算载荷 = 基本载荷 + 位移载荷(六个分量) + 风载荷或雪载荷中的较大值

③限位支架：

对于轴向双向限位支架，其载荷组合方法同固定支架；

对于止推支架，仅考虑位移载荷和摩擦力。

④导向支架：

对于水平支架，载荷同承重支架，但应同时考虑水平位移载荷；

对于竖向导向支架，载荷为横向位移载荷 + 风载荷。

⑤防振支架：

防振管卡同导向支架；摩擦防振支架同止推支架。

(2)设计温度

管道保温且无衬里时，取介质温度；

管道不保温且无衬里时，取介质温度的 95%；

管道有衬里时取实际管道壁温。

(3)许用应力及允许最大挠度

许用应力一般可以按 GB/T 20801.2 的要求确定。

支吊架的承重横梁在竖直方向的挠度应不大于 $0.004L$，$L$ 为梁在两支承点间的(或悬臂梁端点到支点的长度)长度。

(4)支吊架强度计算

选用标准支架不必进行强度计算。对于非标准支吊架的强度设计，应按标准 GB/T 17116—2018《管道支吊架》规定的方法进行。

## 思考题

1. 压力管道强度设计包括哪些内容？
2. 直管的计算厚度、设计厚度、名义厚度之间的关系是什么？
3. 管道设计压力、工作压力、安全阀开启压力哪个最大？哪个最小？
4. 管法兰设计时当量压力如何确定？写出公式并指明公式中各符号的含义。
5. 支管连接补强结构有哪几种形式？
6. 压力管道应力分析包括哪些载荷类别？
7. 管道应力分析应考虑哪几种组合工况？
8. 管道静力分析的基本内容有哪些？
9. 什么是一次应力？什么是二次应力？
10. 一次应力和二次应力的当量应力是按第几强度理论计算的？
11. 管道柔性的概念是什么？
12. 管道柔性设计的目的是什么？
13. 管道支吊架设计的主要内容是什么？
14. 支吊架分为哪些类别？
15. 哪些位置应设置承重支吊架？
16. 什么是管道跨距？确定管道跨距应满足什么要求？
17. 水平管道支吊架的最大间距根据什么条件确定？

## 习题

1. 某 20 号钢制 $\phi219\times8$ 无缝弯管的公称压力为 $PN=4\text{MPa}$，系按常温(20℃)条件设计制造的产品，当用于设计温度 300℃ 的管道中时，试计算其许用压力。

已知：材料 20℃ 的许用应力 $[\sigma]$ 为 152MPa；材料 300℃ 时的许用应力 $[\sigma]^t$ 为 108MPa。

2. 某单位需用设计压力为 2.6MPa，设计温度为 300℃ 的 $D_o=800\text{mm}$ 直缝钢管，设计采用 Q345R 钢板双面对接焊，焊缝进行 20% 射线检测，腐蚀附加量为 2.0mm，试确定其钢板厚度。

3. 某石油化工装置输送可燃流体的 $\phi159\times10\text{mm}$ 的 1Cr5Mo(无缝)钢管道系统，欲进行压力试验，该系统设计压力为 4MPa，设计温度为 550℃，管子壁厚附加量 $C=2\text{mm}$。试确定试验压力为多少?

4. 在真空下操作的某管道，外径 $D_o=508mm$，壁厚 $\delta_{min}=6.3mm$，两连接法兰之间的距离 $L=15m$，材料为 20 号无缝钢管，取腐蚀裕量 $C_2=1mm$，在常温下操作。已知：$E=2.03\times10^5MPa$，试问所选壁厚是否合适?

5. 在真空下操作的某管道，从连接法兰到异径管连接线的大端直管外径为 $D=508mm$，壁厚 $\delta_n=6.3mm$，大端直管长 6000mm；从异径管小端连接线到小端直管连接法兰的直管长度为 6000mm，小端直管外径 $D=324mm$，壁厚 $\delta_n=4.0mm$，与大、小直管焊接相连的异径管壁厚 $\delta_n=6.3mm$，异径管的轴向长度为 508mm，直管材料均为 20 号无缝钢管，异径管系由 Q235B 钢板卷制，取腐蚀裕量 $C_2=1mm$，在常温下操作。试问大端直管、小端直管、异径管的所选壁厚是否合适?

6. 在外径 $D_o=219mm$、壁厚 $\delta_n=8mm$ 的油品主管上有一垂直锻制承插焊管接头，$D_b=38mm$，支管的焊缝都符合焊缝尺寸要求，主管材料为 20 号无缝钢管，设计压力 $p=2.8MPa$，$t=230℃$，规定取腐蚀裕量 $C_2=2.5mm$。试问此管件是否需要另加补强?

# 参考文献


[1]中华人民共和国特种设备安全法，2014.

[2]中华人民共和国国务院令，特种设备安全监察条例，2009.

[3]TSG D0001—2009，压力管道安全技术监察规程　工业管道[S].

[4]TSG 21—2016，固定式压力容器安全技术监察规程[S].

[5]GB 50016—2014(2018 年版)，建筑设计防火规范[S].

[6]GB/T 150. 1 ~ 150. 4—2011，压力容器[S].

[7]GBZ 230—2010，职业性接触毒物危害程度分级[S].

[8]GB/T 20801. 1 ~ 20801. 6—2006，压力管道规范 工业管道[S].

[9]罗晓兰，宋健斐．化工过程设备设计[M]. 北京：中国石油大学出版社，2013.

[10]郑津洋，董其伍，桑芝富．过程设备设计[M]. 3 版．北京：化学工业出版社，2010.

[11]李志安，张福东，魏耀东．压力管道设计[M]. 北京：中国石化出版社，2019.

[12]赵军，张有忱，段成红．化工设备机械基础[M]. 3 版．北京：化学工业出版社，2016.

[13]TSG 07—2019，特种设备生产和充装单位许可规则[S].